上岗轻松学

数码维修工程师鉴定指导中心 组织编写

图解液晶电视机维修快速入门

主　编　韩雪涛
副主编　吴　瑛　韩广兴

（视频版）

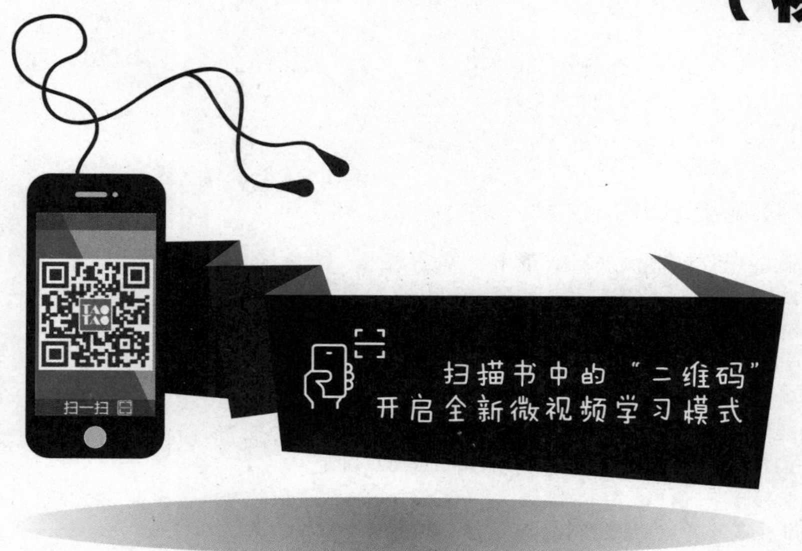

机械工业出版社

本书完全遵循国家职业技能标准和液晶电视机维修领域的实际岗位需求，在内容编排上充分考虑液晶电视机维修的特点，按照学习习惯和难易程度划分为9章，即液晶电视机的结构和工作原理、液晶电视机的故障特点与检测方法、液晶电视机电视信号接收电路的检修方法、液晶电视机数字信号处理电路的检修方法、液晶电视机系统控制电路的检修方法、液晶电视机音频信号处理电路的检修方法、液晶电视机开关电源电路的检修方法、液晶电视机逆变器电路的检修方法、液晶电视机接口电路的检修方法。

学习者可以看着学、看着做、跟着练，通过“图文互动”的模式，轻松、快速地掌握液晶彩色电视机维修技能。

书中大量的演示图解、操作案例以及实用数据可以供学习者在日后的工作中方便、快捷地查询使用。

本书还采用了微视频讲解的全新教学模式，在重要知识点相关图文的旁边添加了二维码。学习者只要用手机扫描书中相关知识点的二维码，即可在手机上实时浏览对应的教学视频，视频内容与本书涉及的知识完全匹配，复杂难懂的图文知识通过相关专家的语言讲解，可帮助学习者轻松领会，同时还可以极大地缓解阅读疲劳。

本书是学习液晶电视机维修的必备用书，也可作为相关机构的液晶电视机维修培训教材，还可供从事家用电器维修工作的专业技术人员使用。

图书在版编目（CIP）数据

图解液晶电视机维修快速入门：视频版/韩雪涛主编. —北京：机械工业出版社，2018.1（2022.1重印）
（上岗轻松学）
ISBN 978-7-111-59087-3

Ⅰ.①图… Ⅱ.①韩… Ⅲ.①液晶电视机-维修-图解 Ⅳ.①TN949.192-64

中国版本图书馆CIP数据核字（2018）第022186号

机械工业出版社（北京市百万庄大街22号　邮政编码100037）
策划编辑：陈玉芝　责任编辑：陈玉芝　韩静
责任校对：王明欣　责任印制：张　博
三河市宏达印刷有限公司印刷
2022年1月第1版第5次印刷
184mm×260mm · 10.25印张 · 227千字
9701—11600册
标准书号：ISBN 978-7-111-59087-3
定价：49.80元

凡购本书，如有缺页、倒页、脱页，由本社发行部调换

电话服务	网络服务
服务咨询热线：010-88361066	机 工 官 网：www.cmpbook.com
读者购书热线：010-68326294	机 工 官 博：weibo.com/cmp1952
010-88379203	金 书 网：www.golden-book.com
封面无防伪标均为盗版	教育服务网：www.cmpedu.com

编委会

主　编　韩雪涛

副主编　吴　瑛　韩广兴

参　编　张丽梅　马梦霞　韩雪冬　张湘萍

朱　勇　吴惠英　高瑞征　周文静

王新霞　吴鹏飞　张义伟　唐秀鸯

宋明芳　吴　玮

前言

液晶电视机维修技能是家用电子产品维修工必不可少的一项、专业、基础、实用技能。该项技能的岗位需求非常广泛。随着技术的飞速发展以及市场竞争的日益加剧，越来越多的人认识到实用技能的重要性，液晶电视机维修技能的学习和培训也逐渐从知识层面延伸到技能层面。学习者更加注重液晶电视机维修技能能够用在哪儿，应用液晶电视机维修技能可以做什么。然而，目前市场上很多相关的图书仍延续传统的编写模式，不仅严重影响了学习的时效性，而且在实用性上也大打折扣。

针对这种情况，为使家用电子产品维修工快速掌握技能，及时应对岗位的发展需求，我们对液晶电视机维修技能的相关内容进行了全新的梳理和整合，结合岗位培训的特色，根据国家职业技能标准组织编写构架，引入多媒体出版特色，力求打造出具有全新学习理念的液晶电视机维修入门图书。

在编写理念方面

本书将国家职业技能标准与行业培训特色相融合，以市场需求为导向，以直接指导就业作为编写目标，注重实用性和知识性的融合，将学习技能作为图书的核心思想。书中的知识内容完全为技能服务，知识内容以实用、够用为主。全书突出操作、强化训练，让学习者在阅读本书时不是在单纯地学习内容，而是在练习技能。

在内容结构方面

本书在结构的编排上，充分考虑当前市场的需求和读者的情况，结合实际岗位培训的经验进行全新的章节设置；内容的选取以实用为原则，案例的选择严格按照上岗从业的需求展开，确保内容符合实际工作的需要；知识性内容在注重系统性的同时以够用为原则，明确知识为技能服务的宗旨，确保本书的内容符合市场需要，具备很强的实用性。

在编写形式方面

本书突破传统图书的编排和表述方式，引入了多媒体表现手法，采用双色图解的方式向学习者演示液晶电视机维修的知识技能，将传统意义上的以“读”为主变成以“看”为主，力求用生动的图例演示取代枯燥的文字叙述，使学习者通过二维平面图、三维结构图、演示操作图、实物效果图等多种图解方式直观地获取实用技能中的关键环节和知识要点。

其次，本书还开创了数字媒体与传统纸质载体交互的全新教学方式。学习者可以通过手机扫描书中的二维码，实时浏览对应知识点的数字媒体资源。数字媒体资源与本书的图文资源相互衔接，相互补充，可充分调动学习者的主观能动性，确保学习者在短时间内获得最佳的学习效果。

扫描书中的“二维码”
开启全新微视频学习模式

在专业能力方面

本书编委会由行业专家、高级技师、资深多媒体工程师和一线教师组成，编委会成员除具备丰富的专业知识外，还具备丰富的教学实践经验和图书编写经验。

为确保图书的行业导向和专业品质，特聘请原信息产业部职业技能鉴定指导中心资深专家韩广兴亲自指导，充分以市场需求和社会就业需求为导向，确保本书内容符合职业技能鉴定标准，达到规范性就业的目的。

本书由韩雪涛任主编，吴瑛、韩广兴任副主编，张丽梅、马梦霞、朱勇、唐秀鸯、韩雪冬、张湘萍、吴惠英、高瑞征、周文静、王新霞、吴鹏飞、宋明芳、吴玮、张义伟参加编写。

读者通过学习与实践还可参加相关资质的国家职业资格或工程师资格认证，获得相应等级的国家职业资格证书或数码维修工程师资格证书。如果读者在学习和考核认证方面有什么问题，可通过以下方式与我们联系。

数码维修工程师鉴定指导中心
网址：http://www.chinadse.org
联系电话：022-83718162/83715667/13114807267
E-MAIL:chinadse@163.com
地址：天津市南开区榕苑路4号天发科技园8-1-401 邮编：300384

希望本书的出版能够帮助读者快速掌握液晶电视机维修技能，同时欢迎广大读者给我们提出宝贵的建议！如书中存在问题，可发邮件至cyztian@126.com与编辑联系！

编　者

目录

第1章 液晶电视机的结构和工作原理

1.1 液晶电视机的结构

液晶电视机采用液晶显示屏作为显示器件，其外形呈平板状，可悬挂在墙壁上。与CRT彩色电视机相比，其整机占空间更小，重量更轻。

1.1.1 液晶电视机的整机结构

不同的液晶电视机，无论设计如何独特，外形如何变化，都有液晶显示屏、操作按键、指示灯、输入/输出接口等。

【液晶电视机的外形与结构】

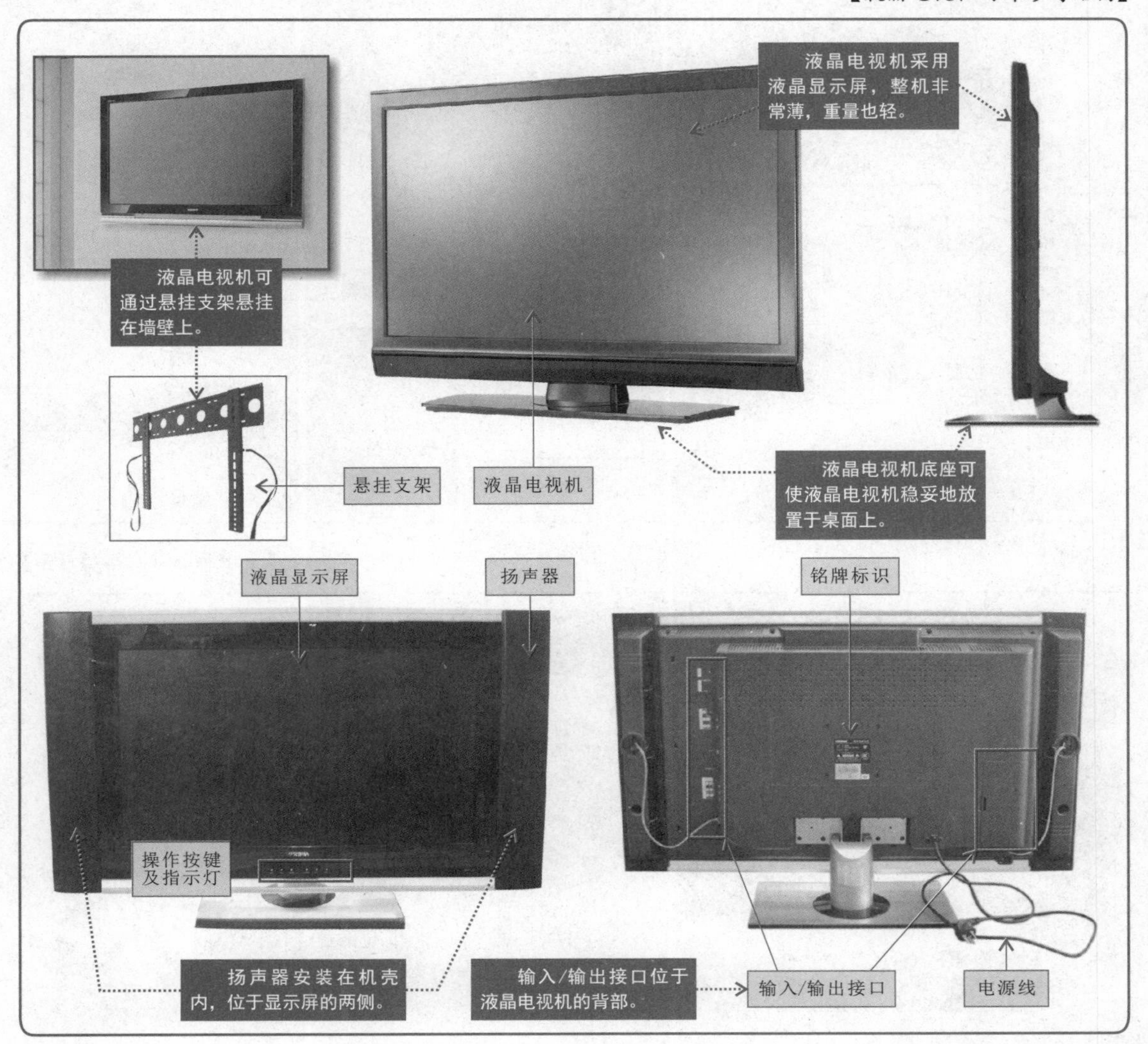

1. 液晶显示屏

液晶显示屏采用液晶材料制作而成，是液晶电视机的重要显示成像部件。液晶显示屏主要是由液晶板、显示屏驱动电路和背部光源组件构成的。液晶板主要用于显示图像；液晶板的背面是背部光源组件，用于为液晶板照明；在液晶板边缘安装有多组水平和垂直驱动电路，用于为液晶板提供驱动信号。

【液晶板的结构】

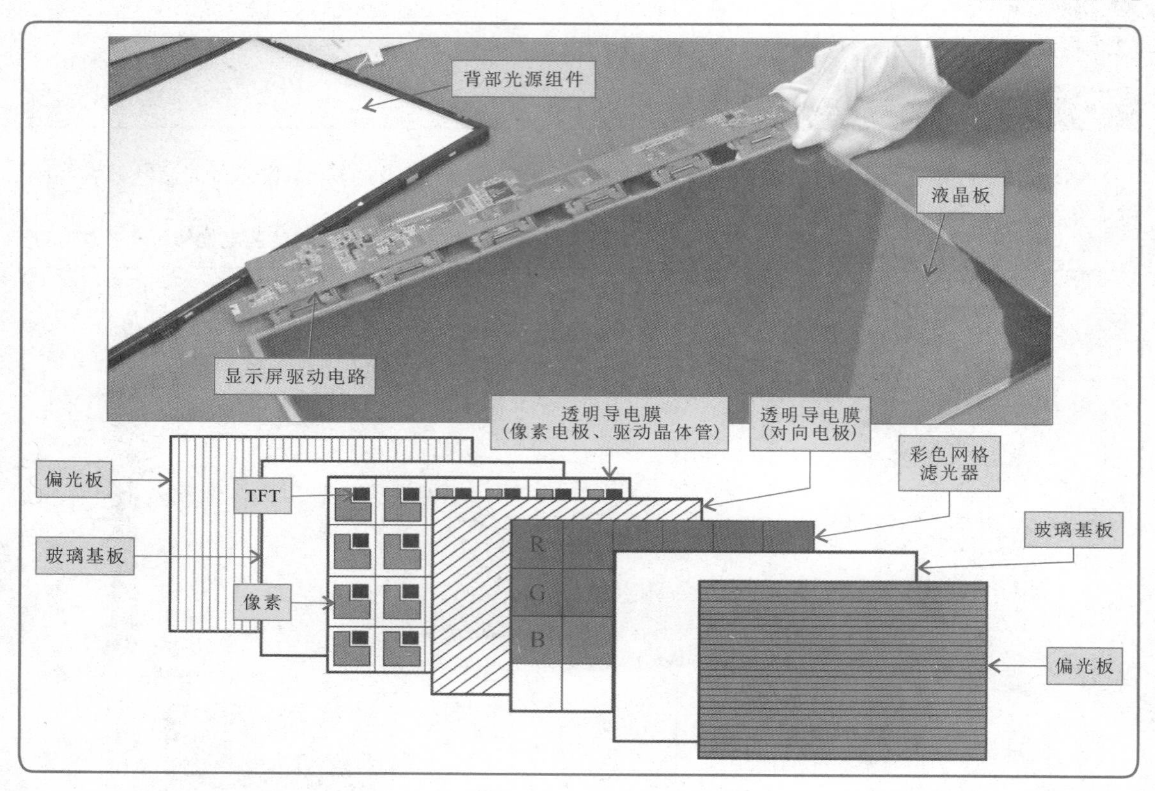

【显示屏驱动电路的外形】

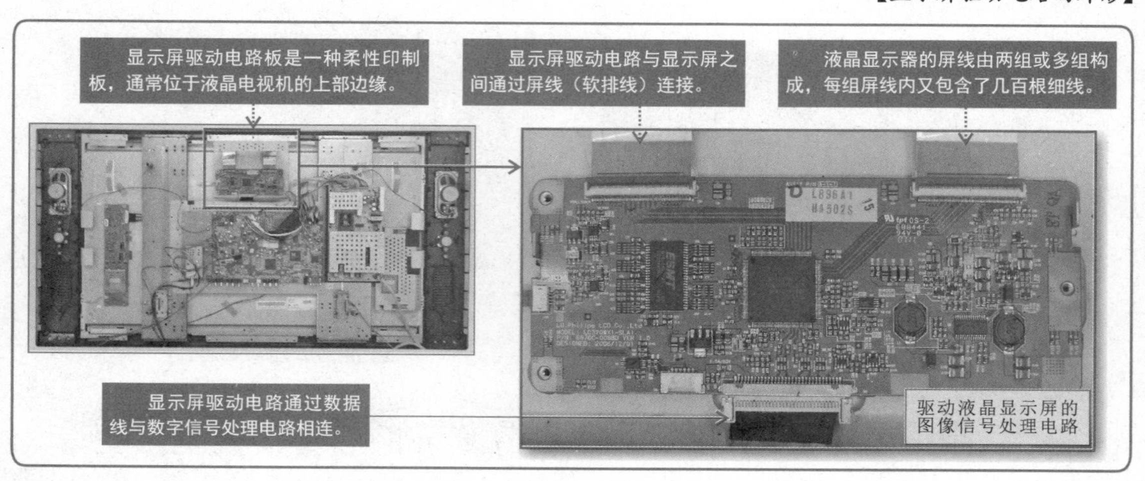

2. 操作显示面板

操作显示面板主要包括操作按键和指示灯，通常位于显示屏的下方。操作按键通常包括菜单、频道切换、音量调节和模式切换（AV/TV/VGA/HDMI）等，通过指示灯的颜色可了解到电视机的工作状态。

【操作显示面板】

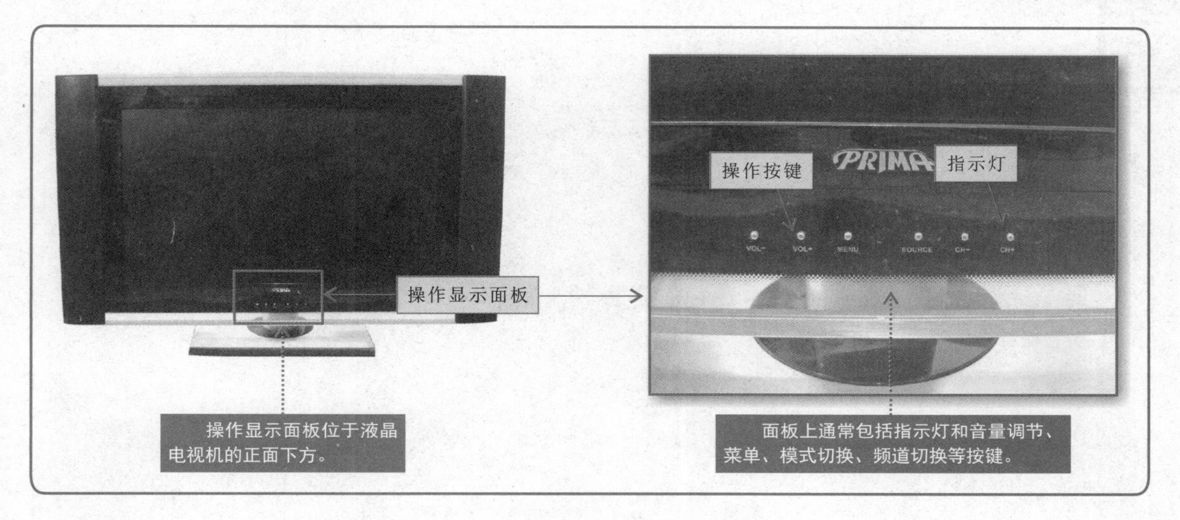

3. 输入/输出接口

输入/输出接口用于液晶电视机与外部设备信号的传输，通常位于液晶电视机的背部。液晶电视机的型号、功能不同，接口种类和数量也不同。一般液晶电视机的输入/输出接口包括天线接口、AV接口、VGA接口、HDMI接口、S端子接口和分量视频接口等。

【输入/输出接口】

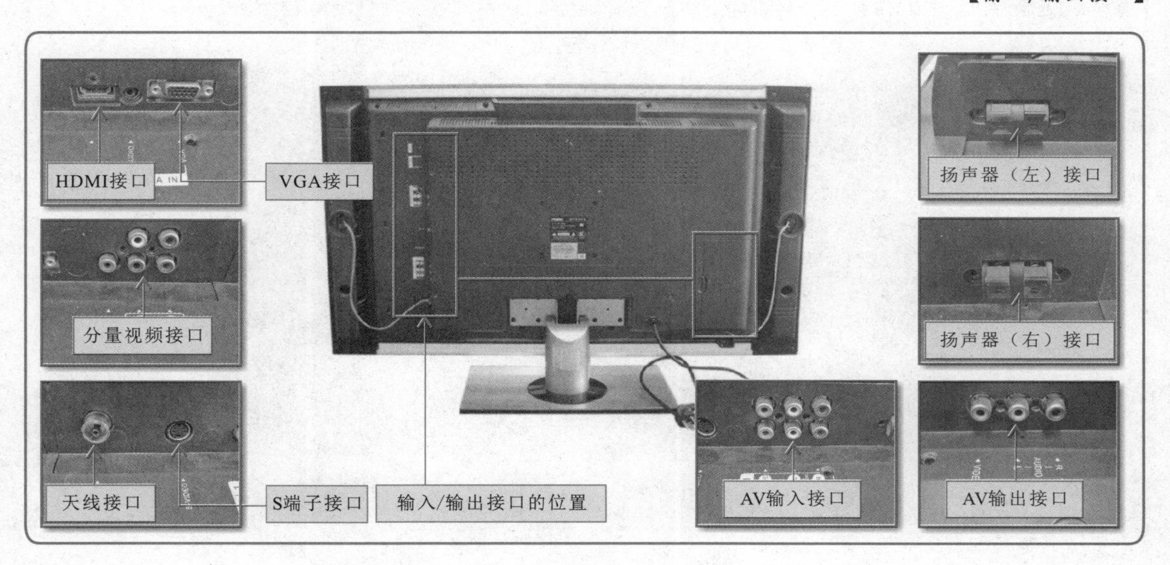

4. 液晶电视机的内部结构

将液晶电视机的机壳和扬声器盖板拆开后，便可看到电视机内部的各个电路板以及扬声器等部件。

【液晶电视机的内部结构】

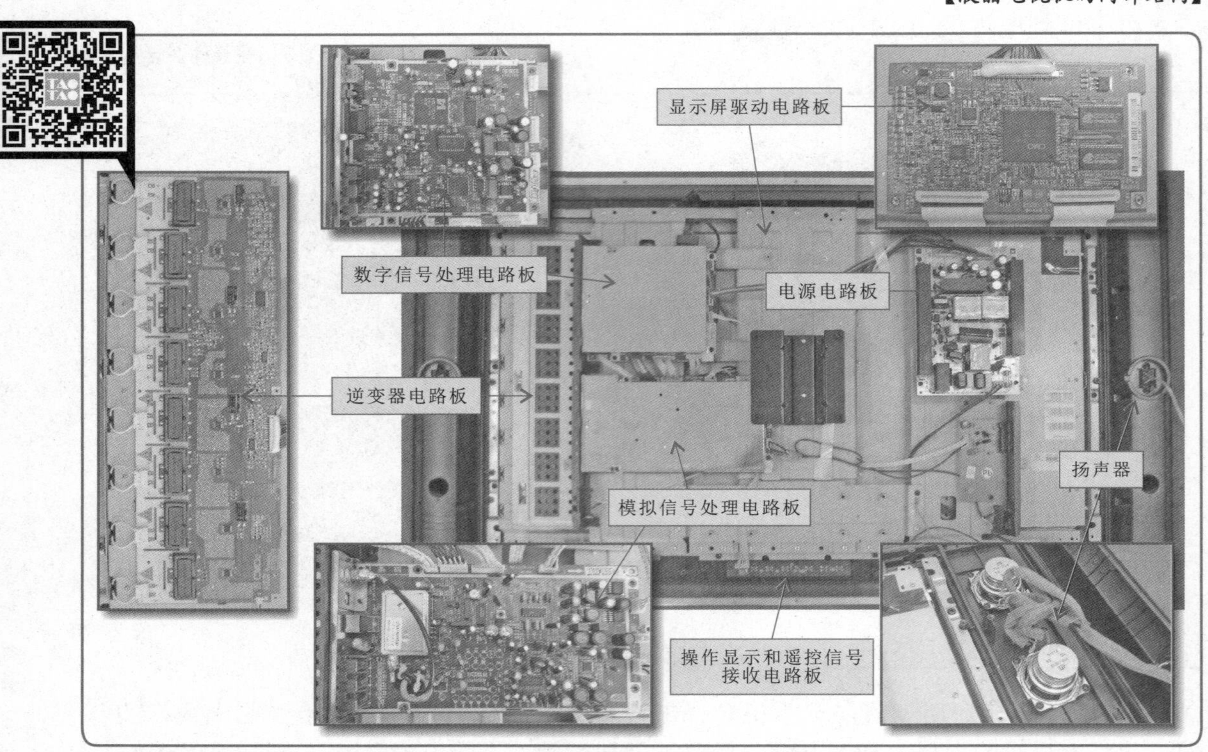

特别提醒

不同品牌、型号的液晶电视机，其内部结构也会有所不同，但基本组成电路是一样的。拆下机壳后，液晶电视机的内部主要是由数字信号处理电路板、电源电路板、逆变器电路板、显示屏驱动电路板和扬声器等构成的，它们之间通过线缆互相连接。

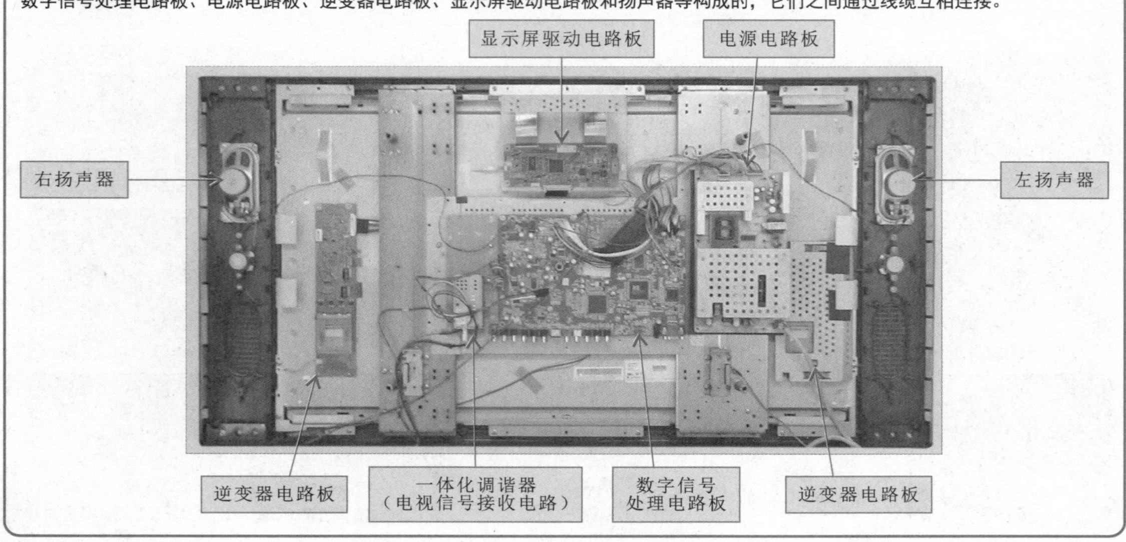

1.1.2 液晶电视机的电路结构

根据液晶电视机信号处理的功能特点对其电路进行划分，可将整机电路划分成不同的电路单元，即电视信号接收电路、数字信号处理电路、系统控制电路、音频信号处理电路、开关电源电路、接口电路和逆变器电路。

【液晶电视机的电路结构】

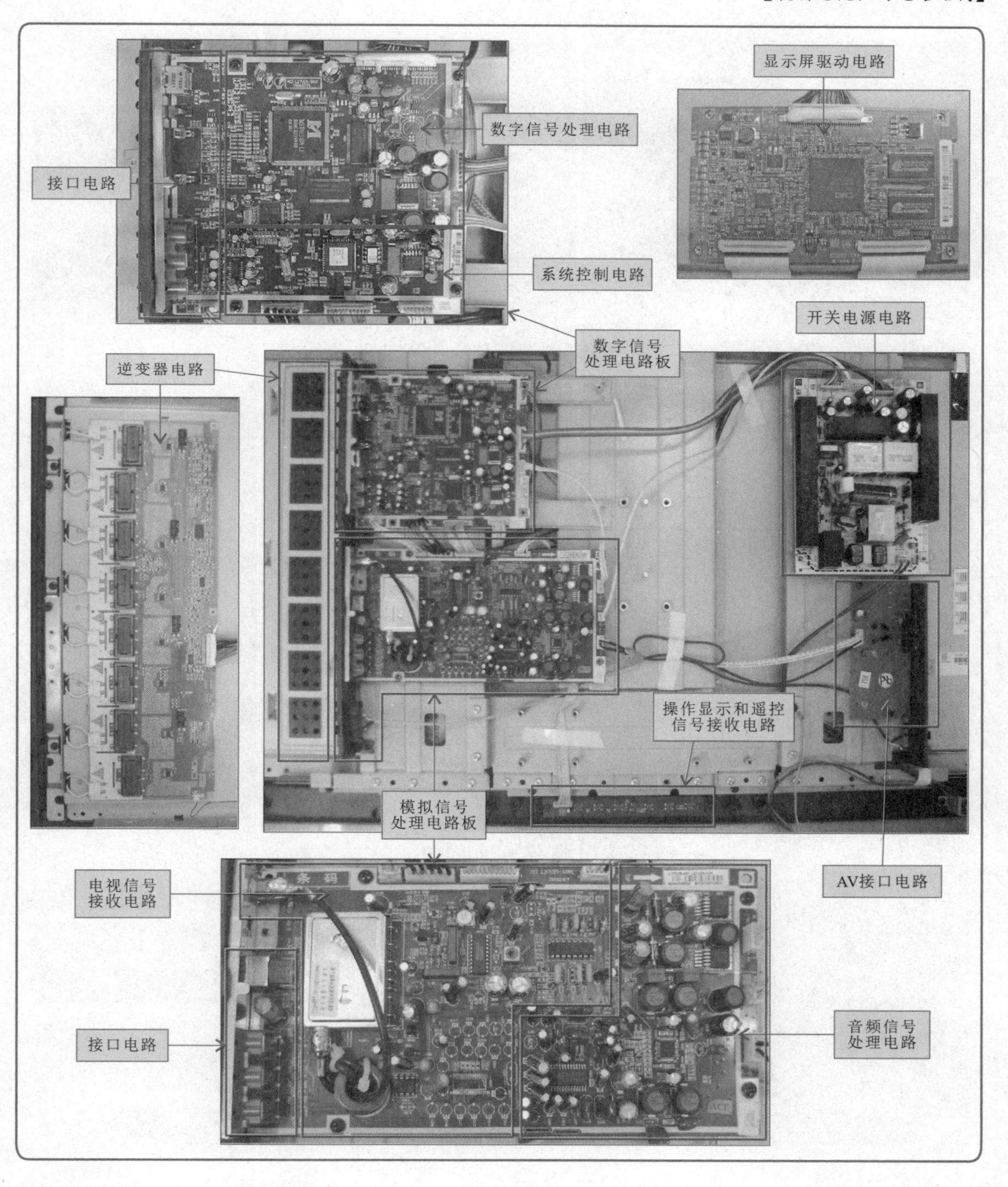

1. 电视信号接收电路和音频信号处理电路

电视信号接收电路、音频信号处理电路及部分接口电路设置在模拟信号处理电路板上。该电路板主要用来接收电视天线或有线电视信号以及对相关音频、视频信号进行处理。

【电视信号接收电路和音频信号处理电路】

电视信号接收电路

主要用于接收电视信号，对其进行输出视频图像信号和音频信号处理，并送往后级电路。

主要用来处理来自中频部分的伴音信号和AV接口输入的音频信号，并驱动扬声器发声。

音频信号处理电路

接口电路

接口电路位于模拟信号处理电路板的侧面，通过机壳预留的缺口露出，方便连接。

2. 数字信号处理电路和系统控制电路

数字信号处理电路、系统控制电路以及部分接口电路设置在数字信号处理电路板上，因此该电路板主要用于整机的控制以及模拟、数字视频信号的处理工作。其中，系统控制电路部分还包括操作显示及遥控信号接收电路。

【数字信号处理电路和系统控制电路】

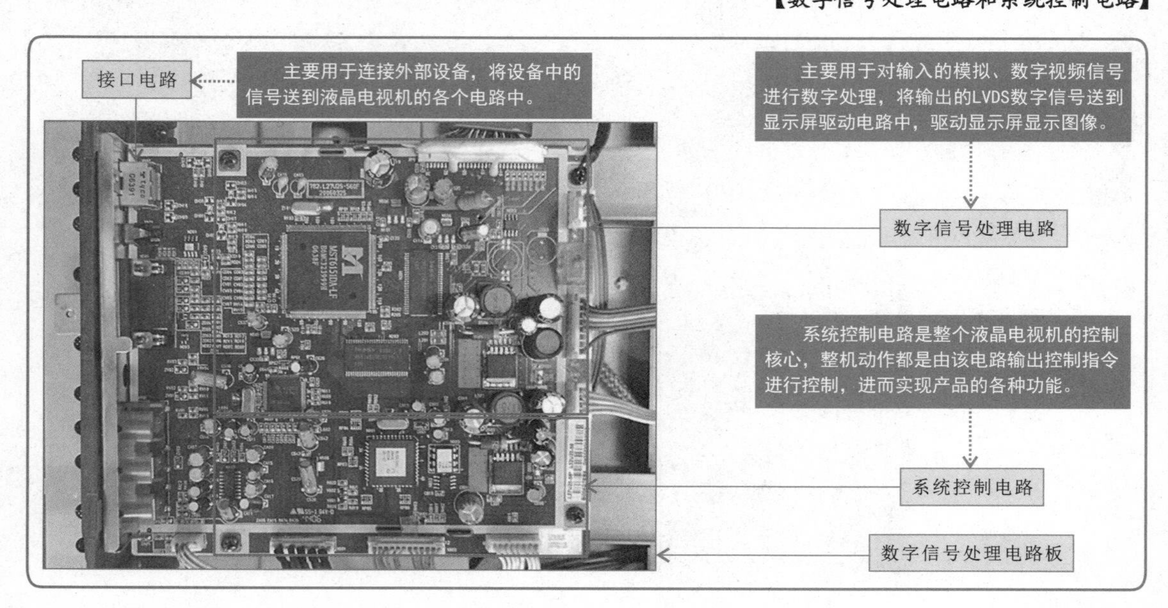

3. 开关电源电路

液晶电视机中的电源电路通常采用开关电源电路，它是为液晶电视机各单元电路和元器件提供工作电压的电路，通常单独设计在一块电路板上。

【开关电源电路】

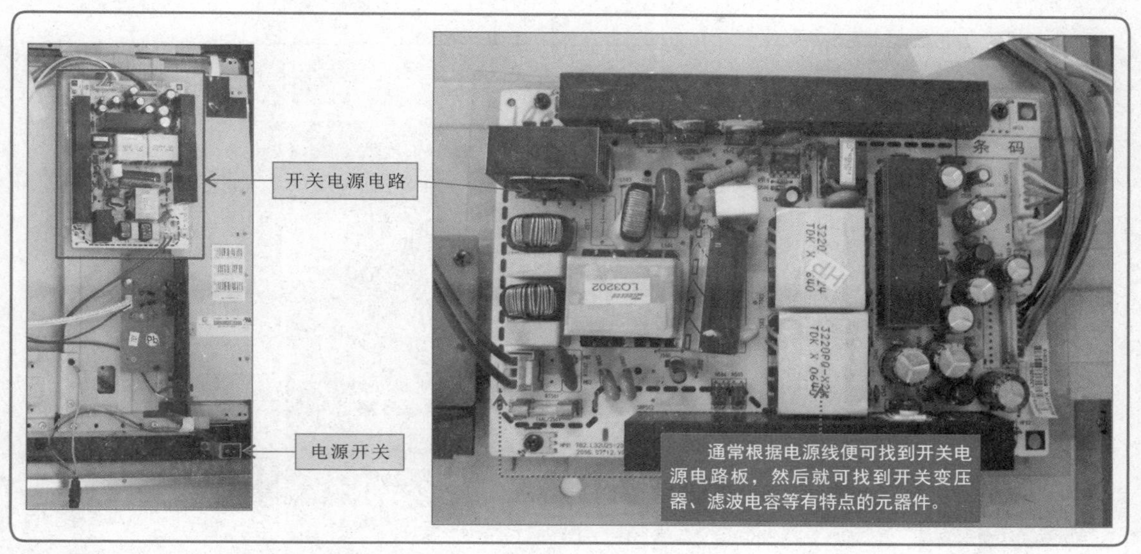

4. 接口电路

液晶电视机的各个接口除了位于模拟/数字信号处理电路板的侧面外，还有些接口单独设计在一块电路板上，一般安装于液晶电视机的背部，各接口通过液晶电视机机壳上预留的缺口处露出，方便连接。

【接口电路】

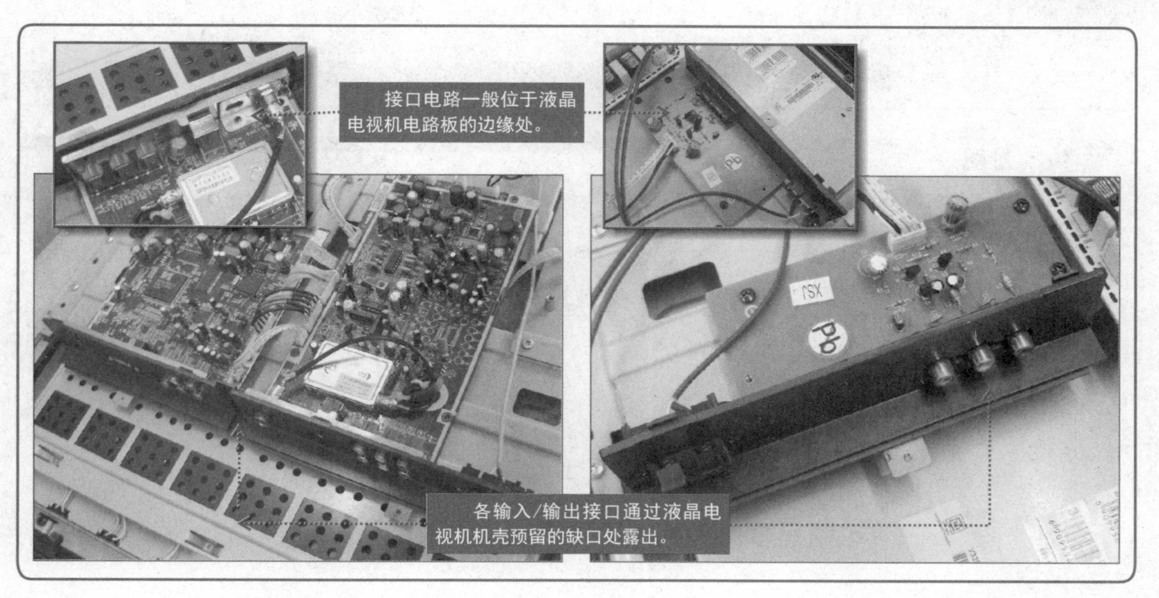

5. 逆变器电路

逆变器电路用来为背光灯管供电，通过调节逆变器电路输出的交流电压便可对液晶显示屏的亮度进行调整。通常，逆变器电路模块呈长方形，单独设计在一块电路板上。

【逆变器电路】

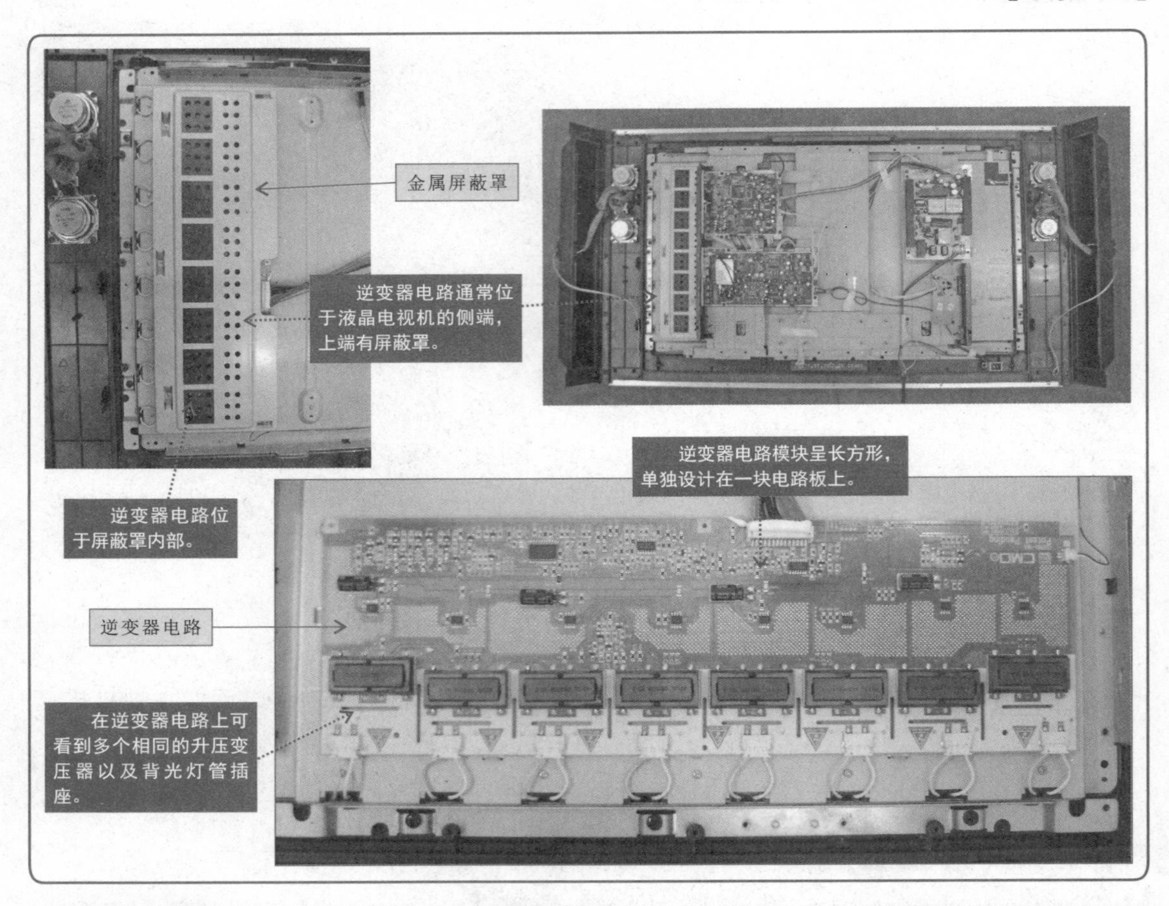

特别提醒

在液晶电视机电路板中，根据液晶电视机尺寸的不同，有些电视机中只有一个逆变器电路，而较大尺寸的液晶电视机中可能有两个对称的逆变器电路，用于分别驱动两组背光灯发光。

长虹LT3788型液晶电视机中设有两个对称的逆变器电路，分别位于电视机的两侧，用于驱动两组或多组背光灯发光。

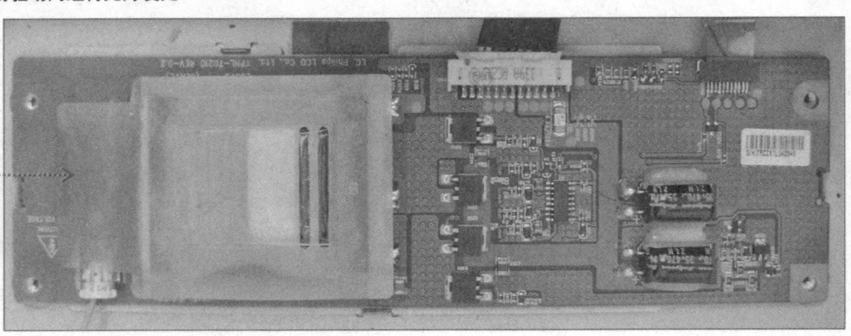

1.2 液晶电视机的工作原理

1.2.1 液晶电视机的成像原理

液晶板采用背光照明方式，光源为背光灯管，它是一种冷阴极荧光灯管（CCFL）。当灯管两端施加700～1000V的交流电压后，灯管内少数电子高速撞击电极产生二次电子，管内水银受电子撞击后产生波长为253.7nm的紫外光，紫外光激发涂在管内壁上的荧光粉而产生可见光，可见光的颜色将因荧光粉的不同而不同。

背光灯管发出的光是发散的，利用反光板将光线全部反射到液晶显示屏一侧，光线经导光板后变成均匀的平行光线，再经过多层光扩散膜使光线更均匀、更柔和，最后照射到液晶板的背部。

【液晶板的背光原理】

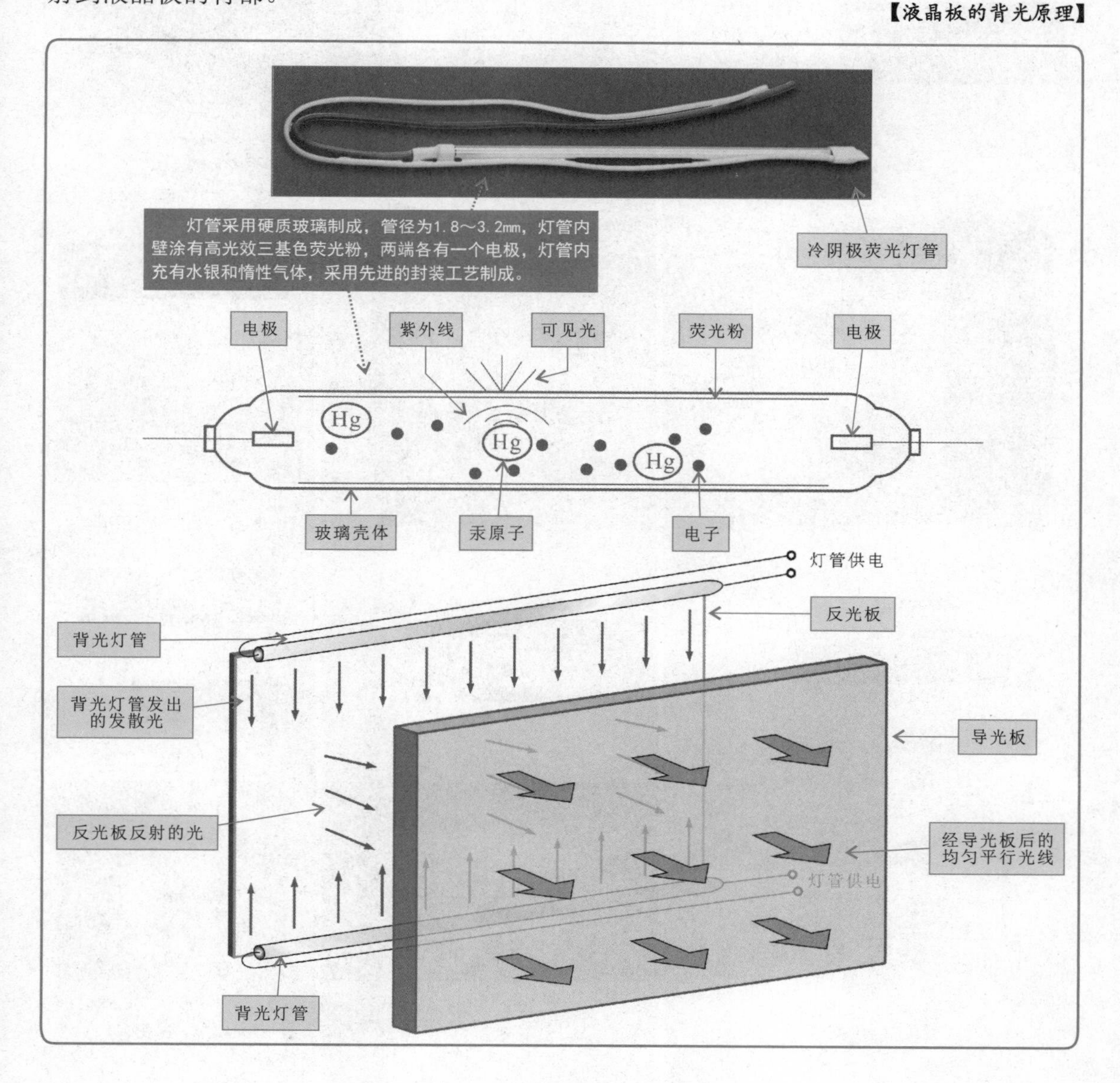

1.2.2 液晶电视机的整机工作原理

液晶电视机工作时，天线或有线电视信号由调谐器的射频输入接口送入，经调谐器、中频放大器、视频检波器、伴音解调器以及数字信号处理电路进行处理，向显示屏驱动电路输送图像驱动信号，向位于显示屏两侧的扬声器输送音频信号。同时由逆变器电路输出的交流高压信号为显示屏（液晶屏）背光灯供电，此时显示屏显示电视节目，扬声器发声。

【液晶电视机的整机工作过程】

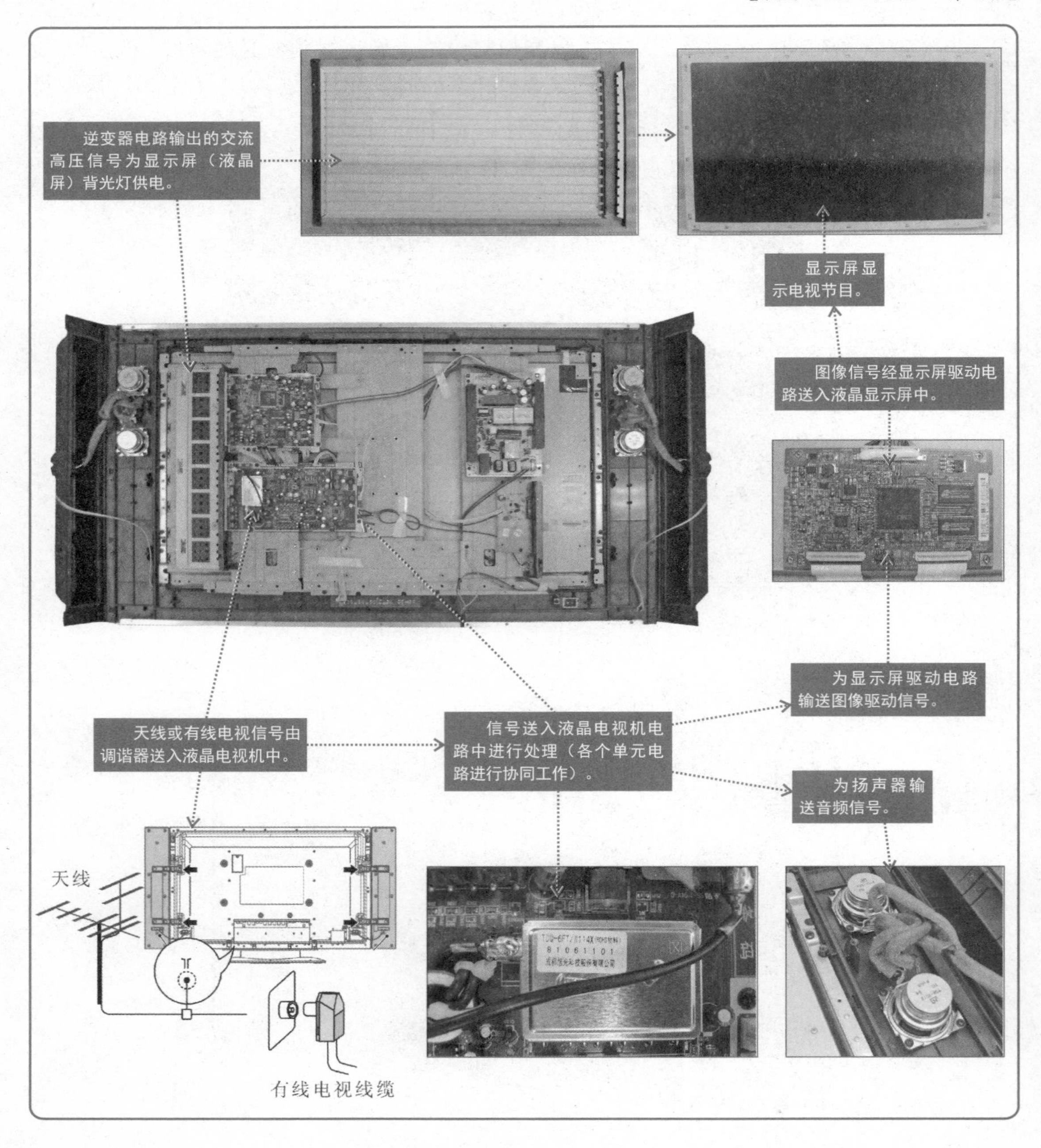

液晶电视机中各种单元电路都不是独立存在的。在正常工作时，它们之间因相互传输各种信号而存在一定的联系，也正是这种关联实现了信号的传递，从而实现液晶电视机显示图像、发出声音的功能。

【典型液晶电视机的整机信号流】

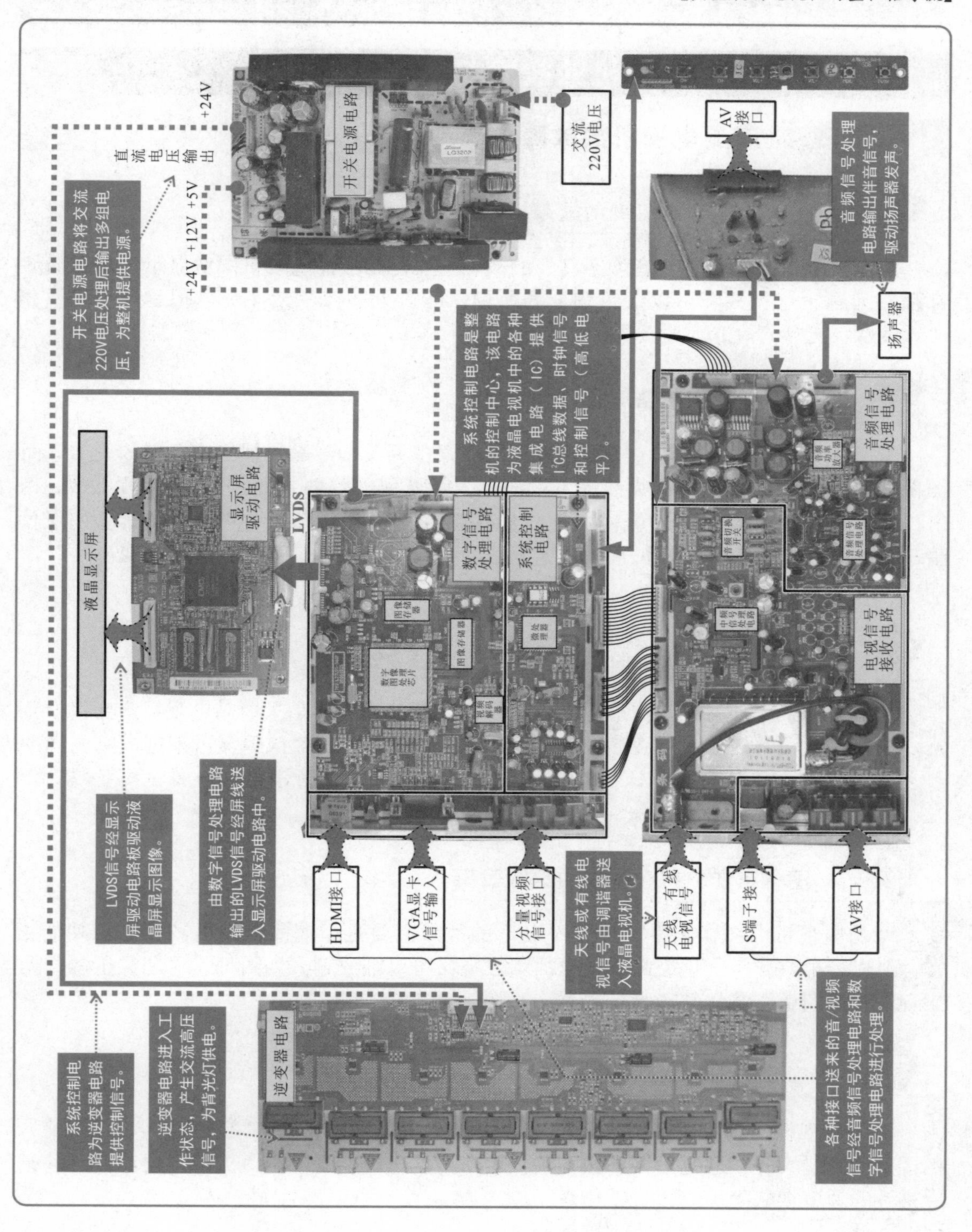

第2章 液晶电视机的故障特点与检测方法

2.1 液晶电视机的故障特点

2.1.1 液晶电视机的故障表现

1. 图像、伴音均不良的故障表现

液晶电视机“图像、伴音均不良”的故障主要是指液晶电视机图像显示和声音播放都存在问题。这类故障可以细致划分为两种，即“无图像、无伴音、指示灯不亮”和“无图像、无伴音、指示灯亮”。

2. 伴音正常、图像不良的故障表现

液晶电视机“伴音正常、图像不良”的故障主要是指液晶电视机声音播放正常，而图像显示方面存在问题。这类故障可以根据故障表现细致划分为6种：“伴音正常、黑屏”“伴音正常、有背光、无图像”“伴音正常、图像有干扰”“伴音正常、图像偏暗、调节亮度无效”“伴音正常、图像偏色”和“伴音正常、屏幕出现花屏或白屏”。

3. 伴音正常、显示屏本身异常的故障表现

液晶电视机“伴音正常、显示屏本身异常”的故障主要是指液晶电视机声音播放正常，图像也能正常播放，但液晶显示屏的显示存在异常。这类故障又可根据故障表现细致划分为两种：“伴音正常、屏幕有亮带或暗线”和“伴音正常、屏幕上有裂痕、漏光、亮点等”。

4. 图像正常、伴音不良的故障表现

液晶电视机“图像正常、伴音不良”的故障主要是指液晶电视机图像显示功能正常，但声音播放异常。这类故障根据故障表现又可以细致划分为两种：“图像正常、无伴音”和“图像正常、某一侧扬声器无声”。

5. 部分功能失常的故障表现

液晶电视机“部分功能失常”的故障可以细致划分为3种：“按键无作用，每次开机音量均为最大”“通电后，不按开关按键即白屏出现背光”和“无台，自动搜台时频道跳过的速度很快”。

2.1.2 液晶电视机的检修方案

1. 图像、伴音均不良的检修方案

液晶电视机出现“图像、伴音均不良”的故障时，应根据具体的故障表现分析产生故障的原因，整理出基本的检修方案，根据检修方案对电路进行检测和排查，最终排除故障。

【液晶电视机“不能开机、无图像、无伴音”的故障检修方案】

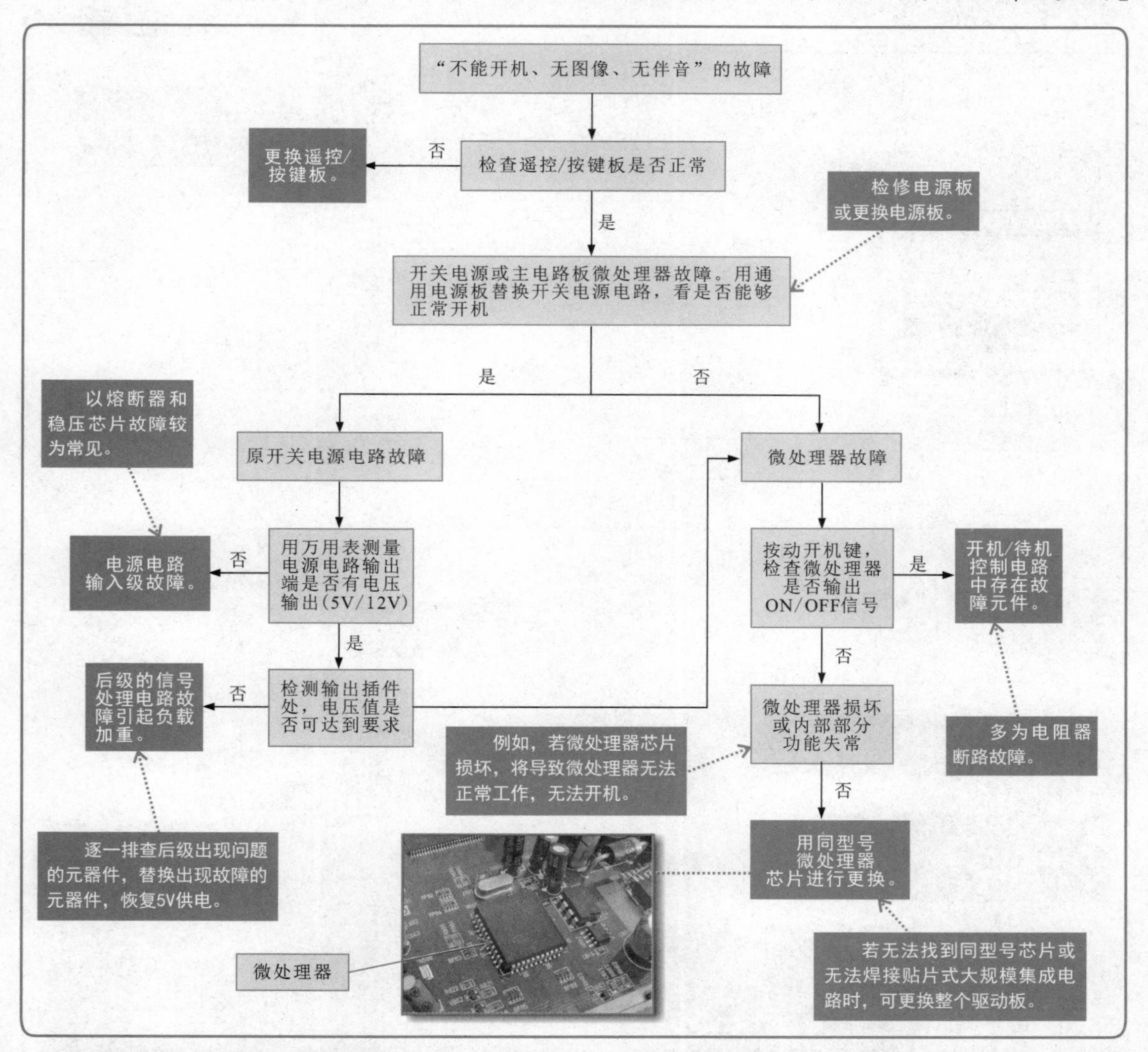

特别提醒

在检修液晶电视机开关电源部分时，应注意电源输出电压一定要满足标准电压值，即使比正常电压低 0.2V，也可能引起故障。

另外，在维修液晶电视机时，不要盲目地开盖维修，遇到某些故障时，可首先进入工厂菜单，恢复出厂时的数据，排除一些由于数据错乱引起的故障，这样可缩短维修时间，提高检修效率。

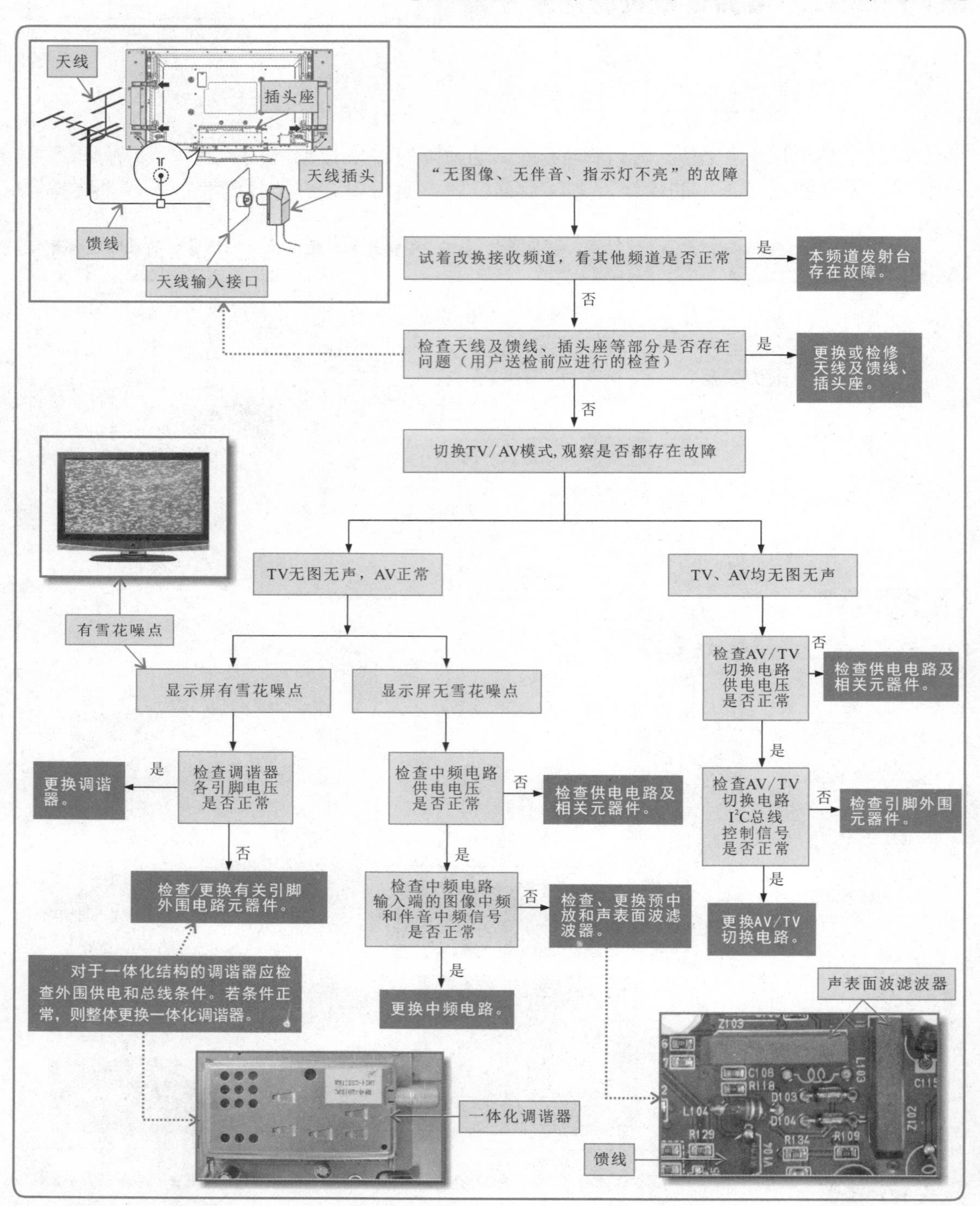

特别提醒

若液晶电视机开机出现无图像无声音，电源灯闪一下变成常亮（绿灯），显示屏在开机瞬间闪一下白光，此故障多为背光驱动板损坏。

2. 伴音正常、图像不良的检修方案

液晶电视机出现“伴音正常、图像不良”的故障时，应根据具体的故障表现分析出产生故障的原因，整理出基本的检修方案，根据检修方案对电路进行检测和排查，最终排除故障。

【液晶电视机“伴音正常、黑屏”的故障检修方案】

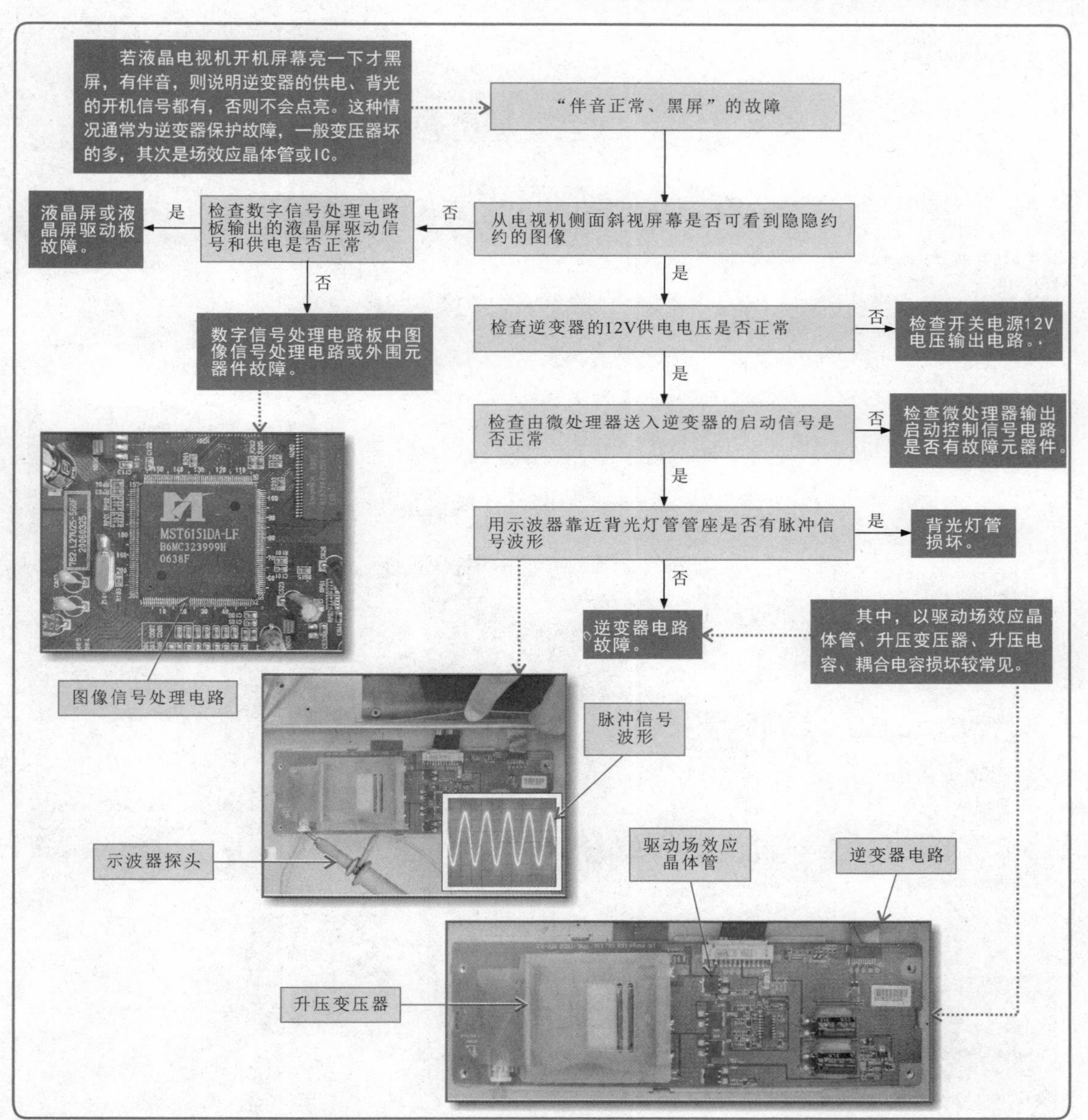

特别提醒

需要注意的是，液晶电视机屏背光灯损坏时，一般不太可能多根灯管同时损坏，但其中一根灯管损坏也会引起黑屏，只是这种情况时的黑屏故障会有些不同，开机后电视机会闪烁一下再变成黑屏，这是由于当一根灯管损坏时，会导致逆变器电路负载不平衡而保护，从而变为黑屏。

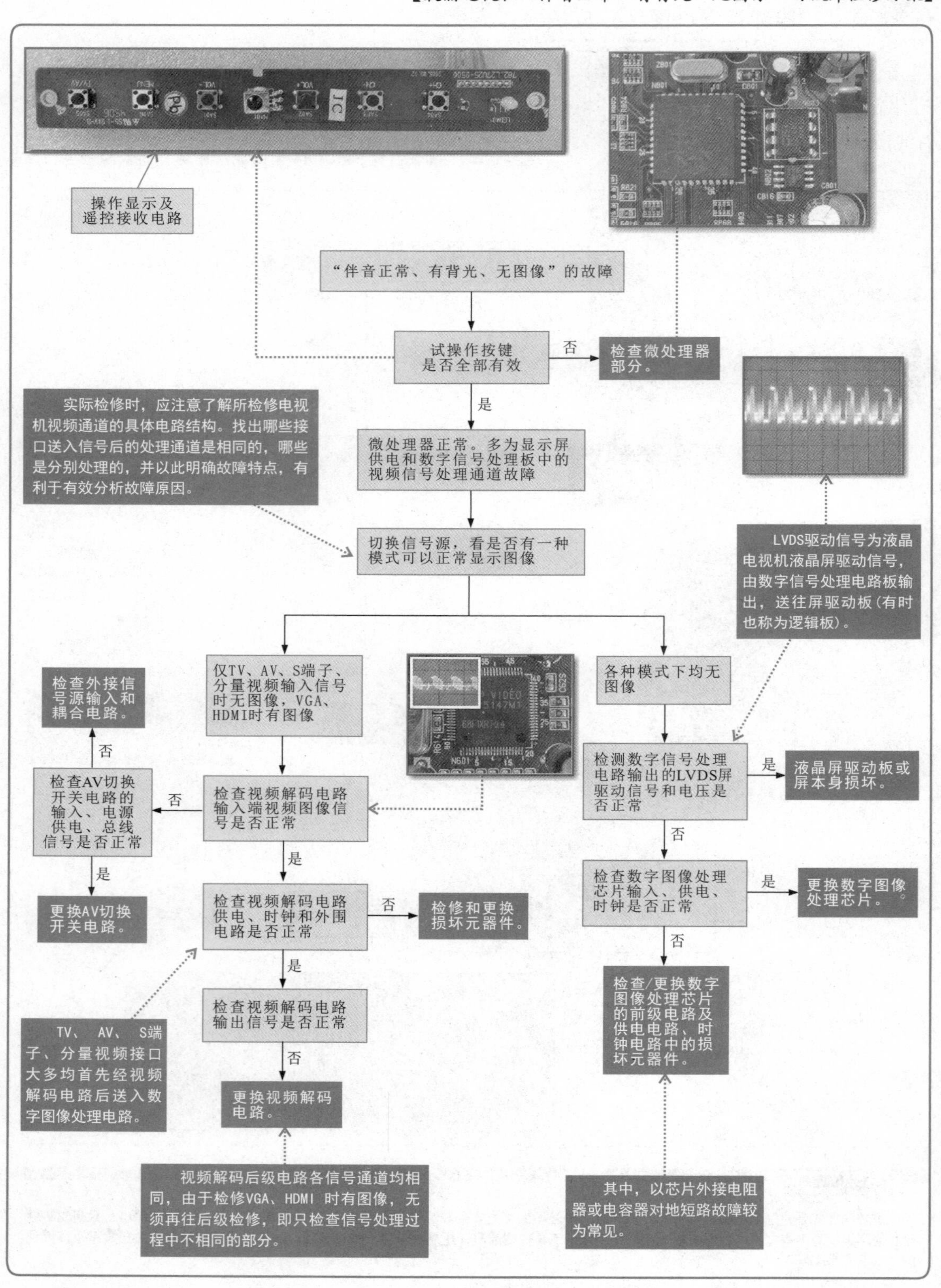
操作显示及遥控接收电路
“伴音正常、有背光、无图像”的故障
试操作按键是否全部有效
否
检查微处理器部分。
是
实际检修时，应注意了解所检修电视机视频通道的具体电路结构。找出哪些接口送入信号后的处理通道是相同的，哪些是分别处理的，并以此明确故障特点，有利于有效分析故障原因。
微处理器正常。多为显示屏供电和数字信号处理板中的视频信号处理通道故障
切换信号源，看是否有一种模式可以正常显示图像
LVDS驱动信号为液晶电视机液晶屏驱动信号，由数字信号处理电路板输出，送往屏驱动板（有时也称为逻辑板）。
仅TV、AV、S端子、分量视频输入信号时无图像，VGA、HDMI时有图像
各种模式下均无图像
检查外接信号源输入和耦合电路。
否
检查AV切换开关电路的输入、电源供电、总线信号是否正常
否
检查视频解码电路输入端视频图像信号是否正常
检测数字信号处理电路输出的LVDS屏驱动信号和电压是否正常
是
液晶屏驱动板或屏本身损坏。
是
更换AV切换开关电路。
是
检查视频解码电路供电、时钟和外围电路是否正常
否
检修和更换损坏元器件。
否
检查数字图像处理芯片输入、供电、时钟是否正常
是
更换数字图像处理芯片。
是
否
检查视频解码电路输出信号是否正常
检查/更换数字图像处理芯片的前级电路及供电电路、时钟电路中的损坏元器件。
TV、AV、S端子、分量视频接口大多均首先经视频解码电路后送入数字图像处理电路。
否
更换视频解码电路。
视频解码后级电路各信号通道均相同，由于检修VGA、HDMI时有图像，无须再往后级检修，即只检查信号处理过程中不相同的部分。
其中，以芯片外接电阻器或电容器对地短路故障较为常见。

【液晶电视机“伴音正常、图像有干扰”的故障检修方案】

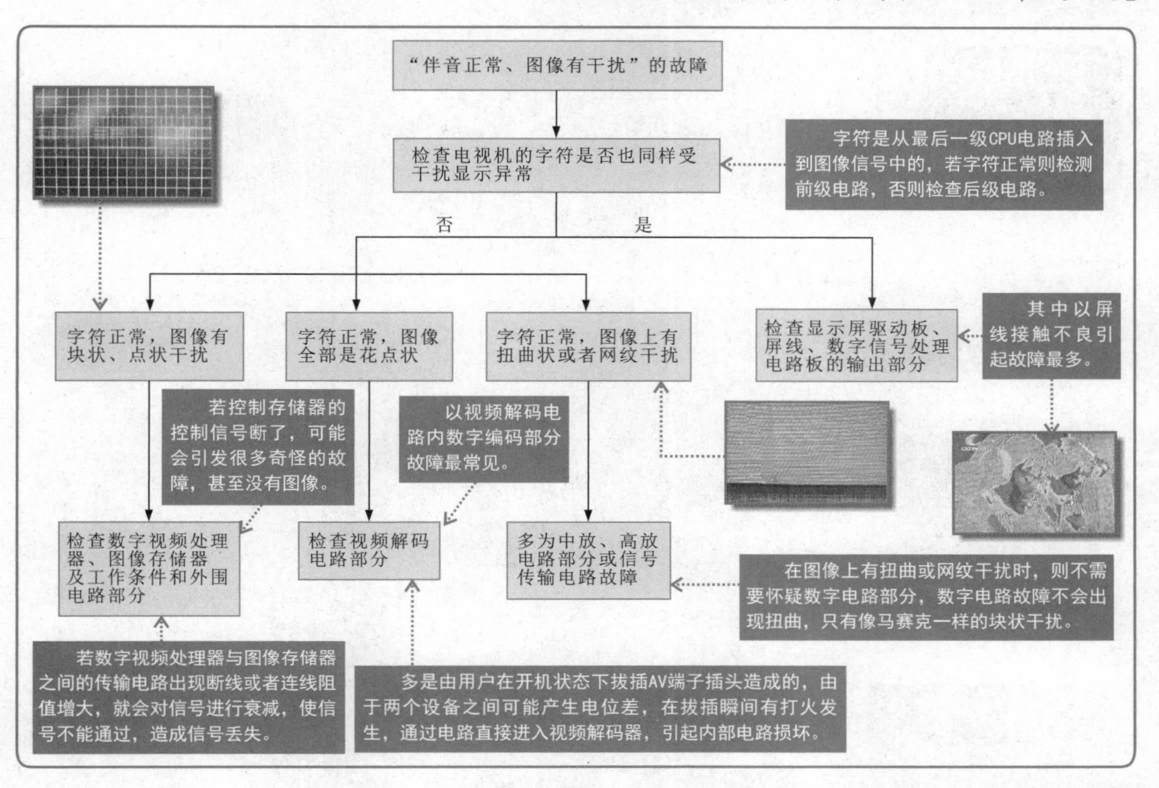

【液晶电视机“伴音正常、显示屏出现花屏或白屏”的故障检修方案】

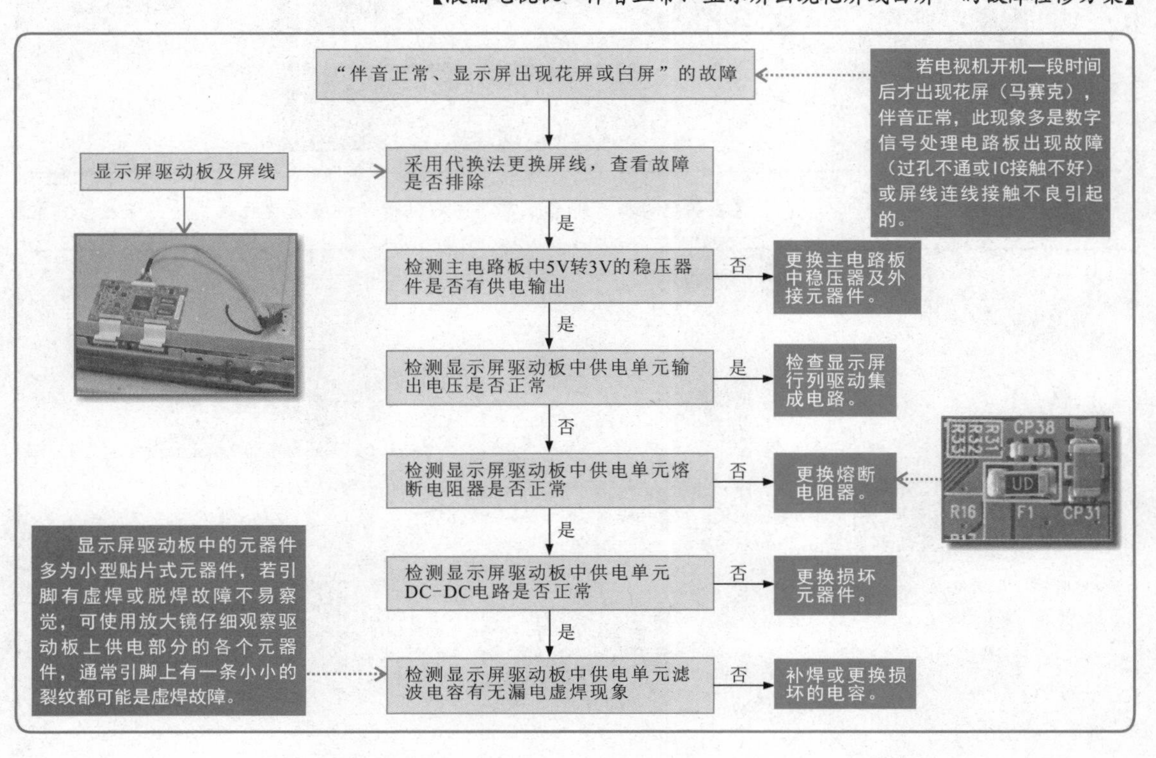

【液晶电视机“伴音正常、图像偏色”的故障检修方案】

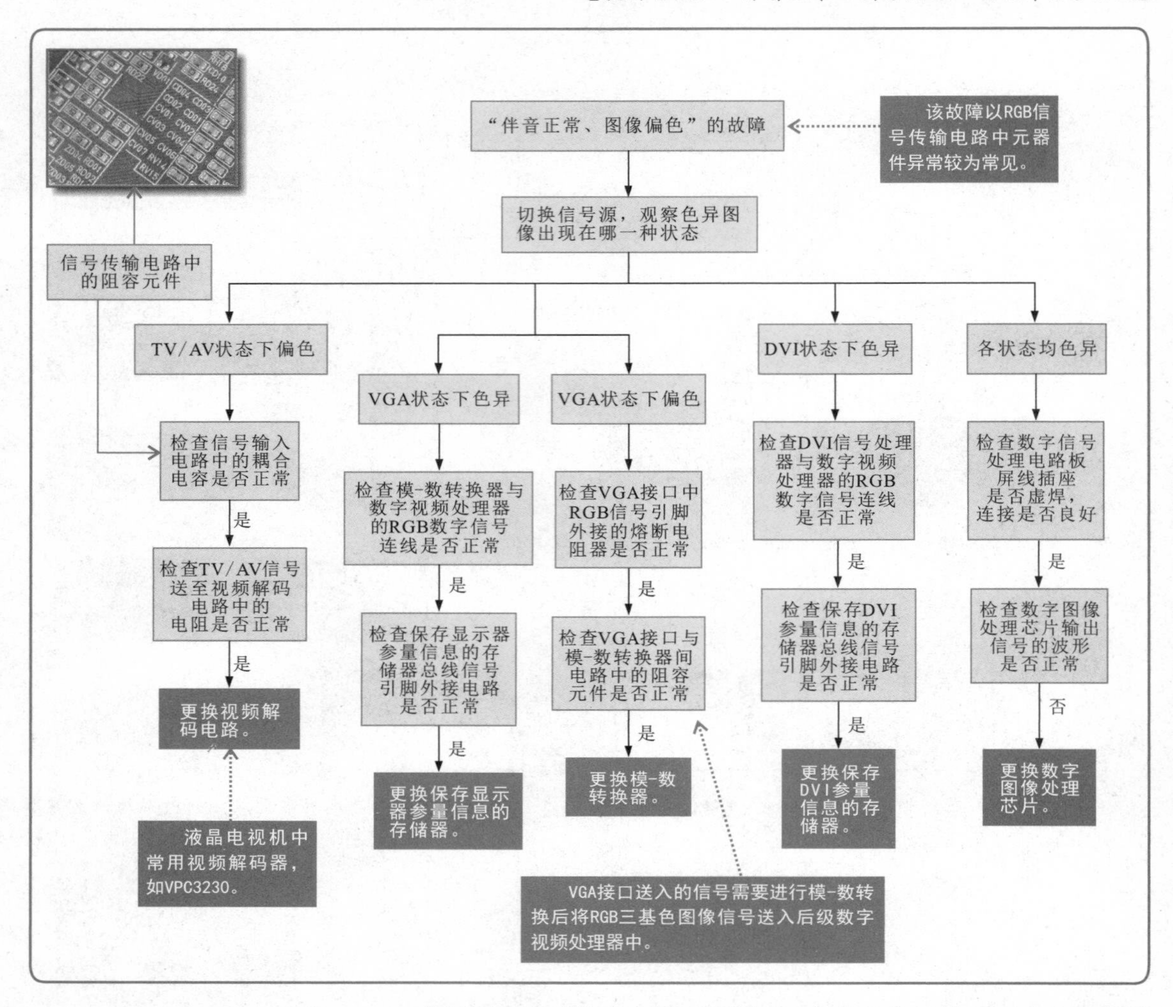

【液晶电视机“伴音正常、图像偏暗、调节亮度无效”的故障检修方案】

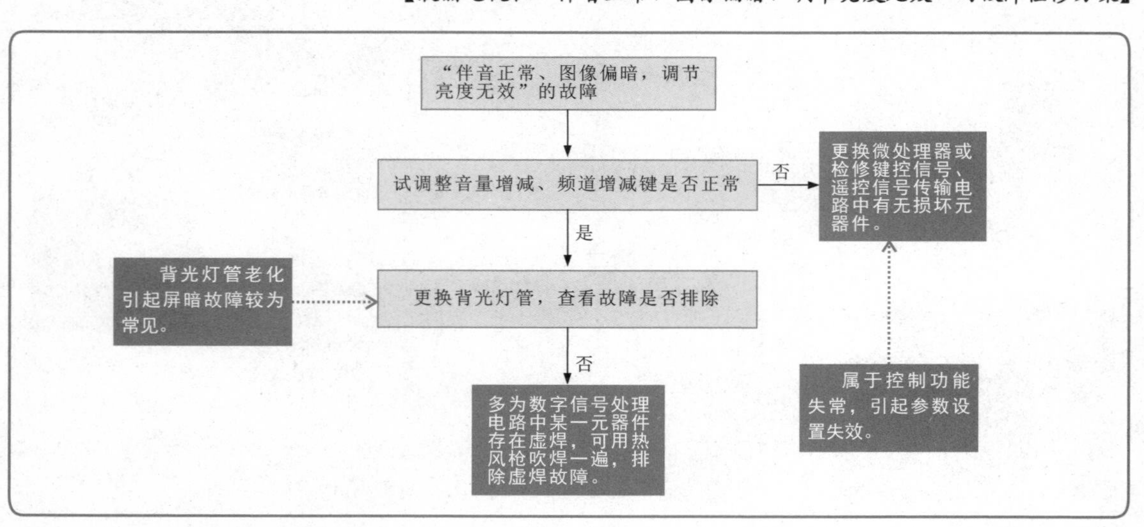

3. 伴音正常、显示屏本身异常的检修方案

液晶电视机出现“伴音正常、显示屏本身异常”的故障时，应根据具体的故障表现分析出产生故障的原因，整理出基本的检修方案，根据检修方案对电路进行检测和排查，最终排除故障。

【液晶电视机“伴音正常、显示屏有亮带或暗线”的故障检修方案】

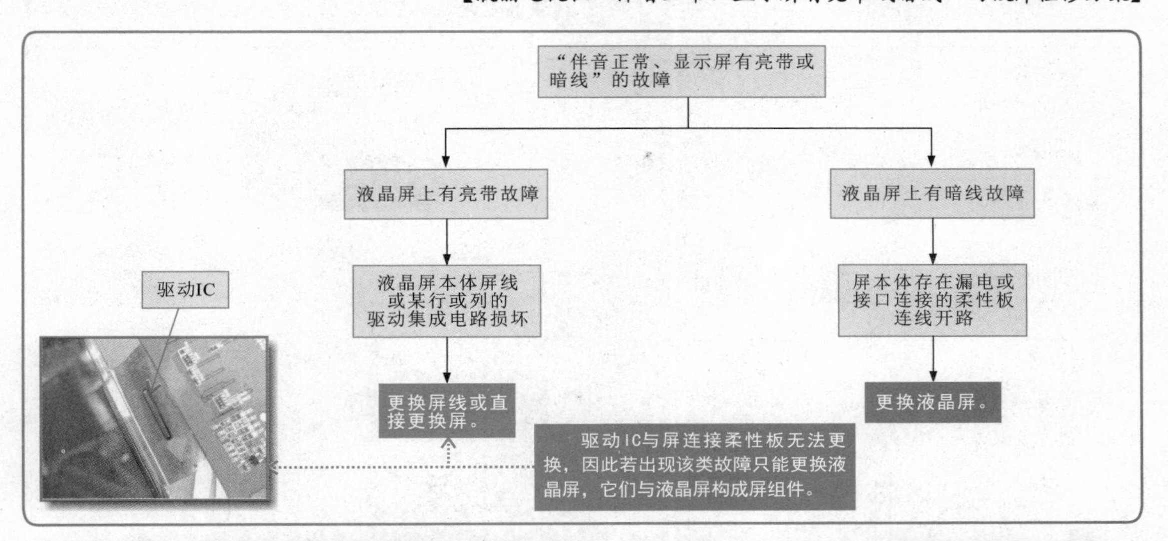

特别提醒

若液晶屏有亮带或暗线故障，且图像也存在异常，还需要检查LVDS信号输出插座、屏线是否正常，DDR存储器以及信号排阻焊接是否良好。

【液晶电视机“伴音正常、显示屏异常”的故障检修方案】

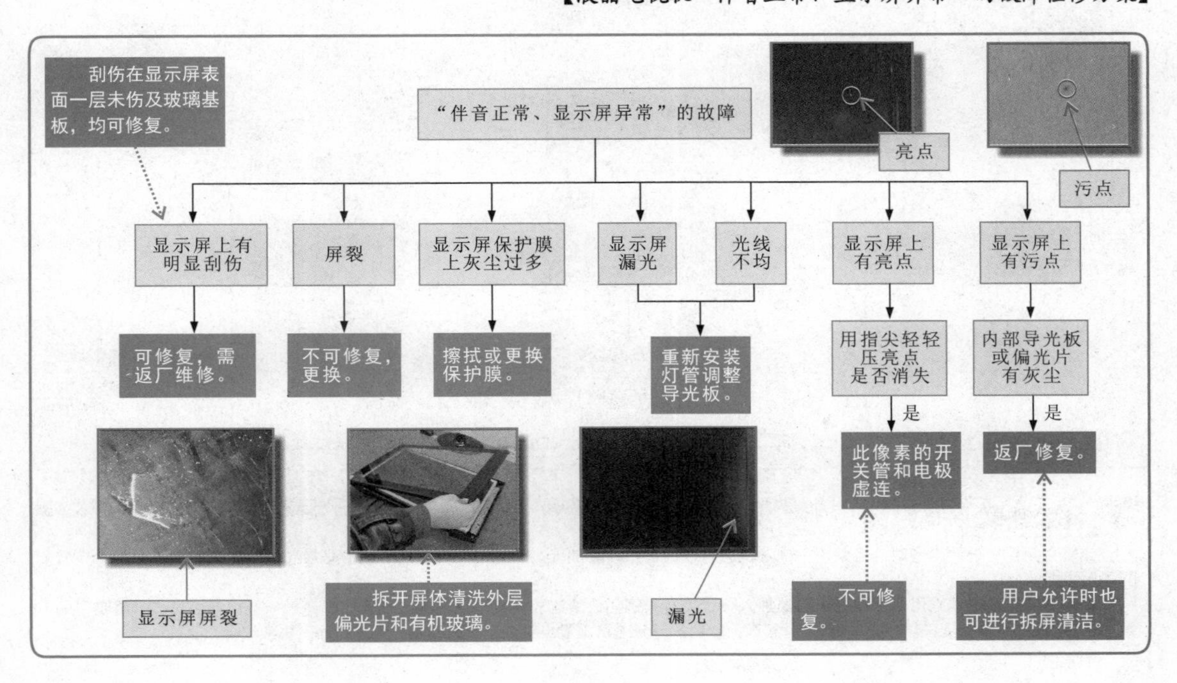

4. 图像正常、伴音不良的检修方案

液晶电视机出现“图像正常、伴音不良”的故障时，应根据具体的故障表现分析出产生故障的原因，整理出基本的检修方案，根据检修方案对电路进行检测和排查，最终排除故障。

【液晶电视机“图像正常、无伴音”的故障检修方案】

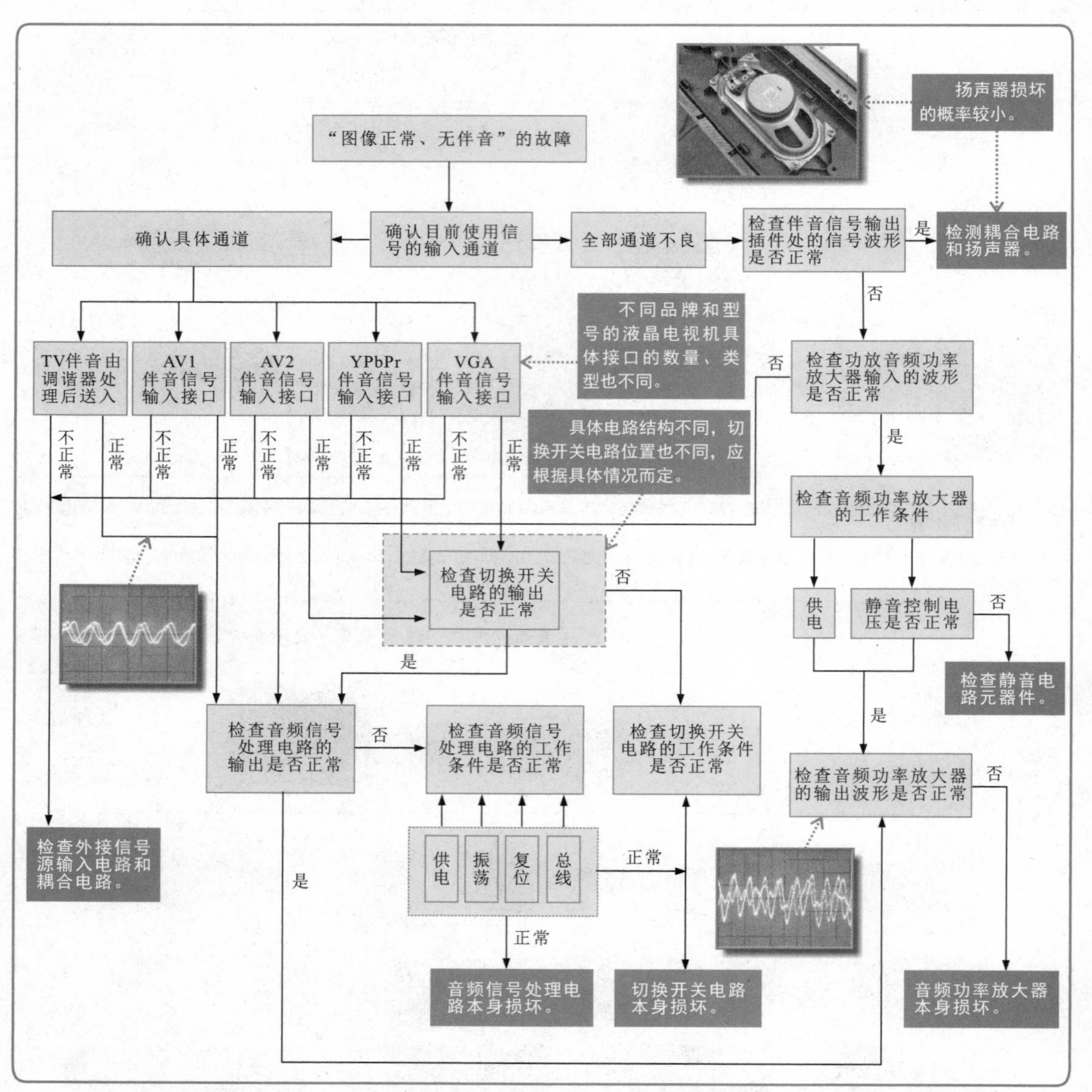

特别提醒

检修音频信号处理通道时，可采用干扰法快速有效地辨别故障部位，即通过人为外加干扰信号触碰被测电路的输入引脚，查看扬声器是否有反应。

具体方法：在输入端用万用表的电阻档加入干扰信号，例如，从功放集成电路的输入端开始，碰触时扬声器会发出“喀喀”的声音，然后逐步向外，若碰触到某一部分时无声，就对此部分电路做重点检查，从而找到故障元器件，排除故障。

【液晶电视机“图像正常、某一侧扬声器无声”的故障检修方案】

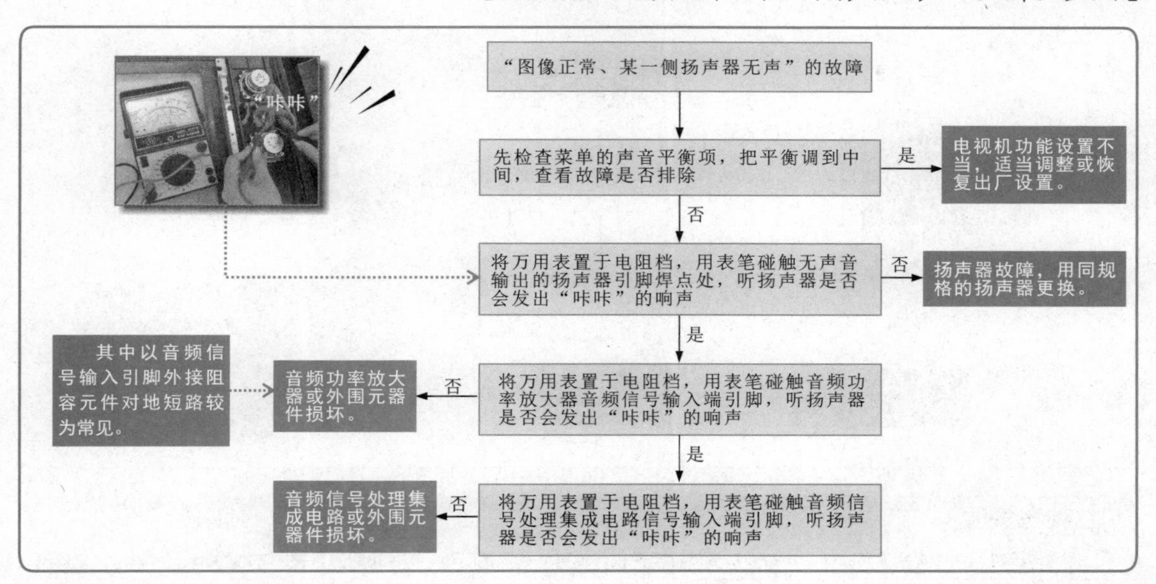

5. 部分功能失常的检修方案

液晶电视机出现“部分功能失常”的故障时，应根据具体的故障表现分析出产生故障的原因，整理出基本的检修方案，根据检修方案对电路进行检测和排查，最终排除故障。

【液晶电视机“按键无作用、每次开机音量均为最大”的故障检修方案】

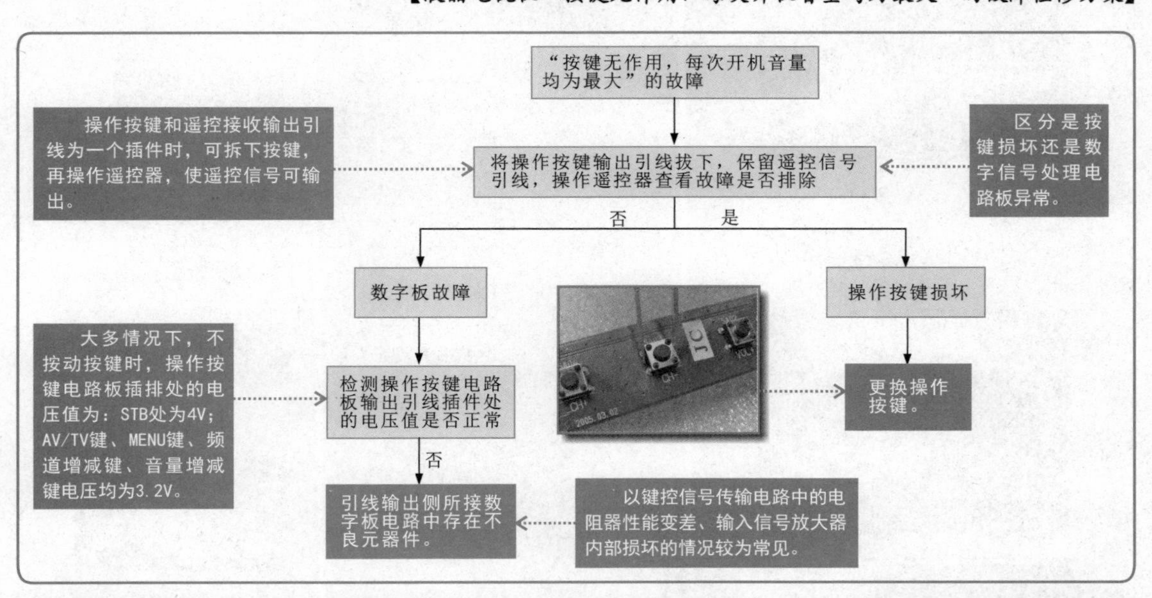

特别提醒

一些液晶电视机在操作按键上设有放电引脚，以防人体静电通过按键进入电视机数字信号处理电路板上引起元器件损坏，因此，维修人员在更换按键时千万不要随意把五脚的按键用四脚来代替，否则会留下安全隐患。

【液晶电视机“通电后，不按开关按键即白屏，出现背光”的故障检修方案】

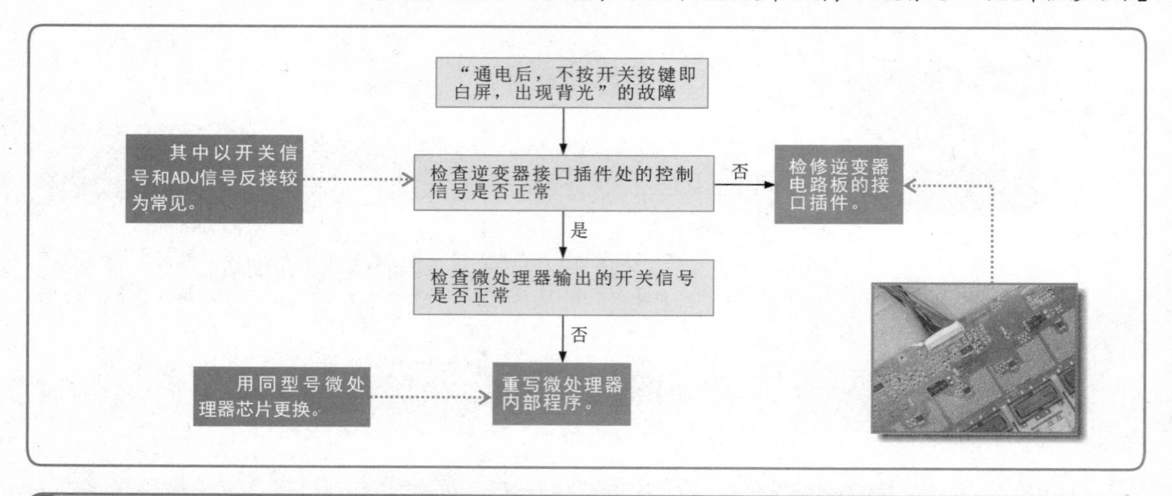

特别提醒

液晶电视机通电后直接显示LOGO，未按开机键就直接开机，也可能是设置问题。可通电后直接按POWER键关闭电视机，再拔掉电源插头，然后重新插上电源插头，一般可恢复正常使用。

【液晶电视机“无台，自动搜台时频道跳过的速度很快”的故障检修方案】

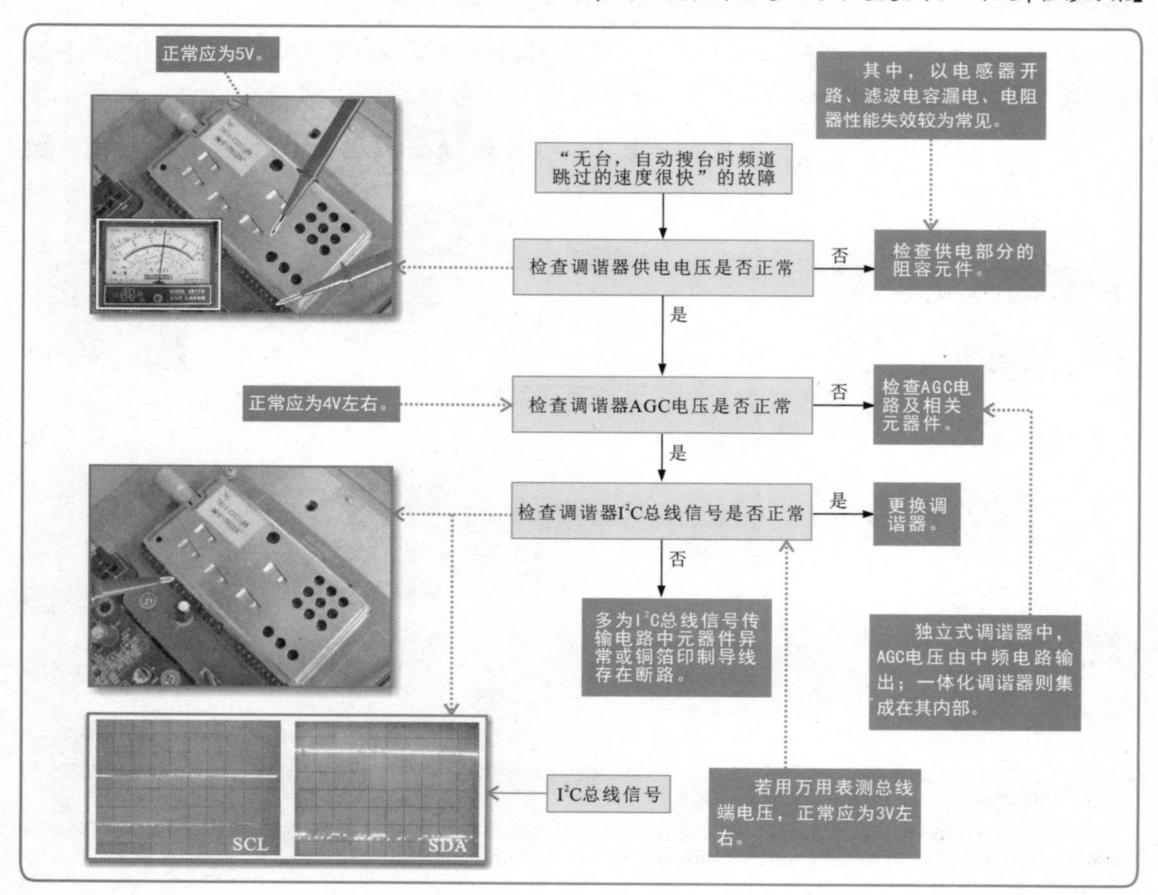

2.2 液晶电视机的检测方法

2.2.1 元器件替换法

通过元器件替换法查找故障是指对液晶电视机怀疑损坏的某个元器件用同型号性能良好的元器件进行替换，若替换后故障排除，则证明被怀疑元器件损坏；若替换后故障仍然存在，则应进一步检测其他相关部位。

【使用替换法排除液晶电视机故障】

根据损坏的电感器的参数，可使用相同电感值大小的电感器进行代换。

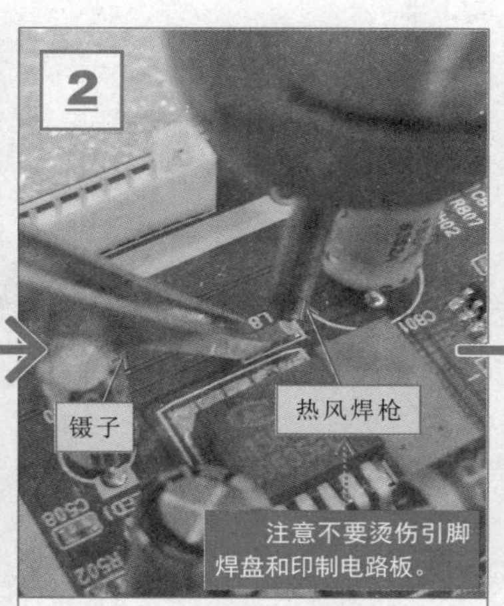

使用镊子夹住损坏的电感器，使用热风焊枪对损坏电感器的引脚进行拆焊操作。

使用镊子将良好的电感器放到对应焊点上。使用电烙铁对焊点进行加热，固定良好的电感器。

根据损坏的集成电路型号，使用相同型号的集成电路进行代换。

使用镊子夹住损坏的集成电路，使用热风焊枪对损坏的集成电路进行拆焊操作。

使用电烙铁随意固定住新集成电路的几个引脚，然后再对所有引脚均匀涂抹焊锡。

将细铜丝浸泡在松香中，然后将其放置到集成电路的一排引脚上，一边用电烙铁加热铜丝，一边拉动铜丝来吸走焊锡。

2.2.2 波形测试法

波形测试法是液晶电视机检修中最科学、最准确的一种检测方法，该方法主要是通过示波器直接观察有关电路的信号波形，并与正常波形比较，来分析和判断液晶电视机出现故障的部位。

【液晶电视机的波形测试法】

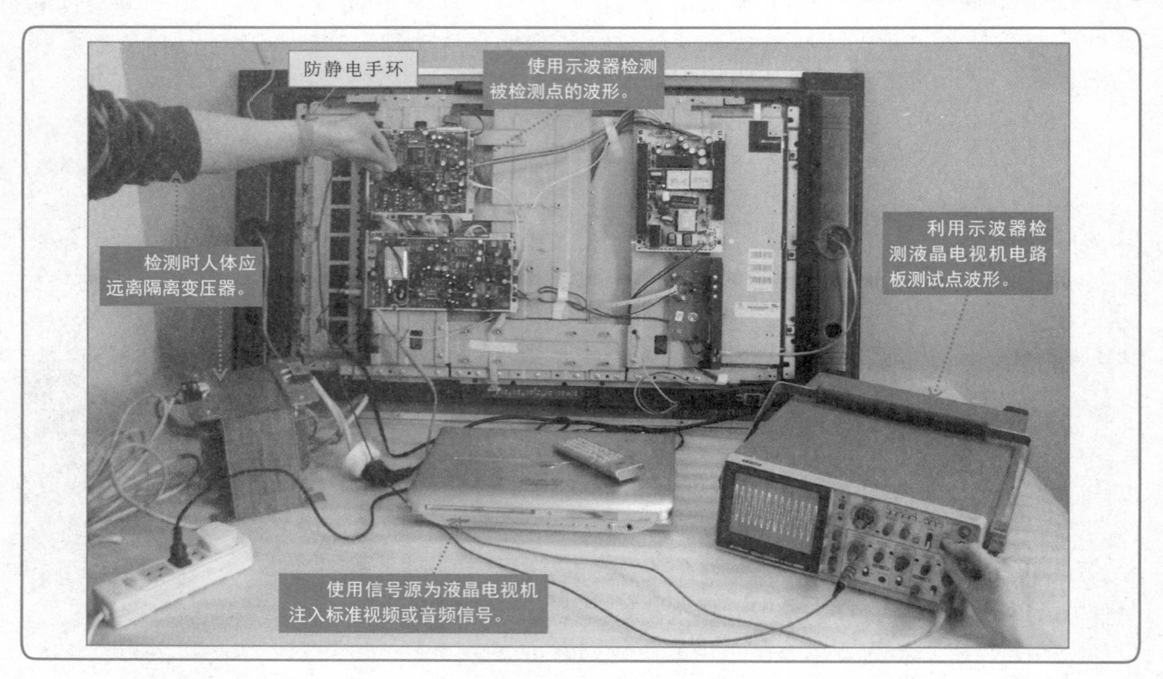

【利用波形测试法检测开关电源电路中开关变压器感应脉冲信号波形的方法】

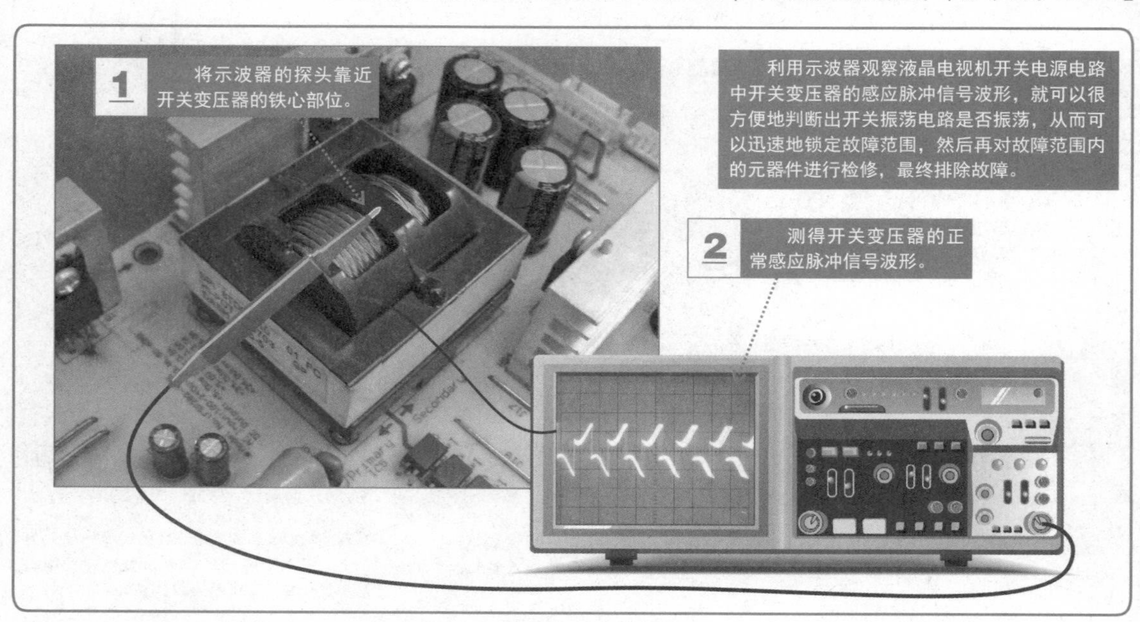

2.2.3 电压测试法

电压测试法主要是通过对故障液晶电视机通电，然后用万用表测量各关键点的电压，将测量结果与正常液晶电视机测试点的数据比较，找出有差异的测试点，然后依照该故障机的工作流程一步一步进行检修，最终找到故障元器件，排除故障。

【液晶电视机的电压测试法】

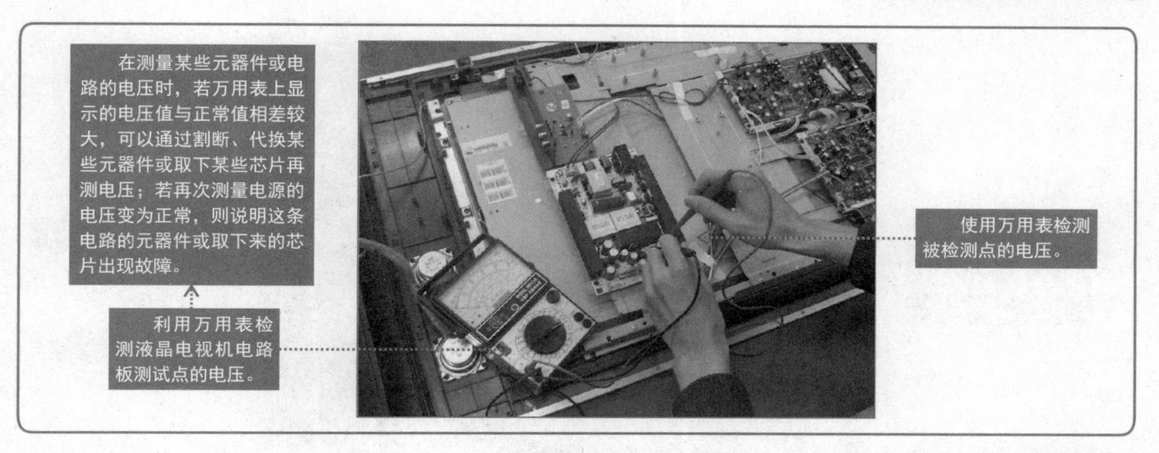

【利用电压测试法检测开关电源电路中+300V直流电压的方法】

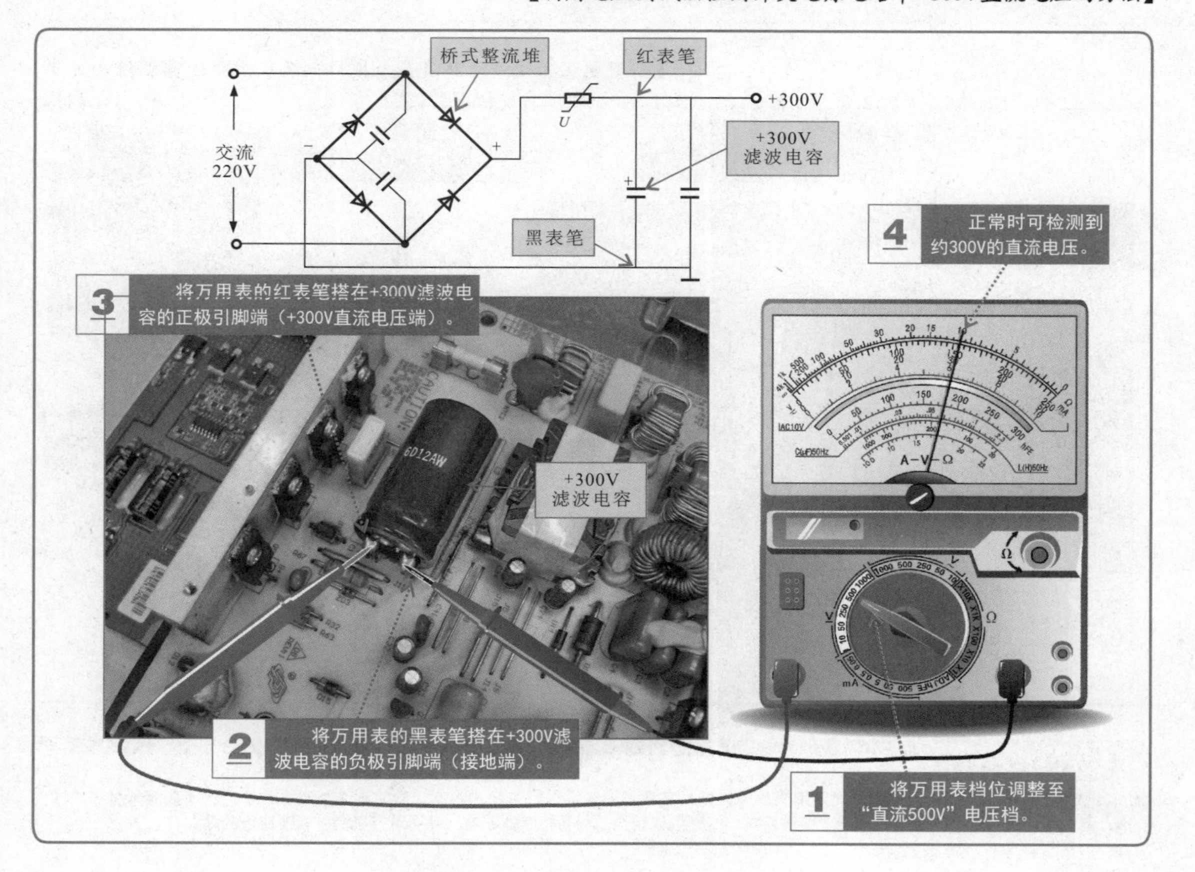

2.2.4 电阻测试法

电阻测试法也是液晶电视机维修中使用较多的一种测试方法，该方法主要是指在液晶电视机断电的状态下使用万用表测量故障机各元器件的电阻值，然后将实测值与标准值进行比较，大致判断元器件的好坏，或判断电路是否有严重短路和断路的情况。

【液晶电视机的电阻测试法】

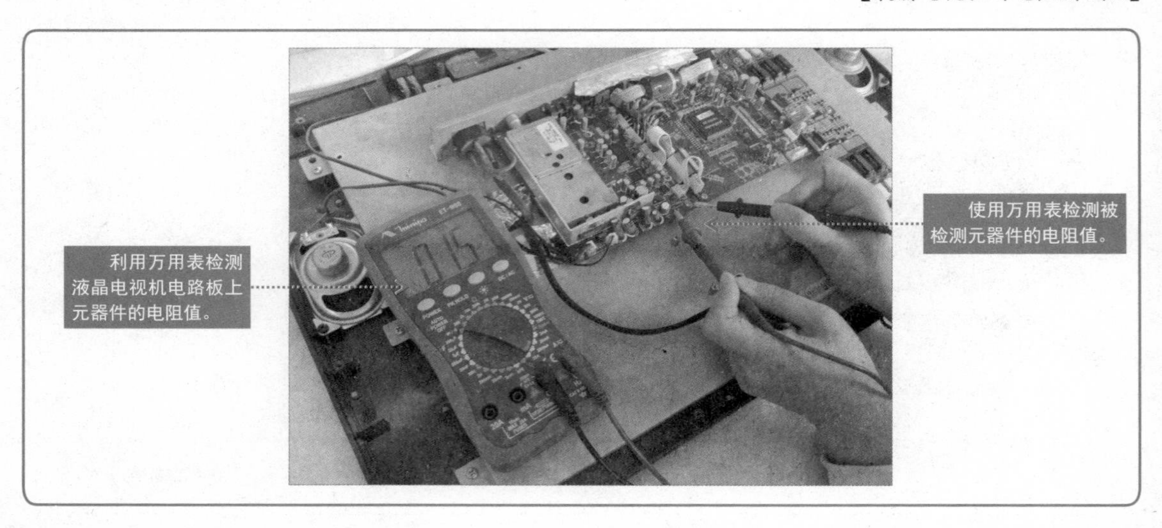

【利用电阻测试法检测液晶电视机电路板上电阻器阻值的方法】

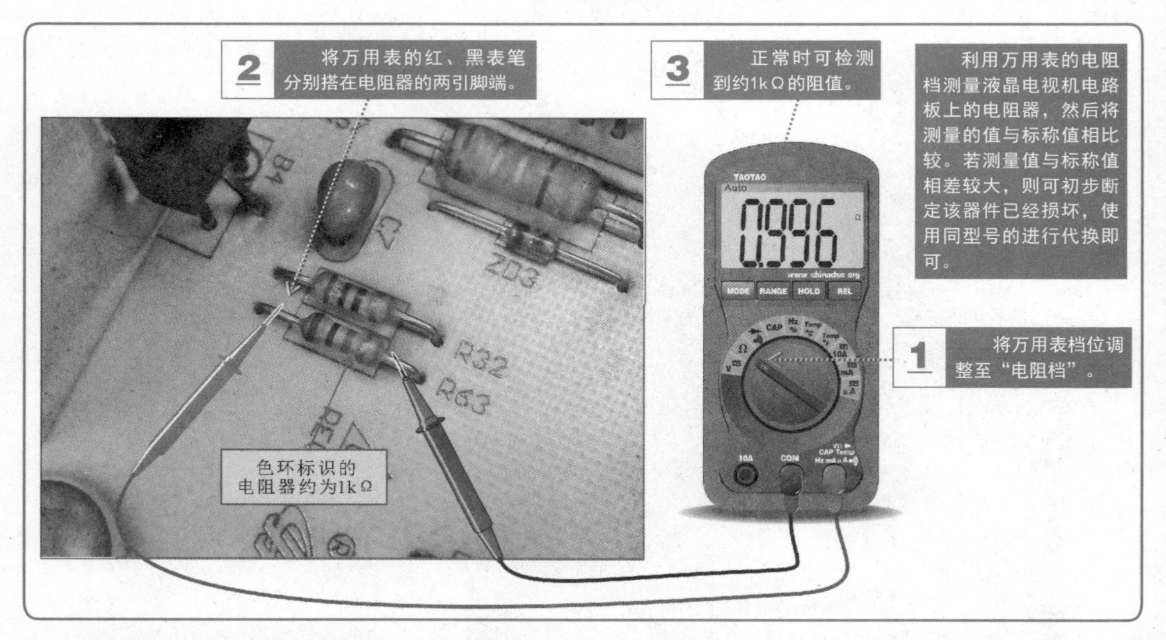

特别提醒

除上述方法外，还可以用指针式万用表的电阻档来测量半导体器件的正反向阻值，例如测量整流二极管，若测量值具有正向导通、反向截止的特性，则说明该整流二极管正常，否则则说明该二极管短路或断路，需要进行更换，以便排除故障。

第3章

液晶电视机电视信号接收电路的检修方法

3.1 电视信号接收电路的结构和工作原理

电视信号接收电路是接收射频载波信号的电路，它将天线感应的信号进行调谐放大和混频，并将射频信号变成中频信号，然后再进行视频检波和伴音解调，解调出视频图像信号和伴音信号。

3.1.1 电视信号接收电路的结构

一般来说，液晶电视机的电视信号接收电路主要是由调谐器、预中放、声表面波滤波器、中频信号处理芯片等组成的。

下面以典型液晶电视机中的电视信号接收电路为例，介绍一下其结构。该电路主要是由调谐器TUNER1（TDQ-6FT/W114X）、预中放V104（2SC2717）、图像声表面波滤波器Z103（D7262N）、伴音声表面波滤波器Z102（D9455N）、中频信号处理集成芯片N101（M52760SP）和音/视频切换集成芯片N701（HEF4052BP）等构成的。

【典型液晶电视机中电视信号接收电路（厦华LC32U25型液晶电视机）】

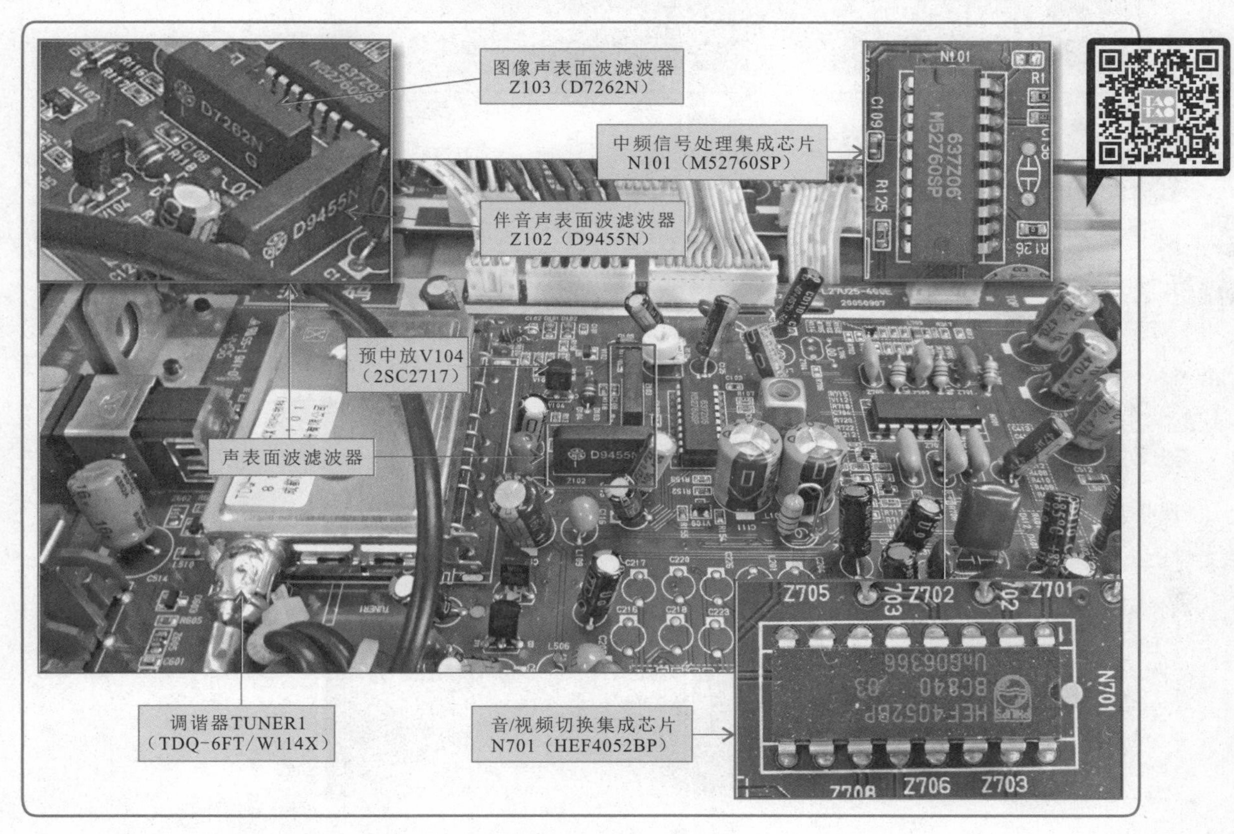

1. 调谐器

调谐器也称为高频头，它的功能是从天线送来的高频电视信号中调谐并选择出欲接收的电视信号，进行调谐放大后与本机振荡信号混频，输出中频信号并送往预中放和声表面波滤波器中。由于调谐器所处理的信号频率很高，为防止外界干扰，通常将它独立封装在屏蔽良好的金属盒子里，由引脚与外电路相连，外壳上的插孔用来接收天线信号或有线电视信号。

【调谐器的实物外形】

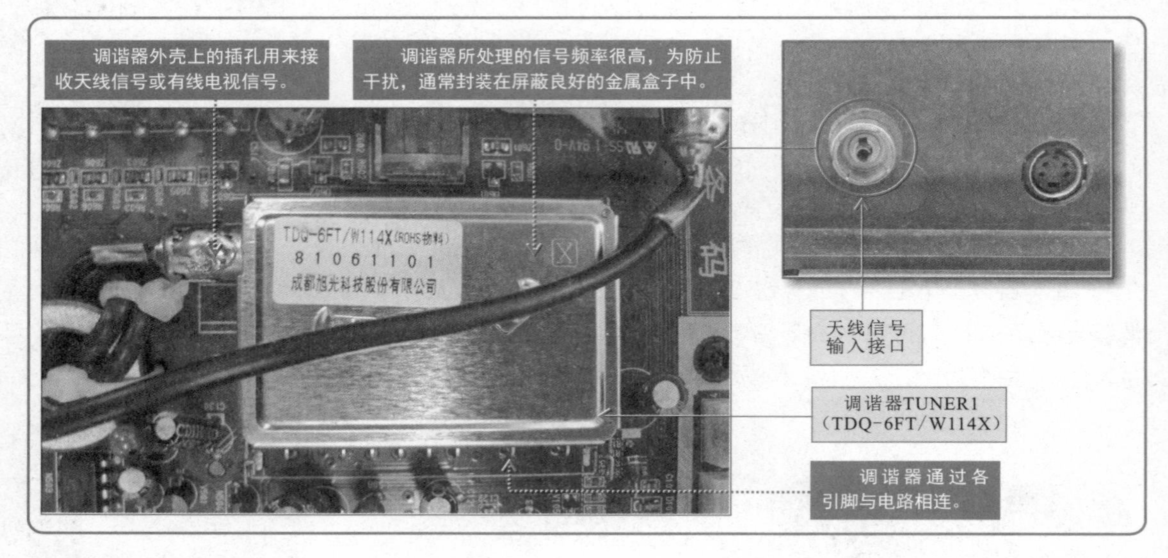

2. 预中放和声表面波滤波器

电视信号接收电路中的预中放主要是用于放大调谐器输出的中频信号，并将放大后的中频信号分别送入图像声表面波滤波器以及伴音声表面波滤波器中，用以滤除杂波和干扰，经滤波后再将伴音中频和图像中频信号送入到中频信号处理集成电路中。

【预中放和声表面波滤波器的实物外形】

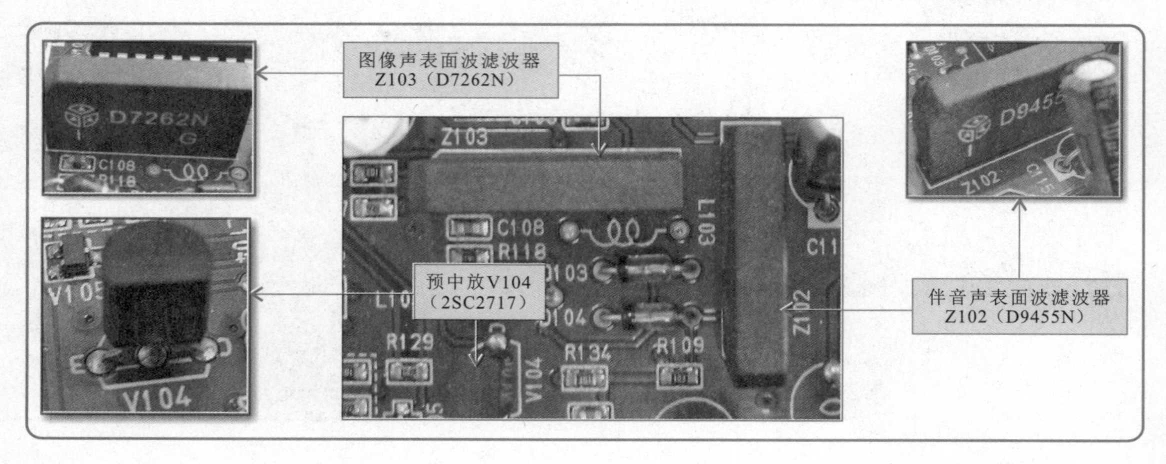

3. 中频信号处理集成芯片

中频信号处理集成芯片主要用来处理来自预中放和声表面波滤波器的中频信号。首先对中频信号进行放大，然后再进行视频检波和伴音解调，将调制在载波上的视频图像信号和第二伴音中频信号提取出来，再将调制在第二伴音载频上的伴音信号解调出来。

【中频信号处理集成芯片的实物外形及引脚功能】

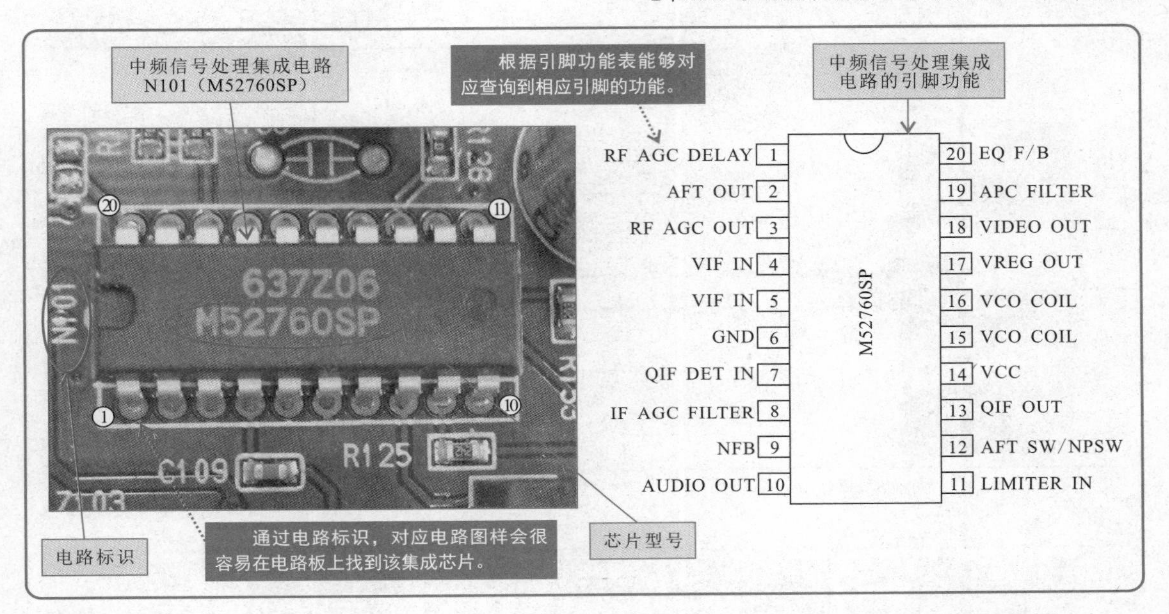

4. 音/视频切换集成芯片

音/视频切换集成芯片（HEF4052BP）是双4通道的模拟分配器，主要是切换由前级电路送来的第二伴音中频和视频图像信号，并选择其中一路第二伴音中频和视频图像进行输出。

【音/视频切换集成芯片的实物外形及引脚功能】

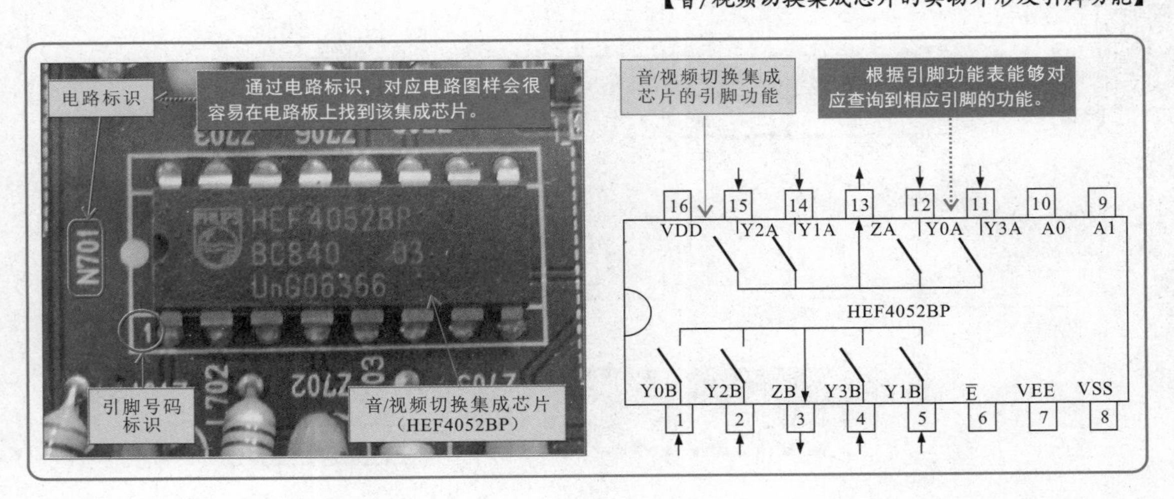

3.1.2 电视信号接收电路的工作原理

在对电视信号接收电路进行分析时，可将电路划分为调谐器电路、预中放和声表面波滤波器电路、中频信号处理及音/视频切换电路3个部分，依据信号流程进行分析。

【调谐器电路】

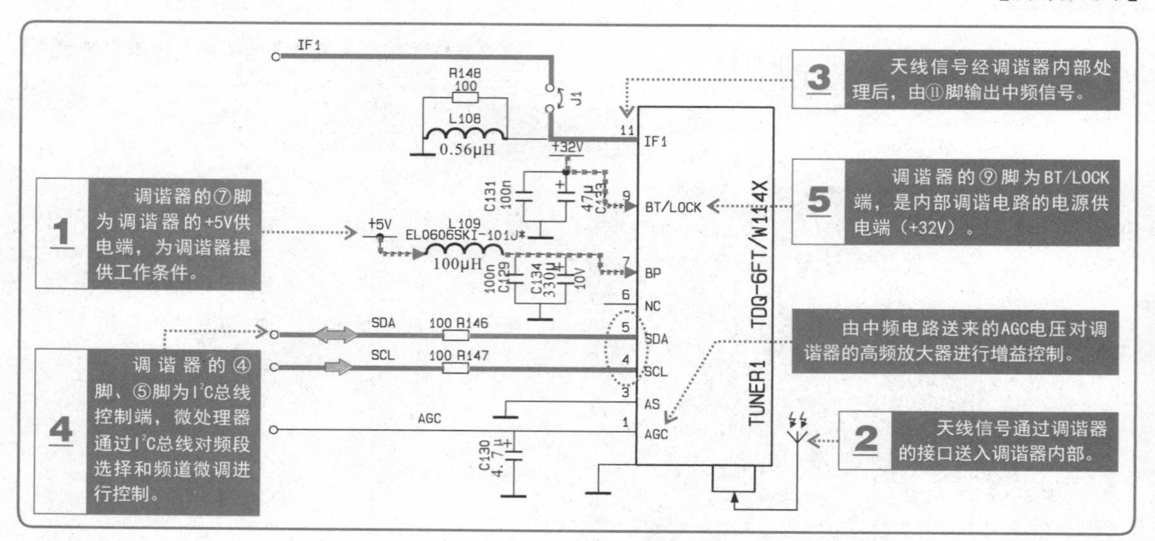

【预中放和声表面波滤波器电路】

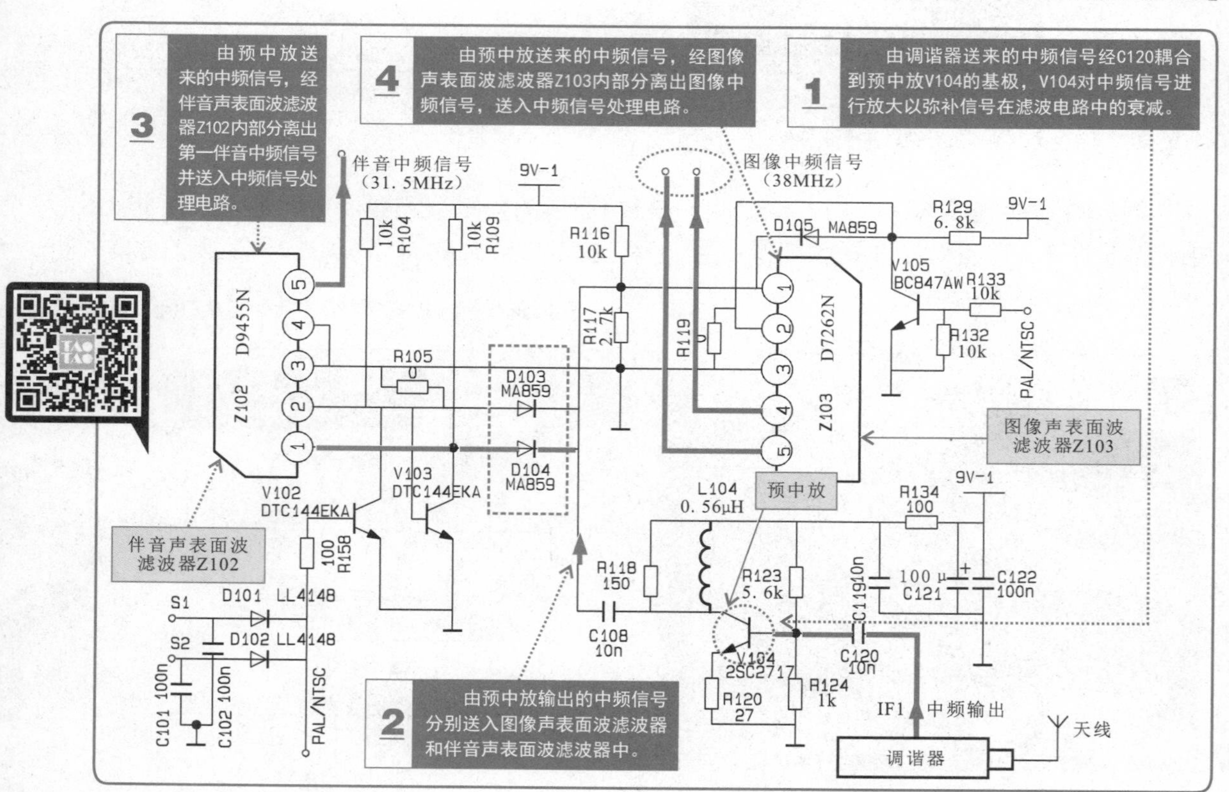

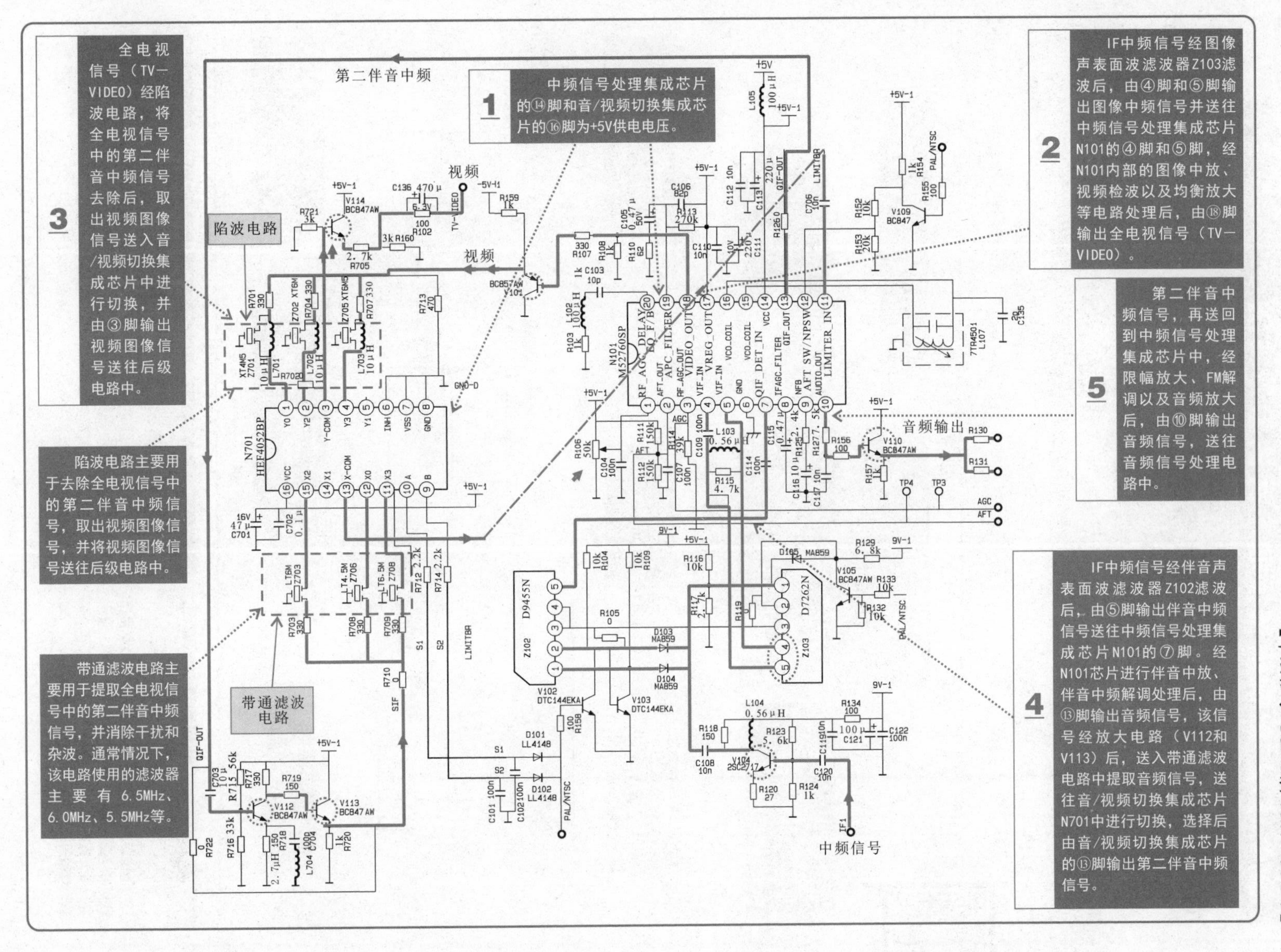

1 中频信号处理集成芯片的⑭脚和音/视频切换集成芯片的⑯脚为+5V供电电压。
2 IF中频信号经图像声表面波滤波器Z103滤波后，由④脚和⑤脚输出图像中频信号并送往中频信号处理集成芯片N101的④脚和⑤脚，经N101内部的图像中放、视频检波以及均衡放大等电路处理后，由⑱脚输出全电视信号（TV—VIDEO）。
3 全电视信号（TV—VIDEO）经陷波电路，将全电视信号中的第二伴音中频信号去除后，取出视频图像信号送入音/视频切换集成芯片中进行切换，并由③脚输出视频图像信号送往后级电路中。
4 IF中频信号经伴音声表面波滤波器Z102滤波后，由⑤脚输出伴音中频信号送往中频信号处理集成芯片N101的⑦脚。经N101芯片进行伴音中放、伴音中频解调处理后，由⑬脚输出音频信号，该信号经放大电路（V112和V113）后，送入带通滤波电路中提取音频信号，送往音/视频切换集成芯片N701中进行切换，选择后由音/视频切换集成芯片的⑬脚输出第二伴音中频信号。
5 第二伴音中频信号，再送回到中频信号处理集成芯片中，经限幅放大、FM解调以及音频放大后，由⑩脚输出音频信号，送往音频信号处理电路中。
陷波电路主要用于去除全电视信号中的第二伴音中频信号，取出视频图像信号，并将视频图像信号送往后级电路中。
带通滤波电路主要用于提取全电视信号中的第二伴音中频信号，并消除干扰和杂波。通常情况下，该电路使用的滤波器主要有6.5MHz、6.0MHz、5.5MHz等。
陷波电路
带通滤波电路
第二伴音中频
视频
音频输出
中频信号
N101 M52760SP
N701 HEF4052BP
Z102 D9455N
Z103 D7262N
RF_AGC_DELAY
LO_F/B
APC_FILTER
VIDEO_OUT
VREG_OUT
VCO_COIL
QIF_DET_IN
IFAGC_FILTER
AFT SW/NPSW
AUDIO_OUT
LIMITER_IN
QIF-OUT
TV-VIDEO
PAL/NTSC
AGC
AFT
TP3
TP4
SIF
LIMITBR
GND-D
+5V
+5V-1
9V-1

3.2 电视信号接收电路的检修方法

3.2.1 电视信号接收电路的检修指导

液晶电视机的信号接收电路是接收电视信号过程中的重要电路，若该电路出现故障，常会引起无图像、无伴音、屏幕有雪花噪点等现象。在对该电路进行检测时，可依据故障现象分析出产生故障的原因，整理出基本的检修指导，根据检修指导对电路进行检测和排查，最终排除故障。

【电视信号接收电路的检修】

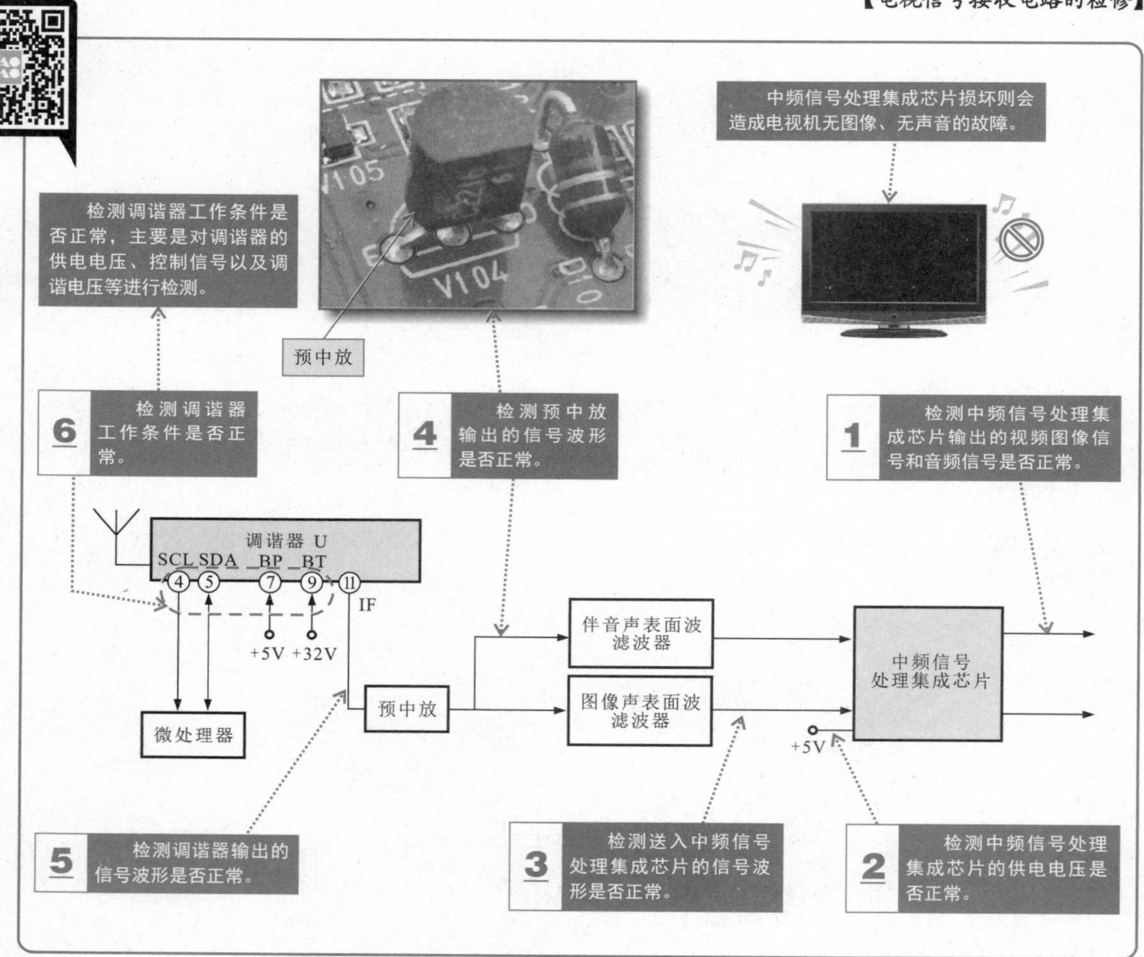

特别提醒

通过以上学习可知，当电视信号接收电路出现故障时，可以从电路的输出端作为切入点，首先检测该电路输出的视频图像信号和音频信号是否正常，若该电路的信号正常，表明电视信号接收电路可以正常工作。

若无信号输出，则说明该电路没有工作，可按信号流程逆向检测，找到信号消失的地方，则可以大致圈定故障的范围，再以此为基础对相关范围内的工作条件、关键信号进行检测，最终在故障范围内找到损坏的元器件，排除故障。

3.2.2 电视信号接收电路的检修操作

对于液晶电视机电视信号接收电路的检测，可使用万用表或示波器测量待测液晶电视机的电视信号接收电路，然后将实测电压值或波形与正常的数值或波形进行比较，即可判断出电视信号接收电路的故障部位。

不同液晶电视机的电视信号接收电路的检测方法基本相同，下面以厦华LC32U25型液晶电视机为例介绍一下电视信号接收电路的具体检测方法。

1. 电视信号接收电路输出信号的检测方法

当电视信号接收电路出现故障时，应首先判断电视信号接收电路部分有无输出，即在通电开机的状态下，对电视信号接收电路输出的音频信号和视频图像信号进行检测，检测时可使用示波器检测中频信号处理集成电路的输出信号是否正常。

若检测电视信号接收电路输出的信号正常，则说明电视信号接收电路基本正常；若检测无信号输出，则说明该电路可能出现故障，需要进行下一步的检测。

【电视信号接收电路输出信号的检测方法】

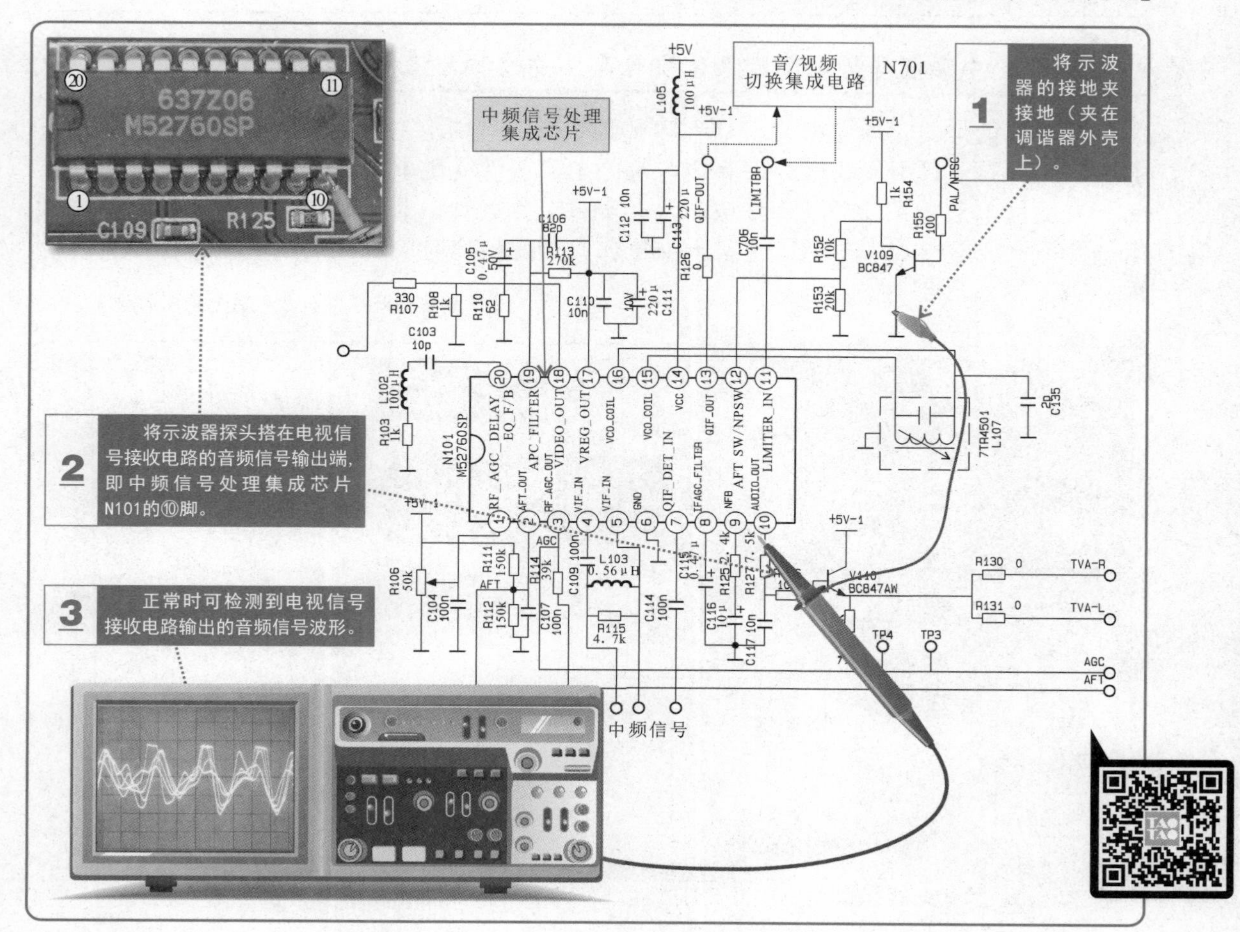

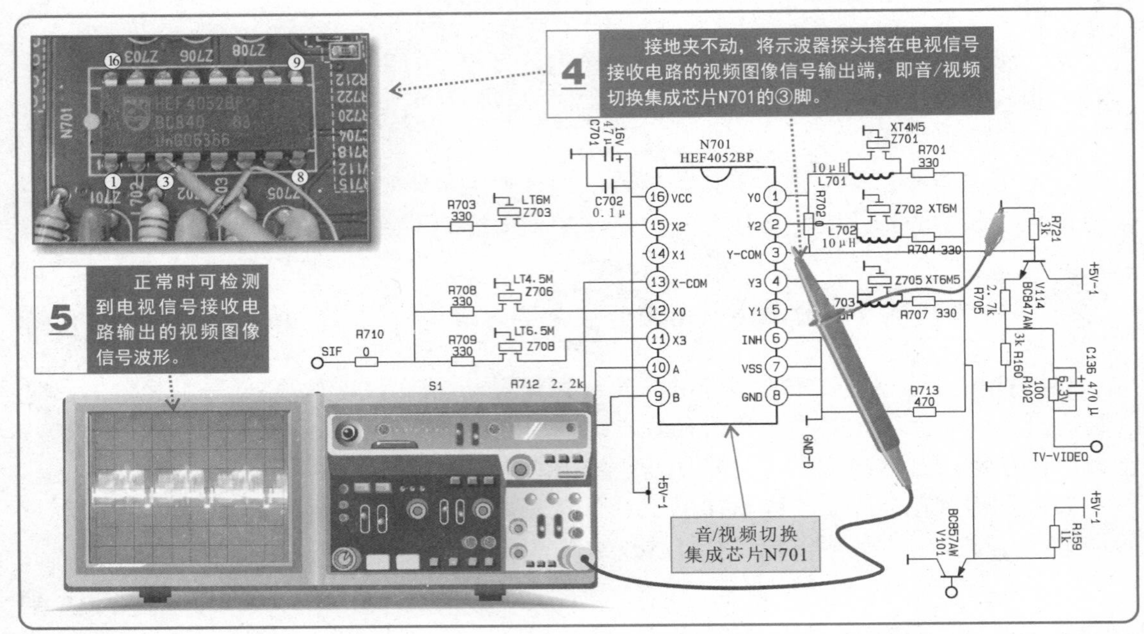

2. 中频信号处理集成芯片供电电压的检测方法

若电视信号接收电路无音频信号和视频图像信号输出，即中频信号处理集成电路无输出，此时需要对中频信号处理集成芯片的工作条件（供电电压）进行检测。

直流供电是中频信号处理集成芯片的基本工作条件，若无直流供电电压，即使中频信号处理集成电路本身正常，也将无法工作，因此检修时应对该供电电压进行检测。

【中频信号处理集成芯片供电电压的检测方法】

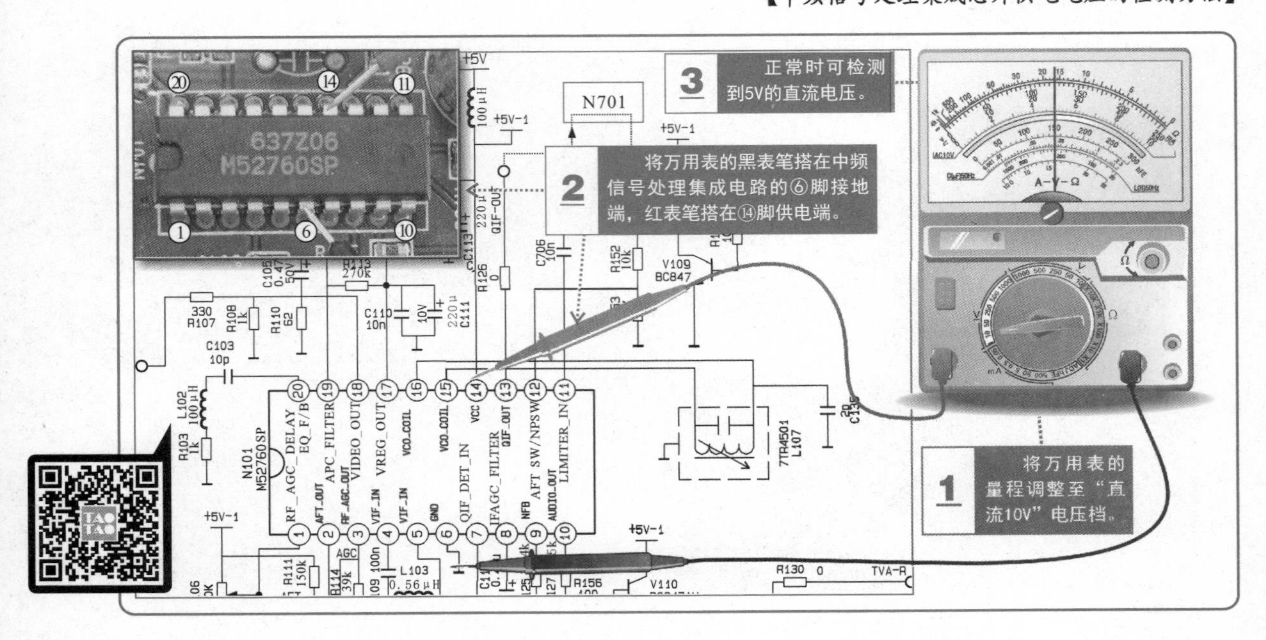

3. 中频信号处理集成芯片输入信号的检测方法

若中频信号处理集成电路供电电压正常，而仍无音频信号和视频图像信号输出，则应对该电路的输入波形进行检测，即对声表面波滤波器（图像和伴音）送来的图像中频信号和伴音中频信号进行检测。

若声表面波滤波器输出的信号正常，即中频信号处理集成电路输入的信号正常，则表明中频信号处理集成电路本身可能损坏；若输入的信号波形不正常，则应继续对其前级电路进行检测。

【中频信号处理集成芯片供电电压的检测方法】

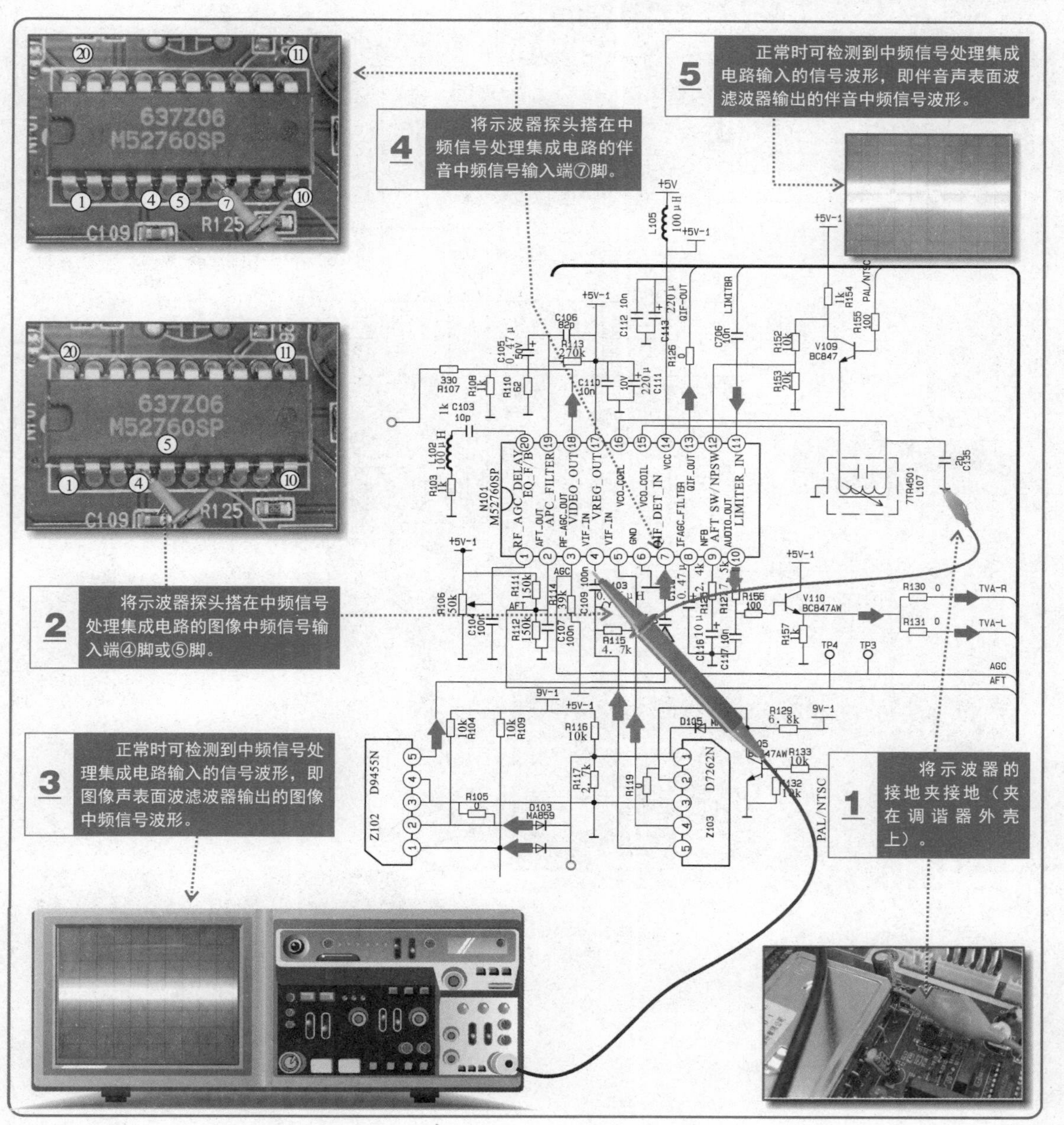

4. 预中放输出信号的检测方法

若中频信号处理集成芯片输入的图像和伴音中频信号不正常，则接下来应对前级预中放集电极输出的中频信号进行检测。若预中放集电极输出的中频信号正常，则表明预中放本身及前级电路均正常；若预中放集电极无信号输出，则应检测其预中放的输入信号，即调谐器的输出信号是否正常。

【预中放输出信号的检测方法】

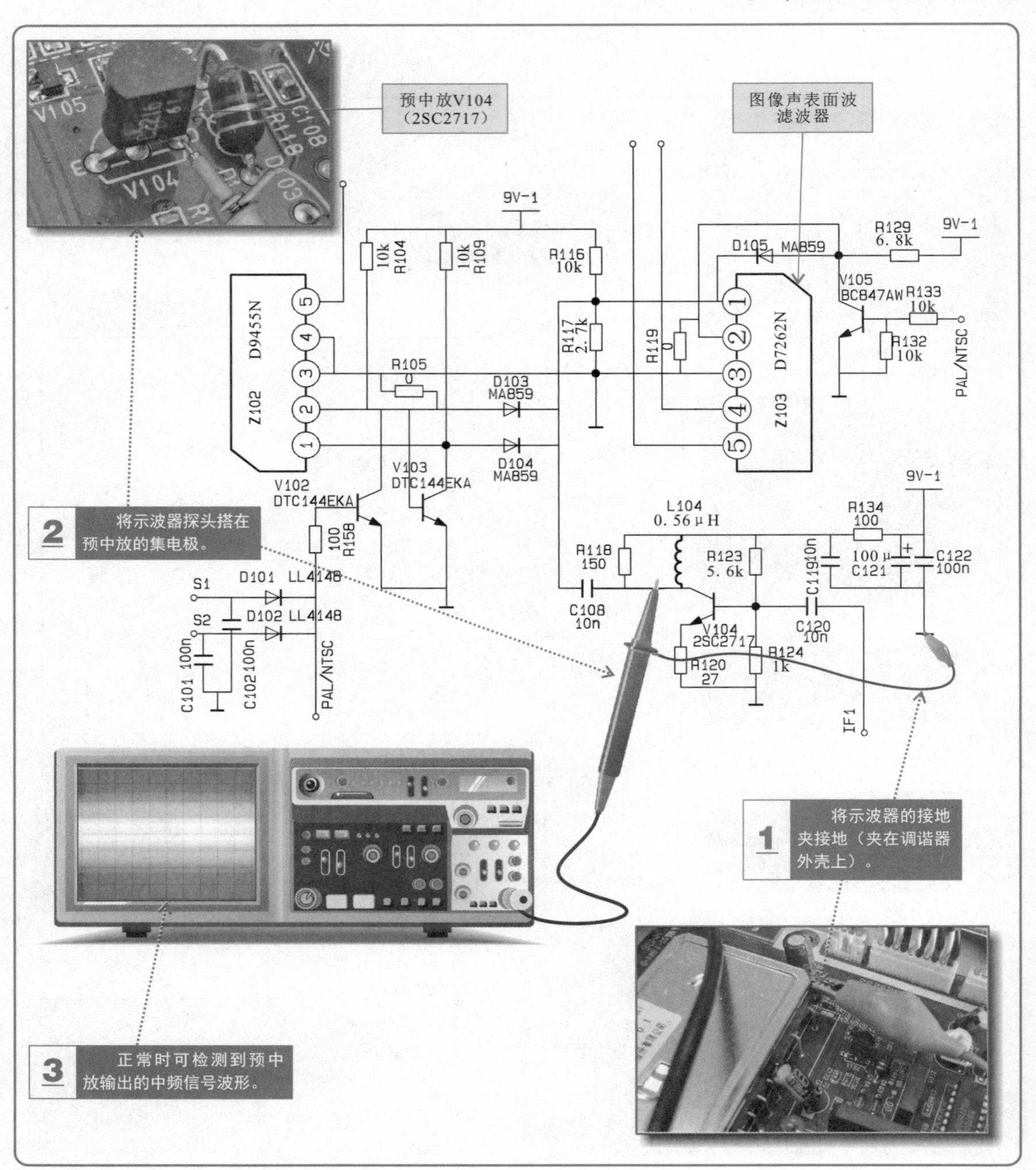

5. 调谐器输出信号的检测方法

若预中放的集电极无信号输出，则应对其基极的输入信号，即调谐器输出的中频信号进行检测。若调谐器输出的中频信号正常，则表明谐调器能正常工作；若该信号不正常，则说明调谐器可能出现故障，需要对调谐器相关工作条件以及调谐器本身等进行检测。

【调谐器输出信号的检测方法】

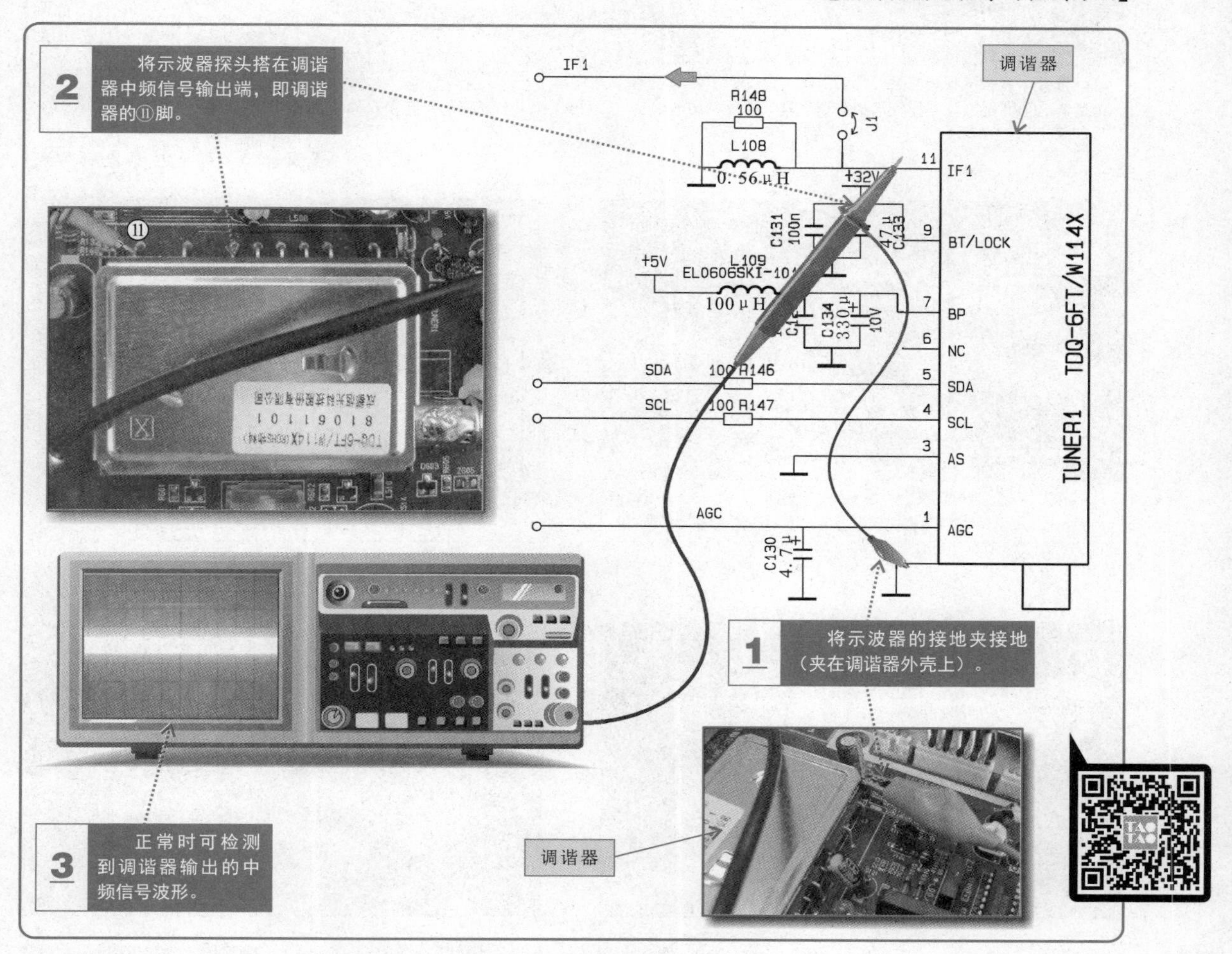

6. 调谐器工作条件的检测方法

若检测调谐器无中频信号输出，则应对调谐器本身进行检测，检测时可采用排除法，先对调谐器的工作条件（供电电压、I²C总线信号和调谐电压）进行检测，判断调谐器的工作条件是否满足需求。

正常情况下，调谐器应有+5V的供电电压、+32V左右的调谐电压以及由微处理器送来的I²C总线控制信号（数据信号、时钟信号）。

【调谐器供电电压的检测方法】

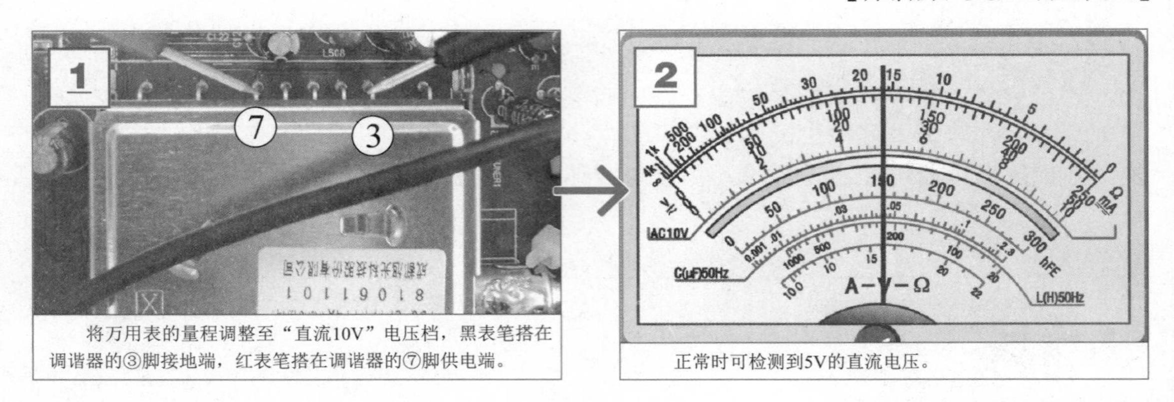

将万用表的量程调整至“直流10V”电压档，黑表笔搭在调谐器的③脚接地端，红表笔搭在调谐器的⑦脚供电端。

正常时可检测到5V的直流电压。

【调谐器调谐电压的检测方法】

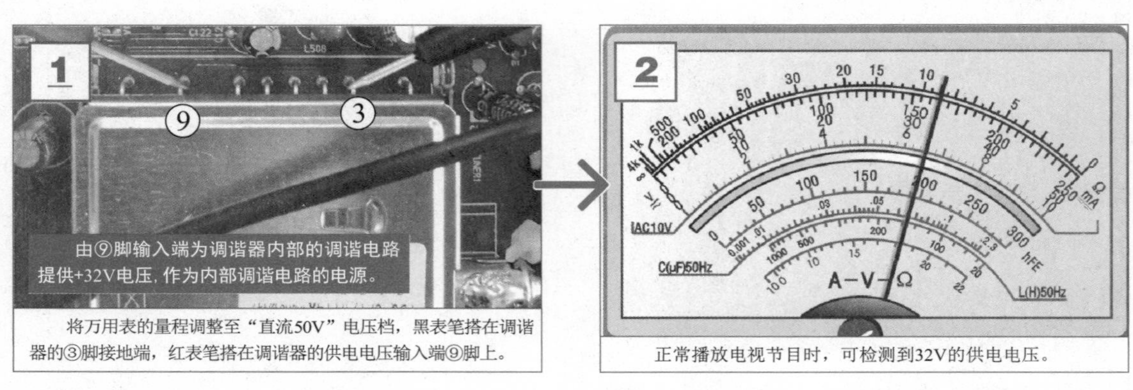

将万用表的量程调整至“直流50V”电压档，黑表笔搭在调谐器的③脚接地端，红表笔搭在调谐器的供电电压输入端⑨脚上。

正常播放电视节目时，可检测到32V的供电电压。

【调谐器I²C总线控制信号的检测方法】

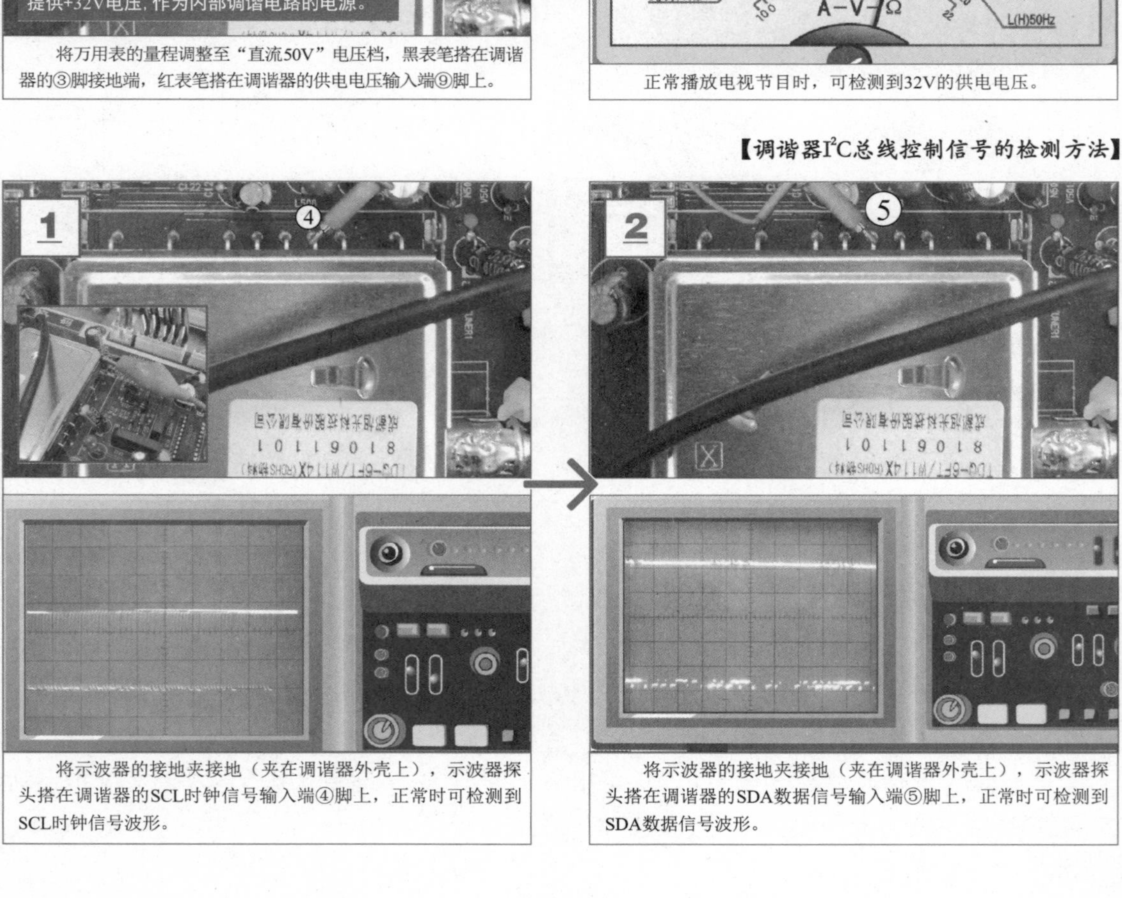

将示波器的接地夹接地（夹在调谐器外壳上），示波器探头搭在调谐器的SCL时钟信号输入端④脚上，正常时可检测到SCL时钟信号波形。

将示波器的接地夹接地（夹在调谐器外壳上），示波器探头搭在调谐器的SDA数据信号输入端⑤脚上，正常时可检测到SDA数据信号波形。

第4章

液晶电视机数字信号处理电路的检修方法

4.1 数字信号处理电路的结构和工作原理

数字信号处理电路是处理液晶电视机中视频图像信号的关键电路，液晶电视机播放电视节目时显示出的所有景物、人物、图形、图像、字符等信息都与这个电路相关。

4.1.1 数字信号处理电路的结构

液晶电视机的数字信号处理电路主要是由视频解码器、数字图像处理芯片、图像存储器和时钟晶体等组成的。

下图为厦华LC32U25型液晶电视机的数字信号处理电路。该数字信号处理电路主要是由视频解码器N601（TVP5147M1）、数字图像处理芯片N101（MST6151DA-LF）、图像存储器N201和N202（HY57V641620ETP）以及时钟晶体Z101（14.31818MHz）等组成的。

【数字信号处理电路的结构】

数字图像处理芯片是数字信号处理电路中的标志器件，通常是电路中规模最大、引脚最密集的贴片式集成电路。

视频解码器通常位于数字图像处理芯片附近，引脚相对较少，通过其表面型号标识确认其功能是最准确、最直接的方法。

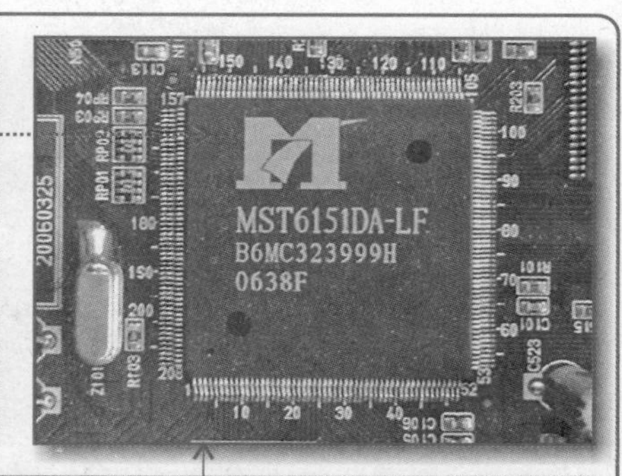

1. 视频解码器

视频解码器内部通常包含视频图像信号的切换电路和亮度、色度处理电路，主要用于对送入的模拟视频图像信号进行切换，A-D转换，亮度、色度处理等。

【视频解码器（TVP5147M1）的外形】

2. 数字图像处理芯片

数字图像处理芯片是液晶电视机中处理视频图像信号的主要芯片，其功能是将送入的视频图像信号进行自动亮度/对比度/色度/色调调整、图像缩放、画质改善、数字处理等，最终将视频图像信号转换为可驱动液晶显示屏显示的LVDS信号（低压差动信号）输出。

【数字图像处理芯片（MST6151DA-LF）的外形】

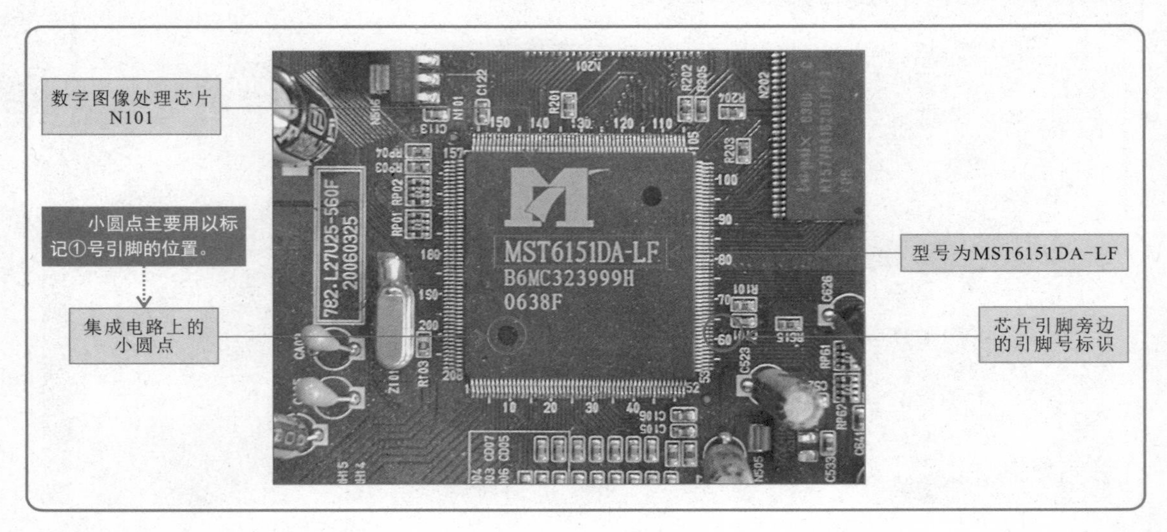

3. 时钟晶体

视频解码器和数字图像处理芯片附近都安装有时钟晶体，晶体作为谐振器件与芯片内部的振荡电路构成晶体振荡器，为视频解码电路和数字图像处理电路提供时钟信号。

【时钟晶体（14.31818MHz）的外形】

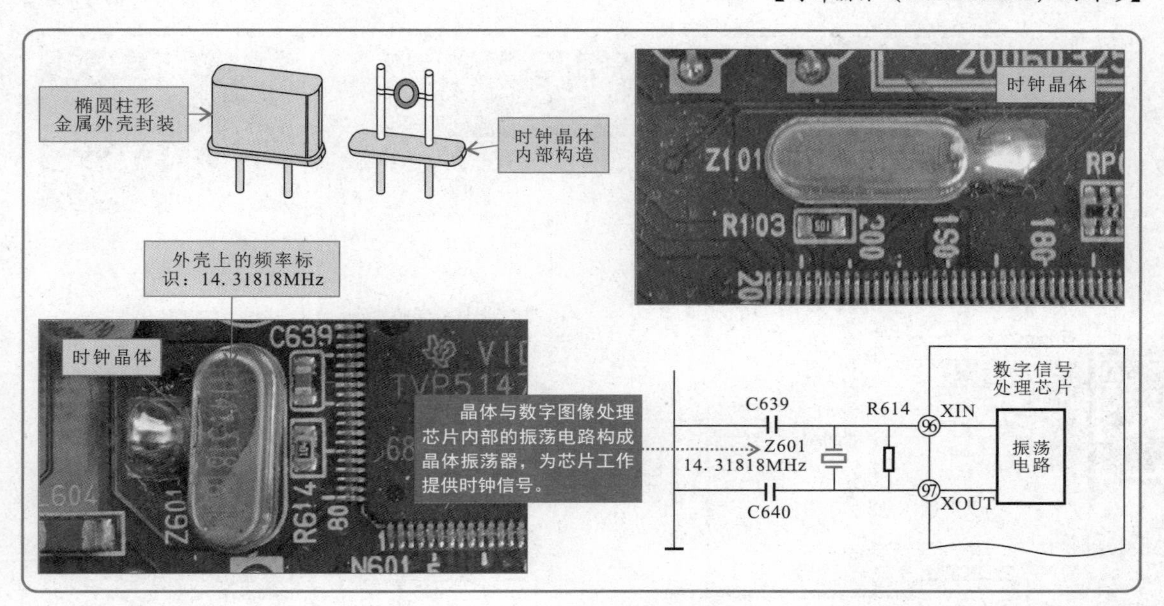

4. 图像存储器

数字信号处理电路中的图像存储器也称为图像帧存储器，用于与数字图像处理器相配合，对图像的数据进行暂存，实现数字图像信号的处理。

【图像存储器（HY57V641620ETP）的外形】

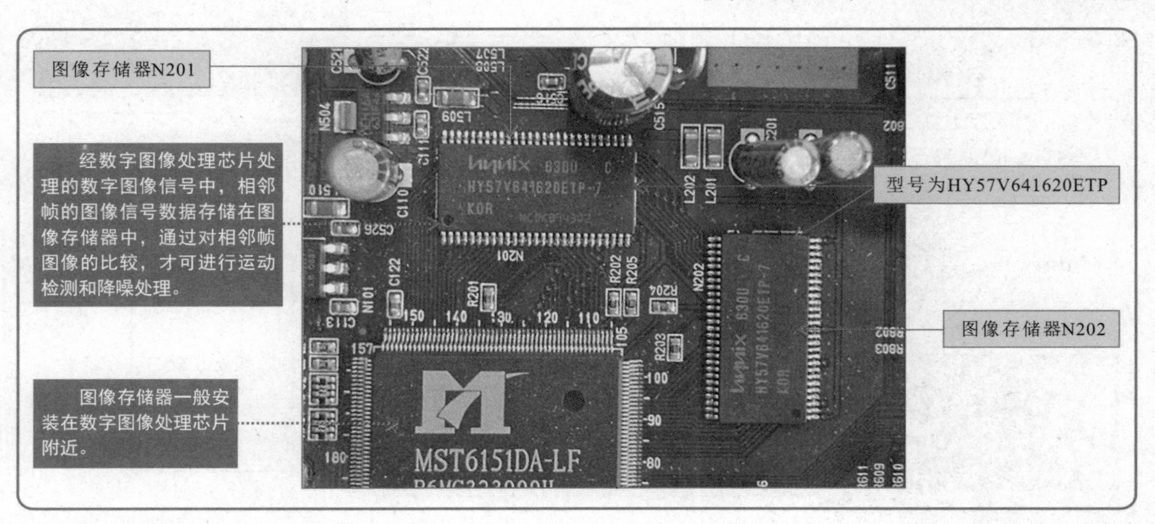

▶ 4.1.2 数字信号处理电路的工作原理

数字信号处理电路对电视信号接收电路送来的视频图像信号或外部接口电路输入的视频图像信号进行解码和数字处理，并转换成驱动液晶显示屏的LVDS（低压差分信号）。

【数字信号处理电路的信号流程】

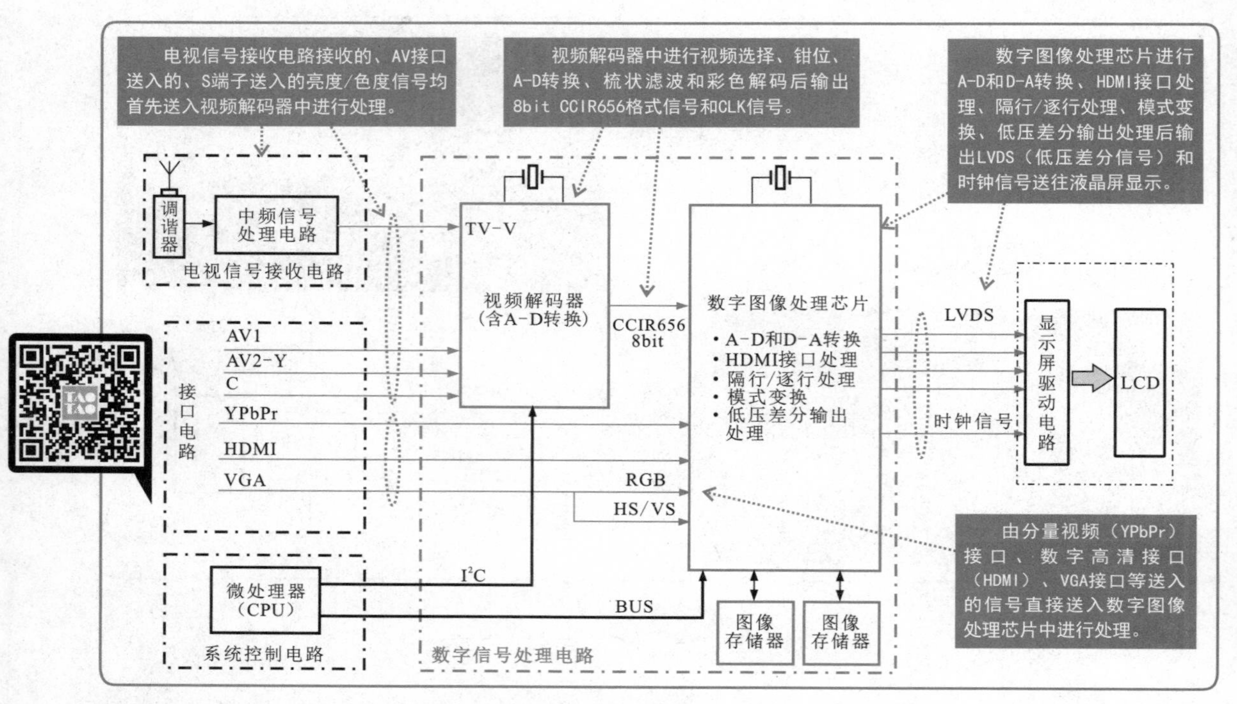

特别提醒

不同液晶电视机的数字信号处理电路的结构略有不同，但其工作原理基本相同。下图为长虹LT3788型液晶电视机的数字信号处理电路的基本信号流程图。

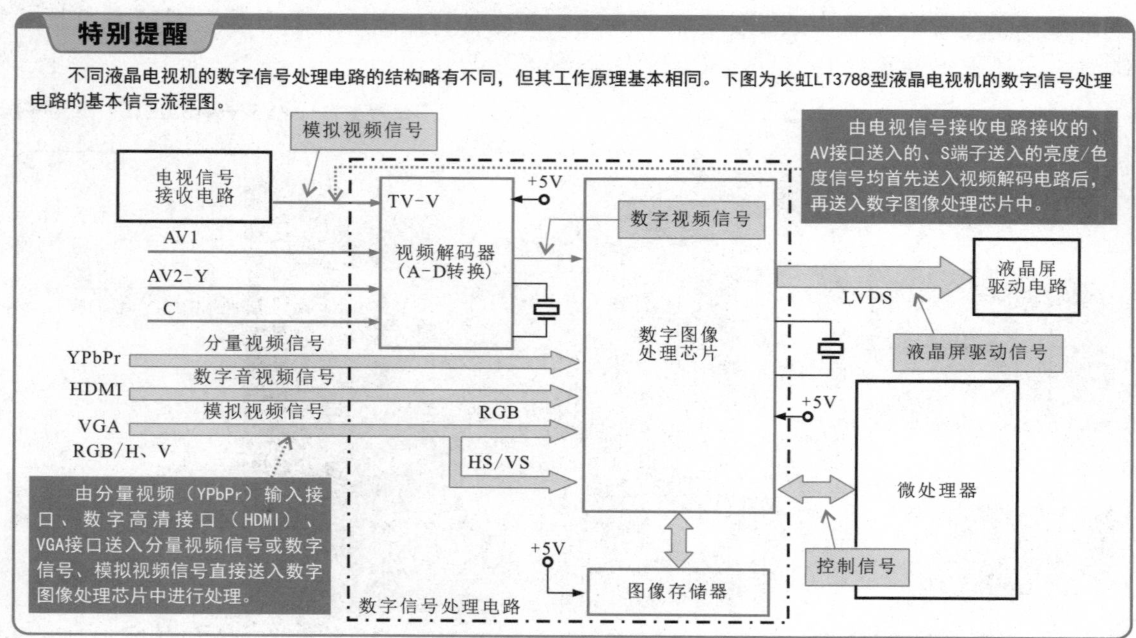

以厦华LC32U25液晶电视机的数字信号处理电路为例，该电路主要是由视频解码电路、数字图像处理电路和存储器电路三大部分构成的，可根据电路图沿信号流程对各单元电路进行分析。

【视频解码电路的分析】

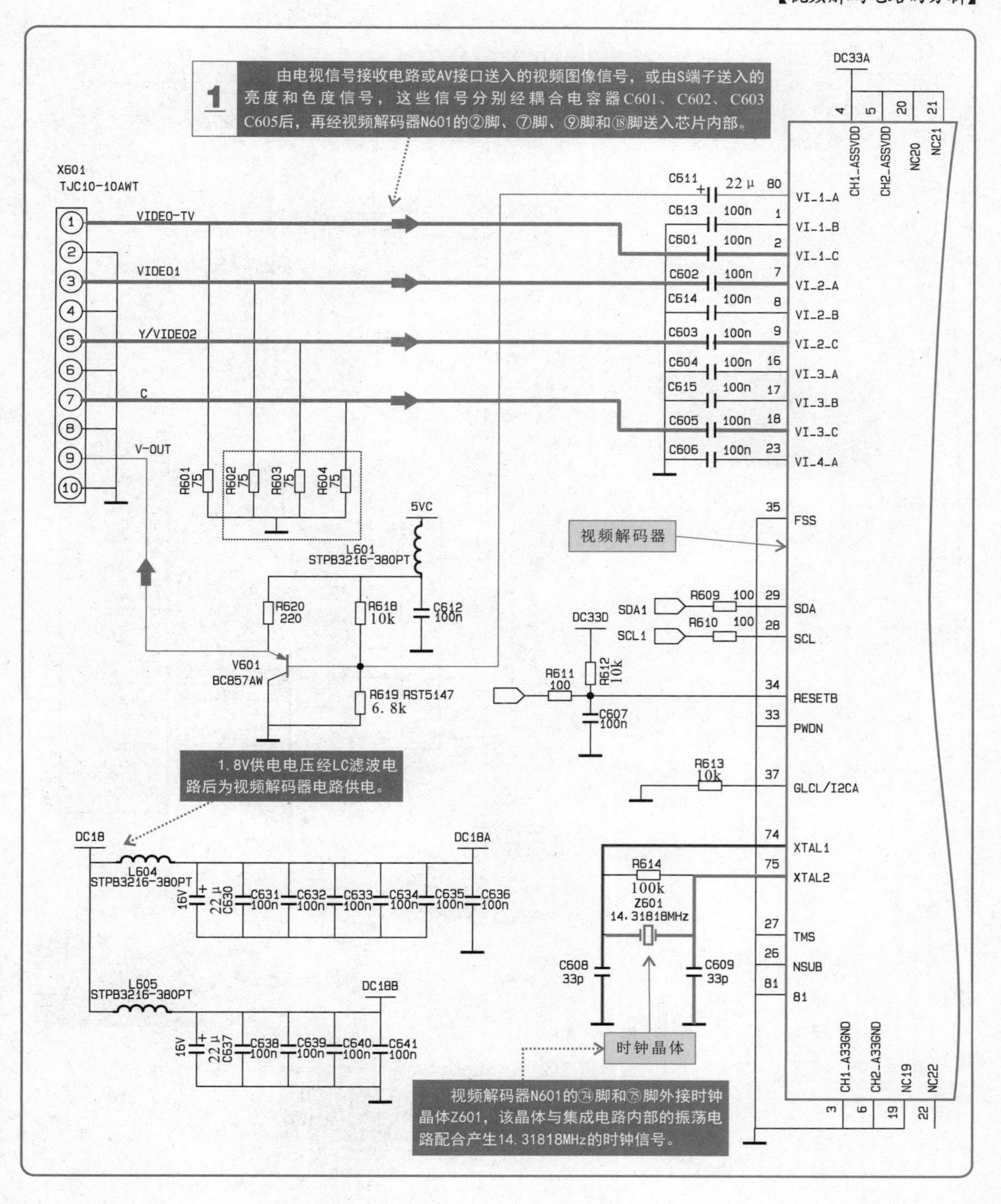

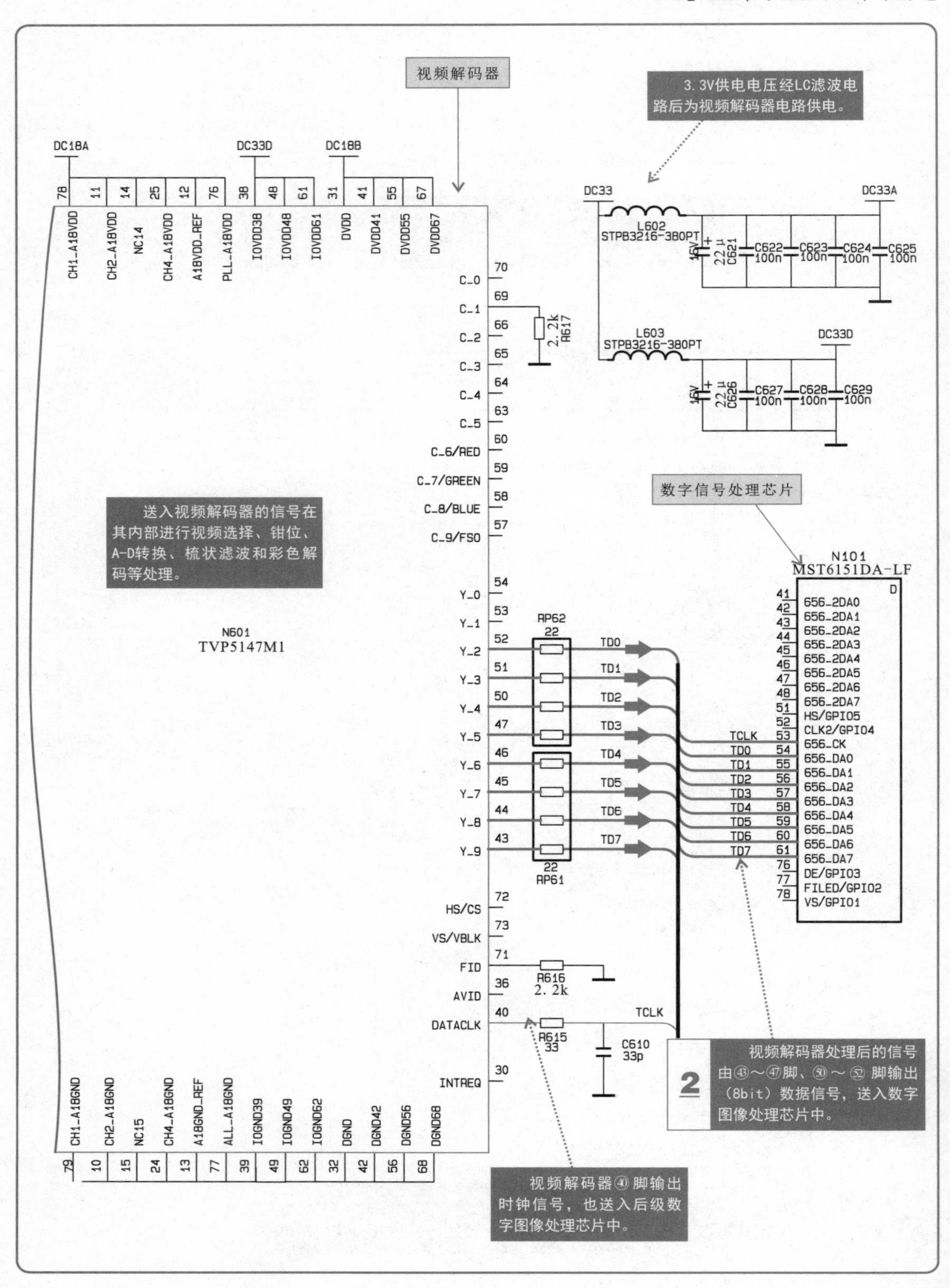
视频解码器
3.3V供电电压经LC滤波电路后为视频解码器电路供电。
送入视频解码器的信号在其内部进行视频选择、钳位、A-D转换、梳状滤波和彩色解码等处理。
N601
TVP5147M1
数字信号处理芯片
N101
MST6151DA-LF
2
视频解码器处理后的信号由㊸～㊼脚、㊿～52脚输出（8bit）数据信号，送入数字图像处理芯片中。
视频解码器㊵脚输出时钟信号，也送入后级数字图像处理芯片中。
L602
STPB3216-380PT
L603
STPB3216-380PT
DC33
DC33A
DC33D
DC18A
DC18B
RP62
RP61
R617
R616
R615
C610
TCLK
DATACLK

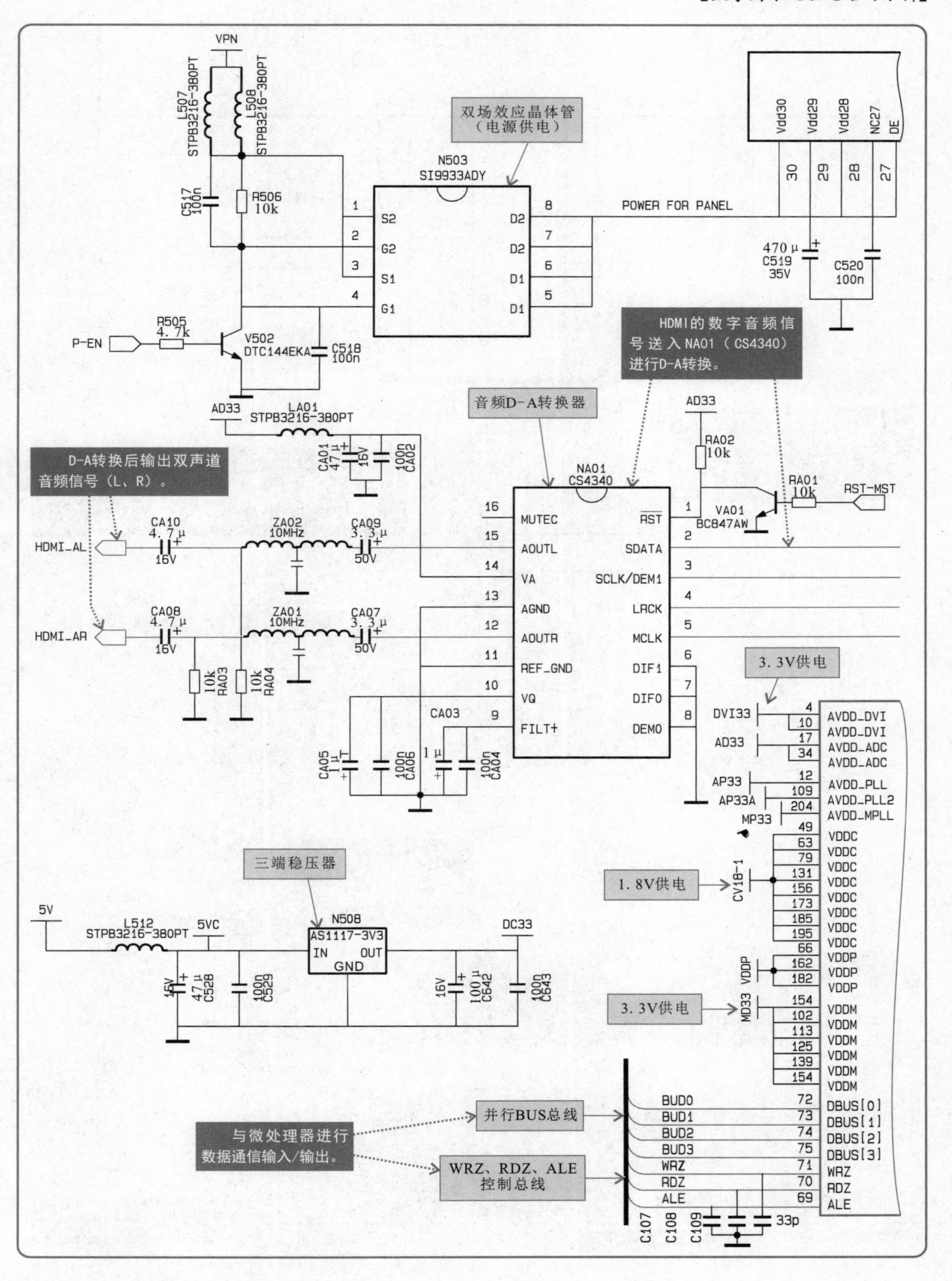

双场效应晶体管（电源供电）
HDMI的数字音频信号送入NA01（CS4340）进行D-A转换。
音频D-A转换器
D-A转换后输出双声道音频信号（L、R）。
3.3V供电
三端稳压器
1.8V供电
3.3V供电
并行BUS总线
与微处理器进行数据通信输入/输出。
WRZ、RDZ、ALE控制总线
VPN
L507 STPB3216-380PT
L508 STPB3216-380PT
N503 SI9933ADY
C517 100n
R506 10k
R505 4.7k
P-EN
V502 DTC144EKA
C518 100n
POWER FOR PANEL
Vdd30
Vdd29
Vdd28
NC27
DE
470μ C519 35V
C520 100n
AD33
LA01 STPB3216-380PT
CA01 47μ 16V
100n CA02
NA01 CS4340
MUTEC
AOUTL
VA
AGND
AOUTR
REF_GND
VQ
FILT+
RST
SDATA
SCLK/DEM1
LRCK
MCLK
DIF1
DIF0
DEM0
RA02 10k
RA01 10k
VA01 BC847AW
RST-MST
HDMI_AL
CA10 4.7μ 16V
ZA02 10MHz
CA09 3.3μ 50V
HDMI_AR
CA08 4.7μ 16V
ZA01 10MHz
CA07 3.3μ 50V
10k RA03
10k RA04
CA05 1μ
100n CA06
CA03 1μ
100n CA04
DVI33
AVDD_DVI
AVDD_DVI
AVDD_ADC
AVDD_ADC
AP33
AP33A
MP33
AVDD_PLL
AVDD_PLL2
AVDD_MPLL
VDDC
CV18-1
VDDP
MD33
VDDM
5V
L512 STPB3216-380PT
5VC
N508 AS1117-3V3
IN OUT GND
DC33
16V 47μ C528
100n C529
16V 100μ C642
100n C643
BUD0
BUD1
BUD2
BUD3
WRZ
RDZ
ALE
DBUS[0]
DBUS[1]
DBUS[2]
DBUS[3]
C107
C108
C109
33p

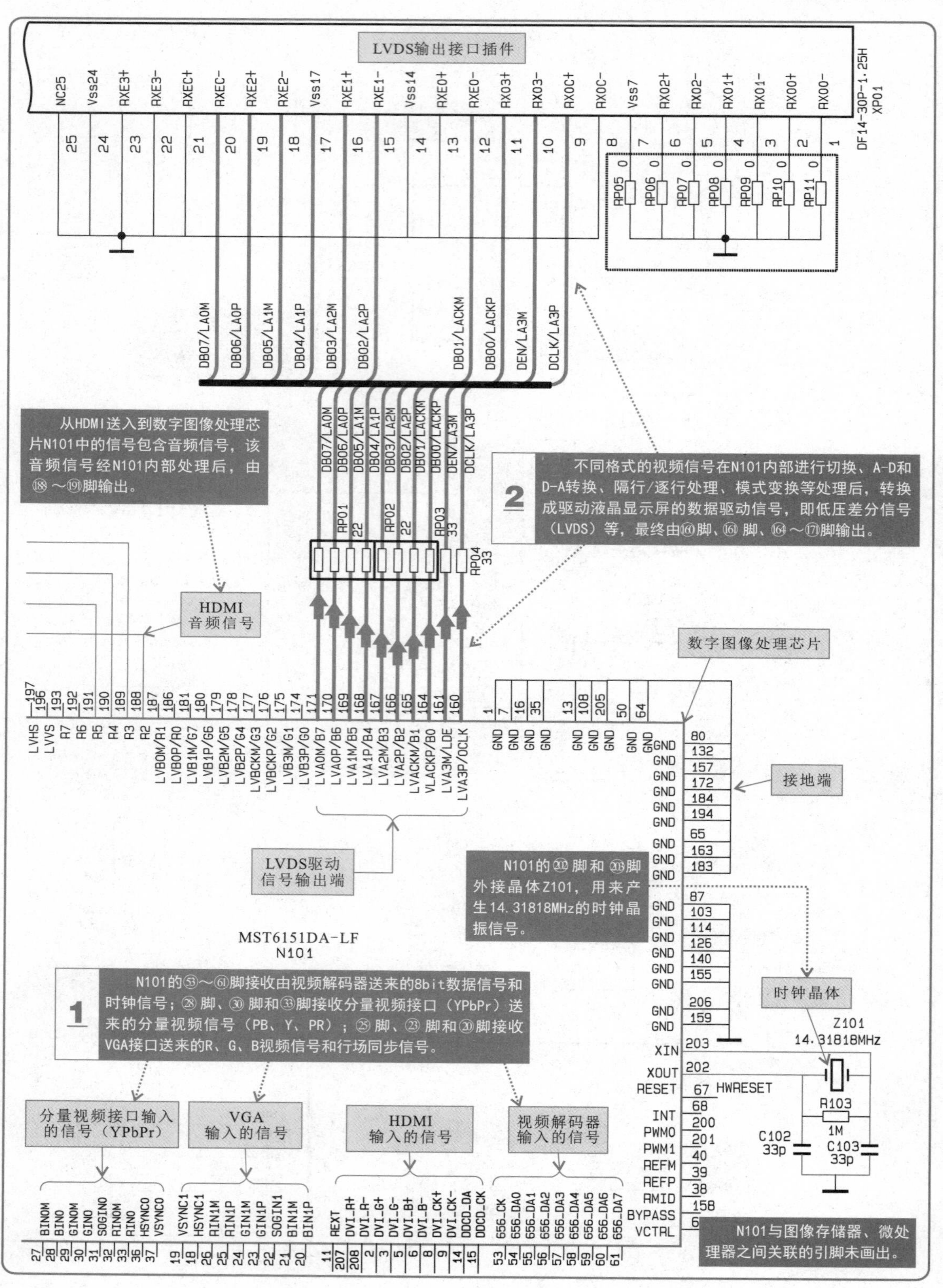
LVDS输出接口插件
DF14-30P-1.25H
XP01
从HDMI送入到数字图像处理芯片N101中的信号包含音频信号，该音频信号经N101内部处理后，由⑱～⑲脚输出。
HDMI
音频信号
2
不同格式的视频信号在N101内部进行切换、A-D和D-A转换、隔行/逐行处理、模式变换等处理后，转换成驱动液晶显示屏的数据驱动信号，即低压差分信号（LVDS）等，最终由⑩脚、⑯脚、⑭～⑰脚输出。
数字图像处理芯片
接地端
LVDS驱动
信号输出端
N101的⑳脚和⑳脚外接晶体Z101，用来产生14.31818MHz的时钟晶振信号。
MST6151DA-LF
N101
1
N101的㉝～㉖脚接收由视频解码器送来的8bit数据信号和时钟信号；㉘脚、㉚脚和㉝脚接收分量视频接口（YPbPr）送来的分量视频信号（PB、Y、PR）；㉕脚、㉓脚和⑳脚接收VGA接口送来的R、G、B视频信号和行场同步信号。
时钟晶体
Z101
14.31818MHz
分量视频接口输入的信号（YPbPr）
VGA
输入的信号
HDMI
输入的信号
视频解码器
输入的信号
N101与图像存储器、微处理器之间关联的引脚未画出。

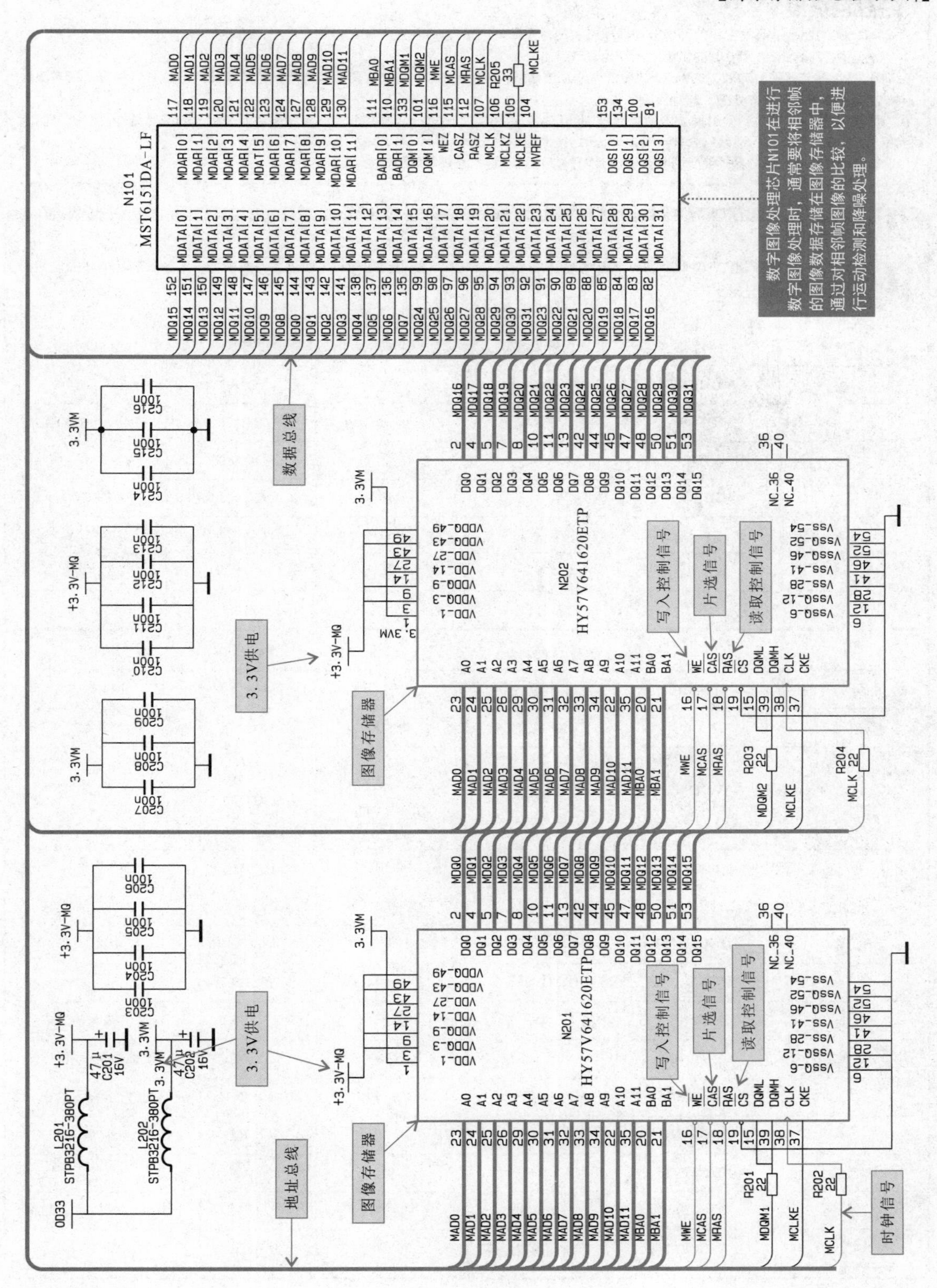
数字图像处理芯片N101在进行数字图像处理时，通常要将相邻帧的图像数据存储在图像存储器中，通过对相邻帧图像的比较，以便进行运动检测和降噪处理。
N101
MST6151DA-LF
N202
HY57V641620ETP
N201
HY57V641620ETP
数据总线
地址总线
3.3V供电
图像存储器
写入控制信号
片选信号
读取控制信号
时钟信号
L201
STPB3216-380PT
L202
STPB3216-380PT
OD33
+3.3V-MQ
3.3VM
C201
47μ
16V
C202
47μ
16V
R201
22
R202
22
R203
22
R204
22
R205
33
MDQM1
MDQM2
MCLKE
MCLK
MWE
MCAS
MRAS

特别提醒

厦华LC32U25型液晶电视机的图像存储器电路主要是由两只图像存储器N201和N202（HY57V641620ETP）构成的。

● 图像存储器N201和N202的供电电压均为3.3V。

● 图像存储器N201和N202的MAD0～MAD11为地址总线端，MDQ0～MDQ31为数据总线端，与数字图像处理芯片N101相连，用来进行一帧数字图像信号的暂存处理，起到降噪的作用。

● 数字图像处理芯片N101通过内部存储控制器与N201和N202之间进行数据存取，从而完成对图像信号的变频处理。N101与图像存储器的接口是16条数据总线（MDQ0～MDQ15）和14条地址总线（MAD0～MAD11、MBA0、MBA1）。

● MWE、MCAS、MRAS是控制信号线，MCLK是时钟线，这几种信号被称为控制总线。

特别提醒

下表列出了视频解码器TVP5147M1和数字图像处理芯片MST6151DA-LF的引脚功能，了解这些引脚功能，对分析芯片与外围电路的关系十分有帮助。

视频解码器TVP5147M1的引脚功能

引脚号	名称	引脚功能	引脚号	名称	引脚功能
②	VIDEO-TV	TV-V输入	㉙	SDA1	总线数据线
④ ⑤ ⑳ ㉑	DC33A	3.3V-A电源	㉛ ㊶ (55) (67)	DC18B	1.8V-B电源
⑦	VIDEO1	AV1-V输入	㊳ ㊽ (61)	DC33D	3.3V-D电源
⑨	VIDEO2/Y	AV2-V/S-Y输入	㊵	DATACLK	CLK输出
⑪ ㉕ (76)	DC18A	1.8V-A电源	㊸～㊼ ㊿～(52)	TD0-TD7	CCIR656格式信号输出
⑱	C	S-C输入	(80)	V-OUT	AVOUT的视频输出
㉘	SCL1	总线时钟线			

数字图像处理芯片MST6151DA-LF的引脚功能

引脚号	名称	引脚功能	引脚号	名称	引脚功能
② ③	DVI_G	HDMI-G输入	㉙ ㉚	GIN0/M	Y输入
④ ⑰ ⑫ (109) (204) (102)	AVDD_DVI、AVDD_ADC、AVDD_PLL、AVDD_PLL2、AVDD_MPLL、VDDM	3.3V电源	㉛	SOGIN0	HDMI-G上附带的同步信号输入
⑤ ⑥	DVR_B	HDMI-B输入	㉜ ㉝	RIN0/M	PR输入
⑧ ⑨	DVI_CK	HDMI-CLK输入	㊾ (131) (195)	CV18-1	1.8V电源
⑭	DDCD_DA	HDMI-SDA	(53)	TCLK	CLK输入
⑮	DDCD_CK	HDMI-SCL	(54)～(61)	DA0-DA7	CCIR656格式信号输入
⑱	HSYNC1	VGA行同步输入	(67)	HWRESET	复位信号输入
⑲	VSYNC1	VGA场同步输入	(160) (161)	LVA3P/M	1对时钟信号输出
⑳ ㉑	BIN1P/M	VGA-B输入	(164)～(171)	DBO0-DBO7	4对差分信号输出
㉒	SOGIN1	VGA-G上附带的同步信号输入	(188)～(191)	R2-R5	HDMI伴音输出
㉓ ㉔	GIN1P/M	VGA-G输入	(200)	PWM0	PWM（亮度控制）输出
㉕ ㉖	RIN1P/M	VGA-R输入	(202) (203)	XOUT/XIN	外接14.31818MHz晶体
㉗ ㉘	BIN0P/M	PB输入	(207) (208)	DVI_R	HDMI-R输入

4.2 数字信号处理电路的检修方法

4.2.1 数字信号处理电路的检修指导

若数字信号处理电路发生故障，经常会引起液晶电视机出现无图像、黑屏、花屏、图像马赛克、满屏竖线干扰或不开机等现象，对该电路进行检修时，可首先依据故障现象，结合具体的电路结构和关系，分析产生故障的原因，整理出基本的检修方案，根据检修方案对电路进行检测和排查，最终排除故障。

【数字信号处理电路的基本检修】

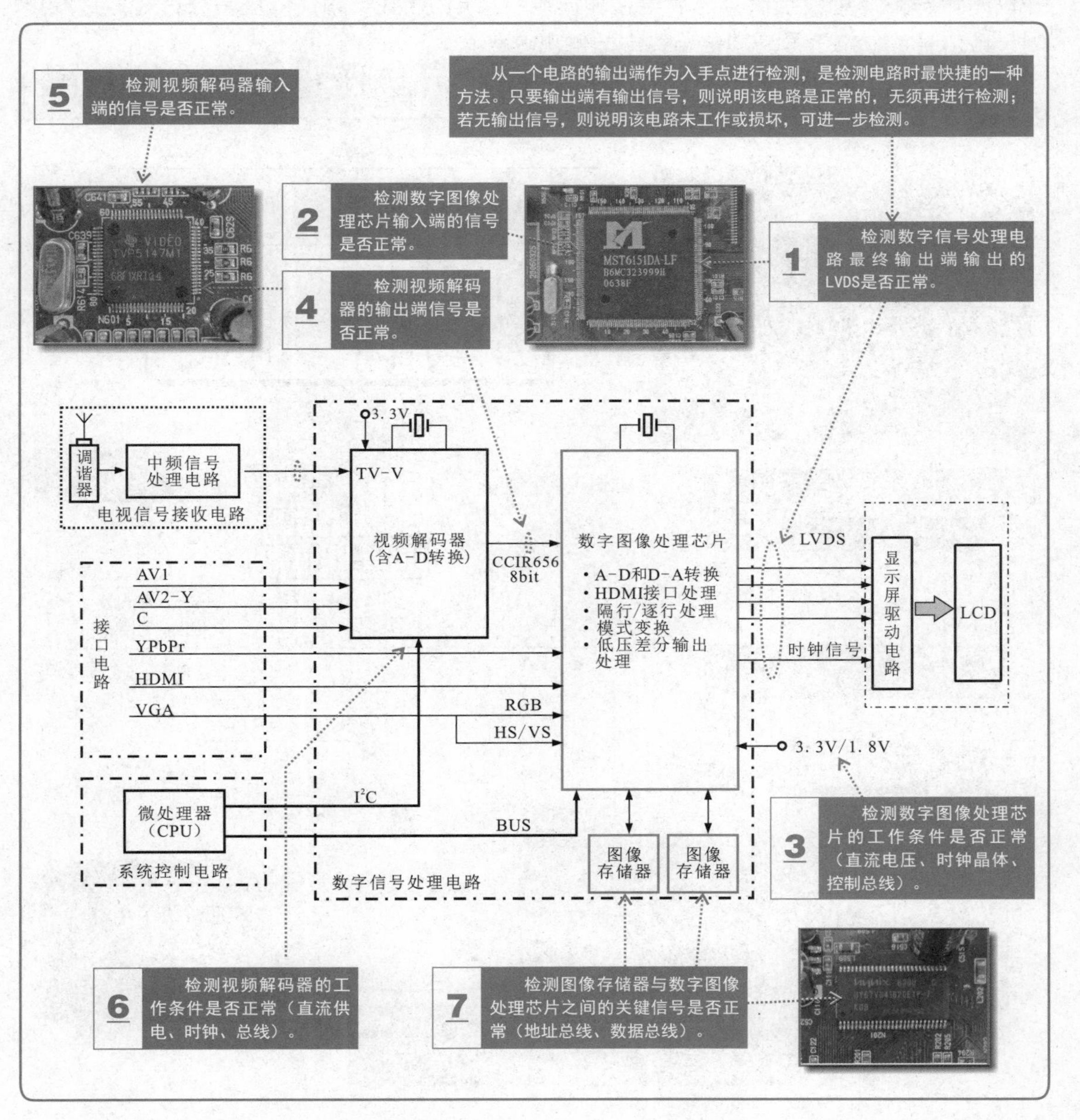

4.2.2 数字信号处理电路的检修操作

对于数字信号处理电路的检测，可使用万用表或示波器测量数字信号处理电路的相关电压值与信号波形，然后将实测结果与正常的数值或波形进行比较，即可判断出数字信号处理电路的故障部位。

1. 检测数字图像处理芯片的输出信号

当怀疑数字信号处理电路出现故障时，应首先判断该电路部分有无输出，即在通电开机的状态下，对数字信号处理电路输出到后级电路的LVDS（低压差分信号）进行检测，该信号是数字信号处理电路终端的输出信号。

【数字信号处理芯片输出信号的检测方法】

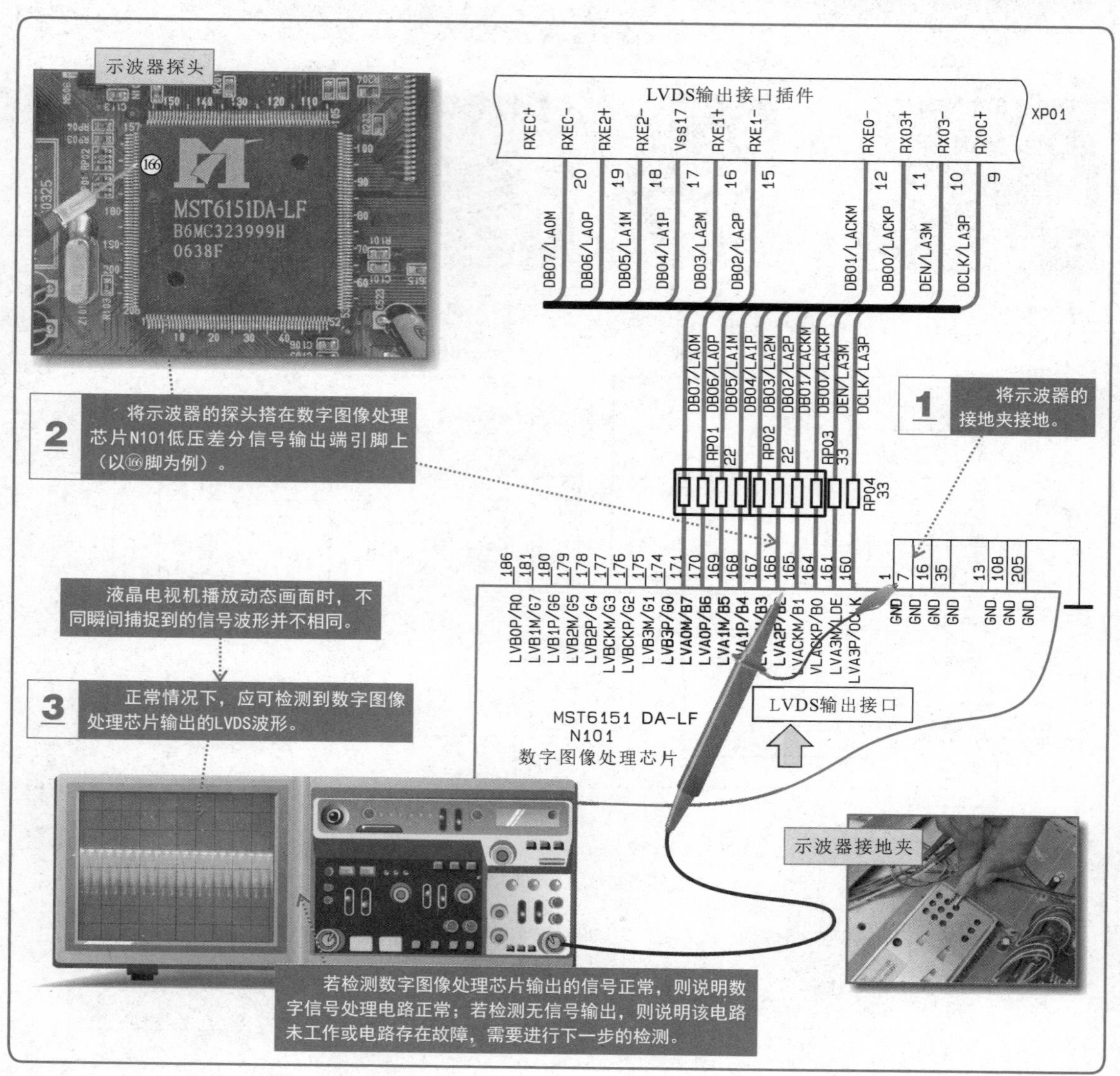

特别提醒

数字图像处理芯片输出的驱动信号，也可以在该芯片与后级电路连接的接口处进行检测。用示波器依次检测屏线接口的主要引脚波形，若实测信号与图中所示信号差别较大，则说明数字板的输出不正常；若该信号正常，且屏线接口插接良好，而液晶屏仍不能正常显示，则可能是屏线本身损坏或液晶屏驱动电路损坏。

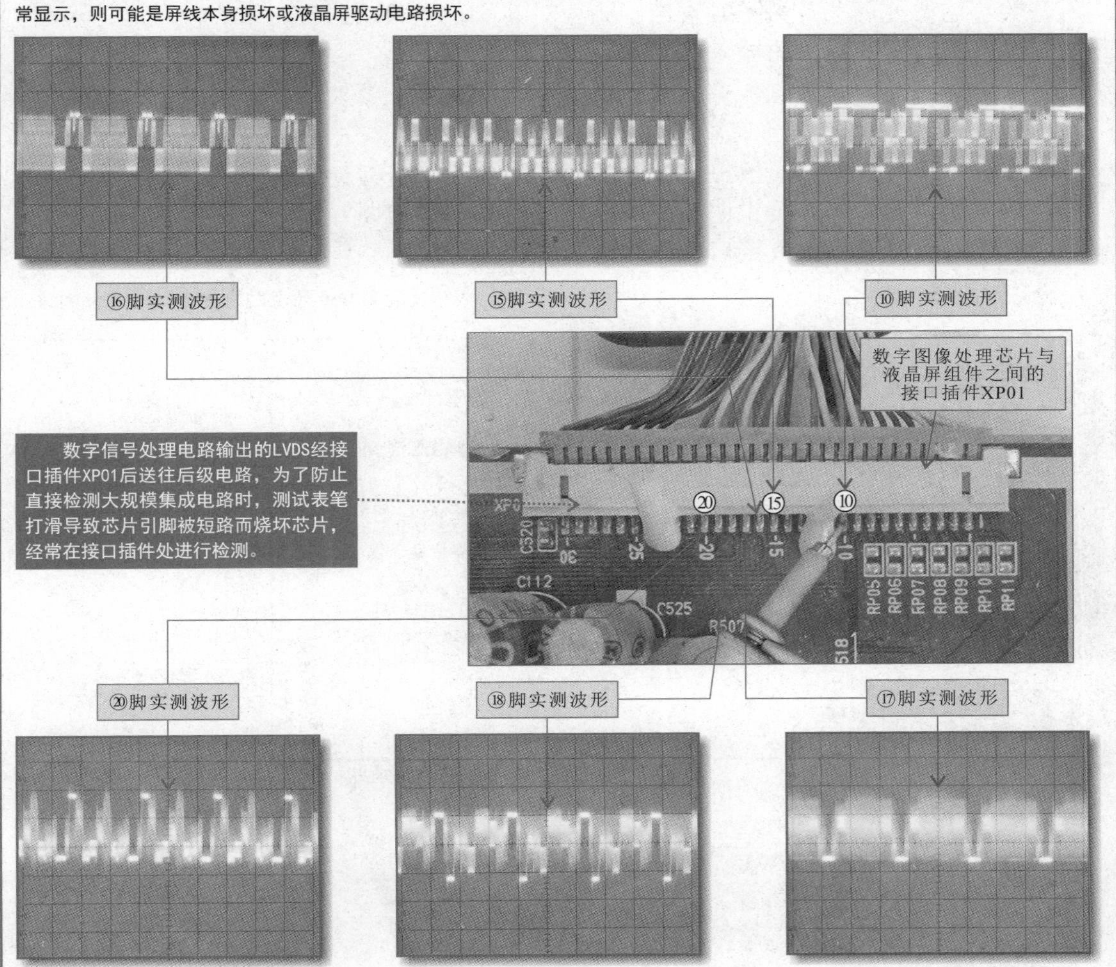

特别提醒

在检测数字图像处理芯片、视频解码器以及后面章节提到的音频信号处理集成电路、微处理器这类大规模集成电路时，由于其引脚较密集，检测时很容易因表笔滑动引起引脚间断路。专业维修人员在实际测试时，一般会在大规模集成电路引脚外部找到直接关联的阻容元件或专用的测试点进行检测。

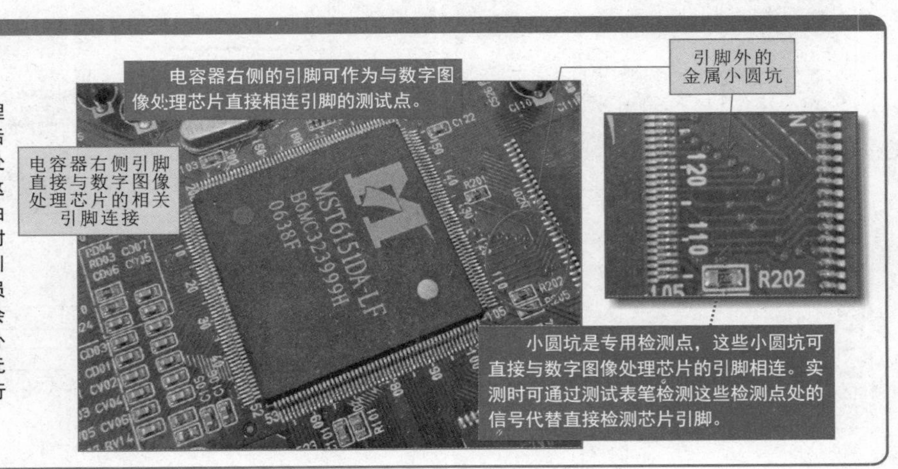

2. 检测数字图像处理芯片的输入信号

若数字图像处理芯片无信号输出，则应对其前级电路或器件送来的信号进行检测，即检测数字图像处理芯片的输入信号。

若数字图像处理芯片输入端信号正常，则说明数字图像处理芯片前级电路部分基本正常。需要注意的是，如果有输入、无输出，还不能立即判断为数字图像处理芯片损坏，还应对芯片的基本工作条件进行检测。

若输入端也无信号，则说明数字图像处理芯片前级电路异常，应对前级电路进行检测，如视频解码器的输出或接口电路的输出等。

【数字信号处理芯片输入信号的检测方法】

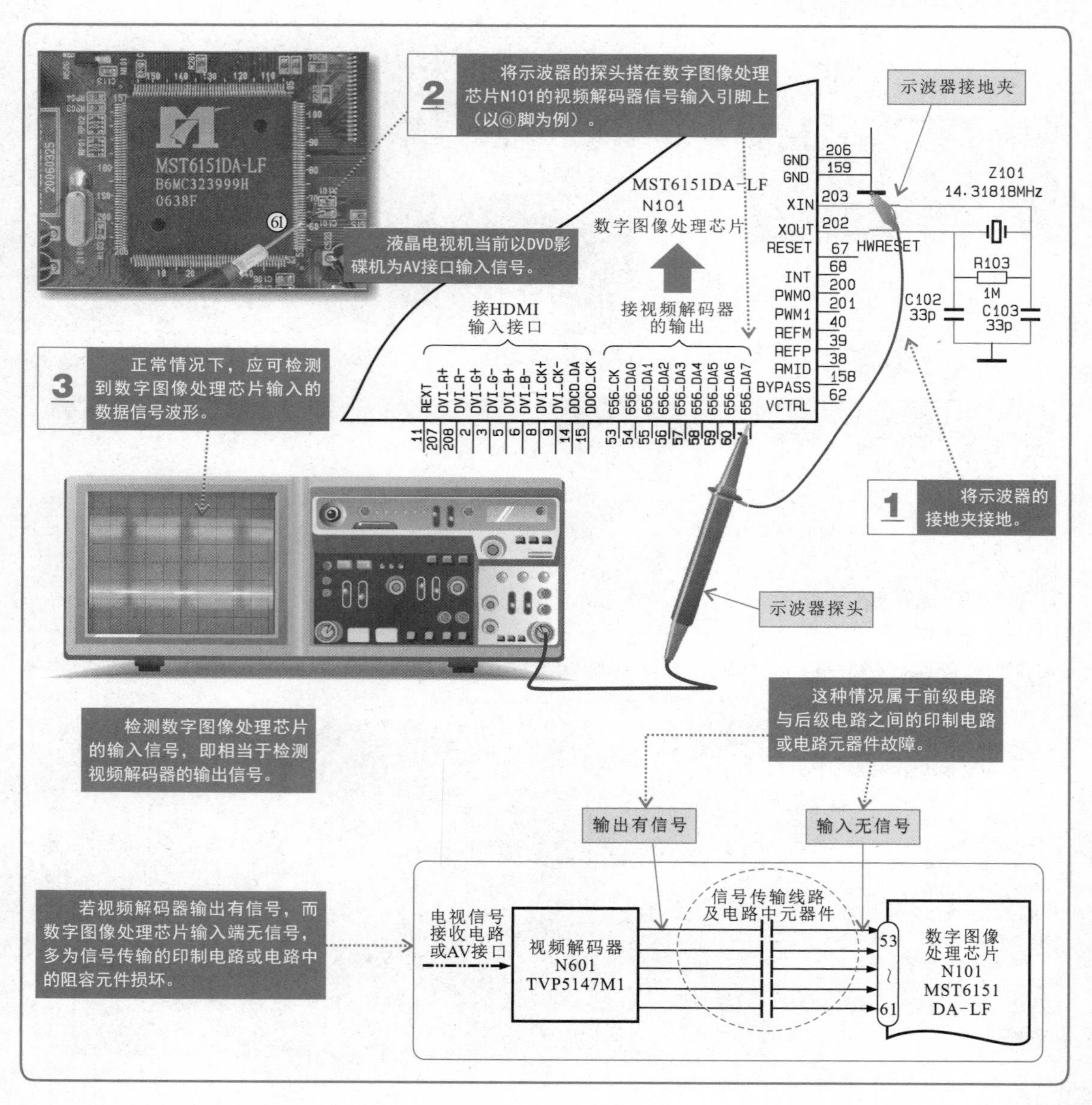

3. 检测数字图像处理芯片的工作条件

若经检测数字图像处理芯片输入正常，但无信号输出，此时需要对数字图像处理芯片的工作条件（直流供电、时钟信号、总线信号）进行检测。

直流供电、时钟信号、总线信号是数字图像处理芯片的基本工作条件，若工作条件不正常，即使数字图像处理芯片本身正常，也将无法工作，因此检修时应对该芯片各工作条件进行检测，哪一项工作条件不正常，则对相关电路进行下一步的检测即可。

【数字信号处理芯片供电电压的检测方法】

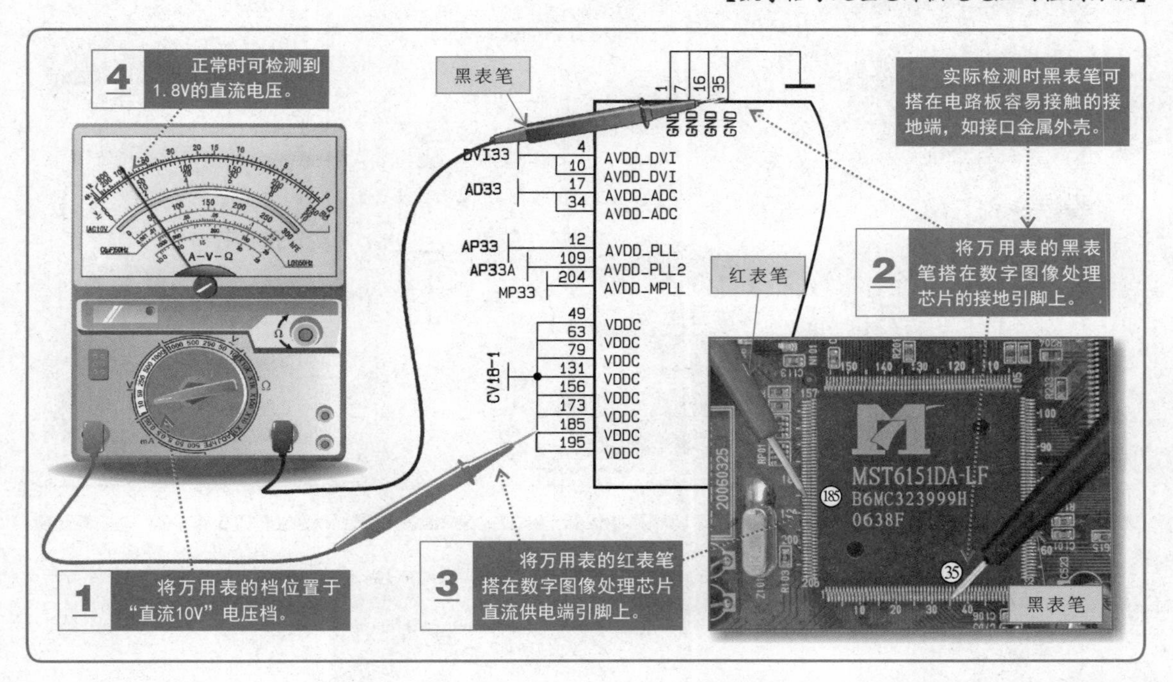

【数字信号处理芯片时钟信号的检测方法】

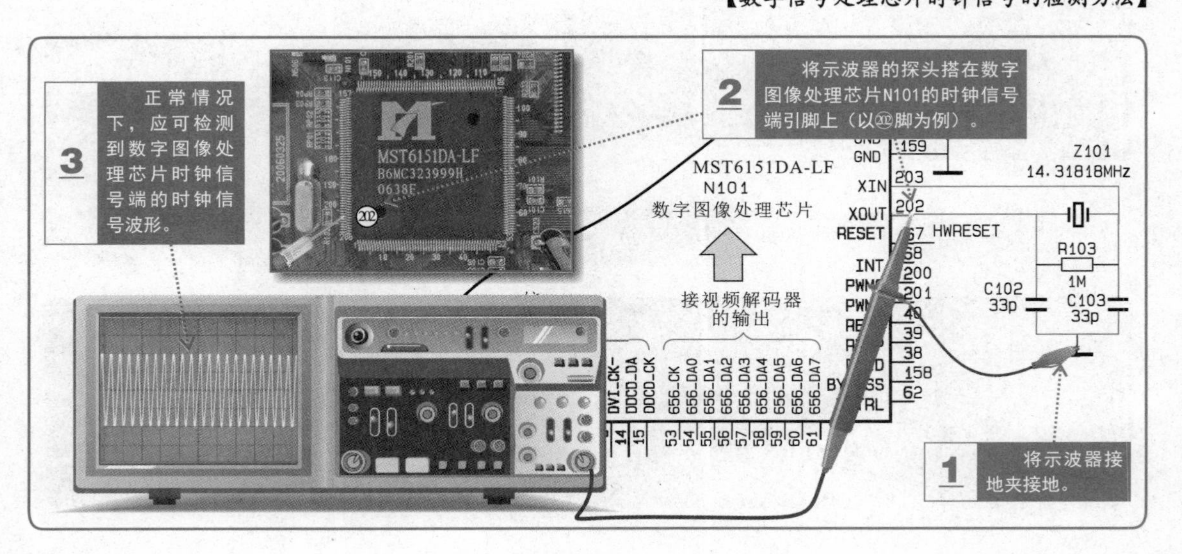

特别提醒

晶振信号不正常，可能是由于数字图像处理芯片N101本身或外接晶体及外围电路损坏造成的。对于晶体，可以用替换法来判断好坏，用同型号晶体进行代换，若更换后电路还是无法正常工作，在供电电压和输入信号都正常的情况下，若输出信号仍不正常，则可能N101本身损坏。

另外，也可使用万用表测电阻的方法检测晶体的好坏，正常情况下，晶体两引脚之间的阻值应趋于无穷大。

【数字信号处理芯片总线信号的检测方法】

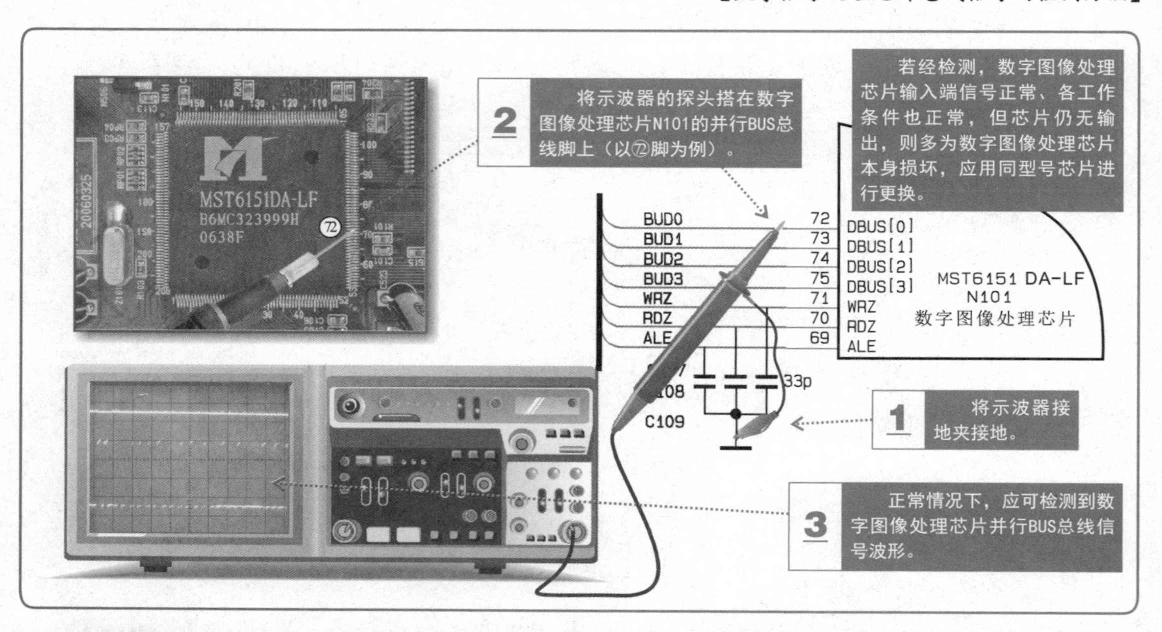

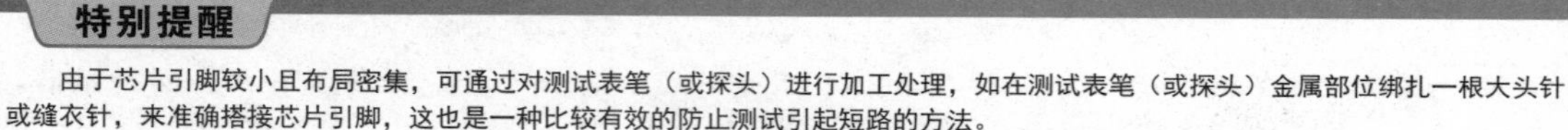

特别提醒

由于芯片引脚较小且布局密集，可通过对测试表笔（或探头）进行加工处理，如在测试表笔（或探头）金属部位绑扎一根大头针或缝衣针，来准确搭接芯片引脚，这也是一种比较有效的防止测试引起短路的方法。

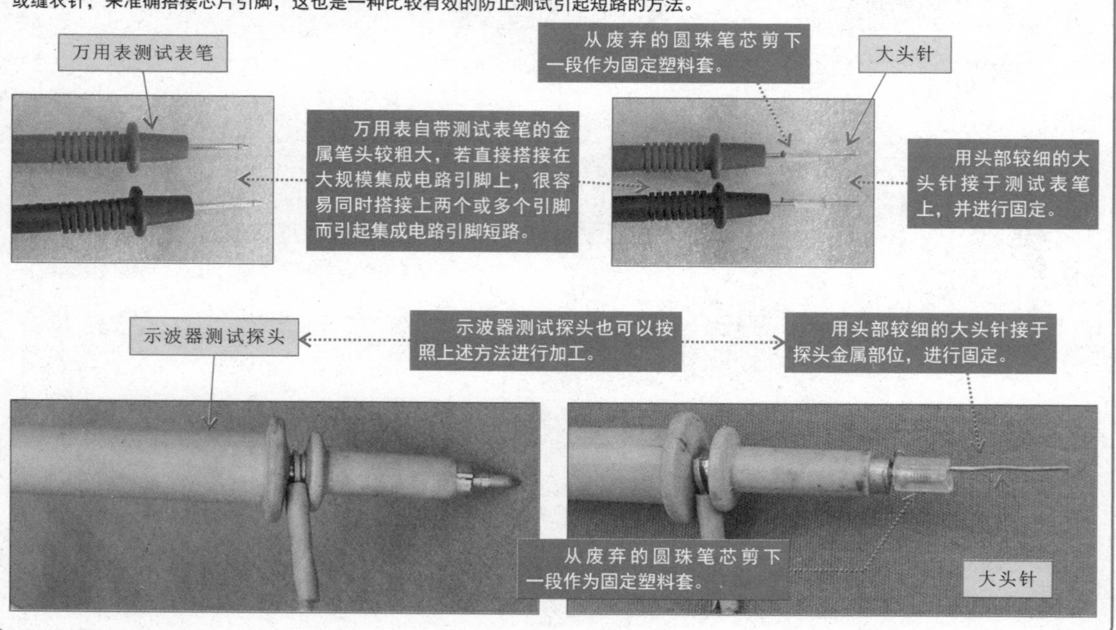

4. 检测视频解码器的输出信号

在上述检测步骤中，若数字图像处理芯片无输入信号或信号异常，则应检测前级电路。结合电路分析可知，在AV状态下，数字图像处理芯片的前级电路即为视频解码器N601，因此若数字图像处理芯片输入端无信号或信号异常，则应对视频解码器输出端的信号进行检测。

【视频解码器输出信号的检测方法】

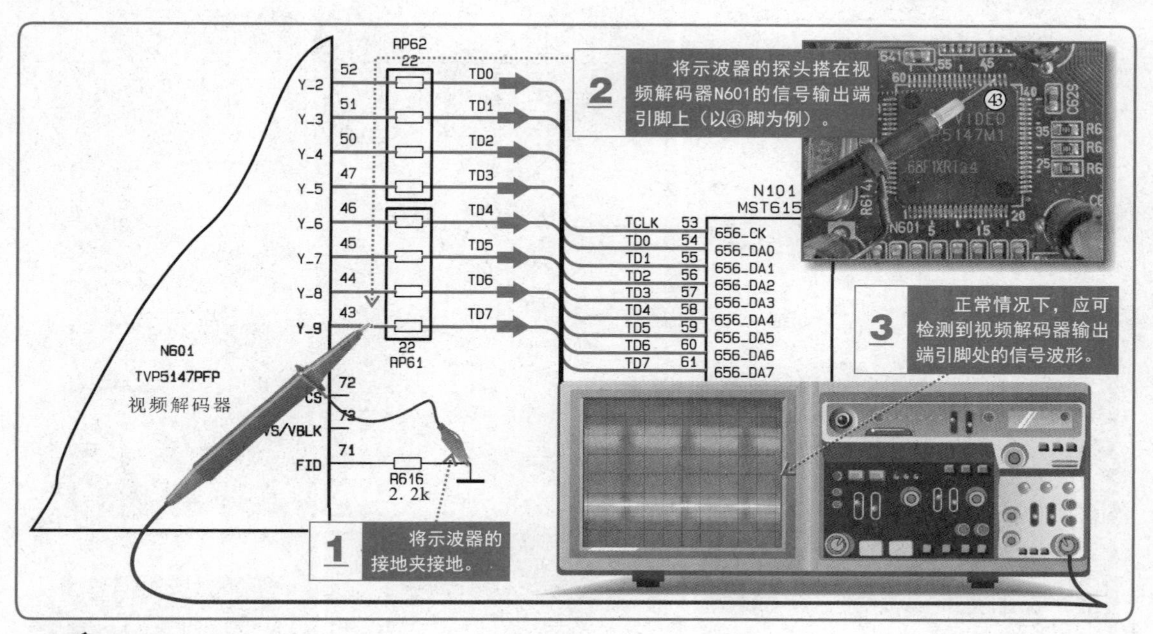

5. 检测视频解码器的输入信号

若视频解码器无信号输出，则应对其前级电路或器件送来的信号进行检测，即检测视频解码器的输入信号。

【视频解码器输入信号的检测方法】

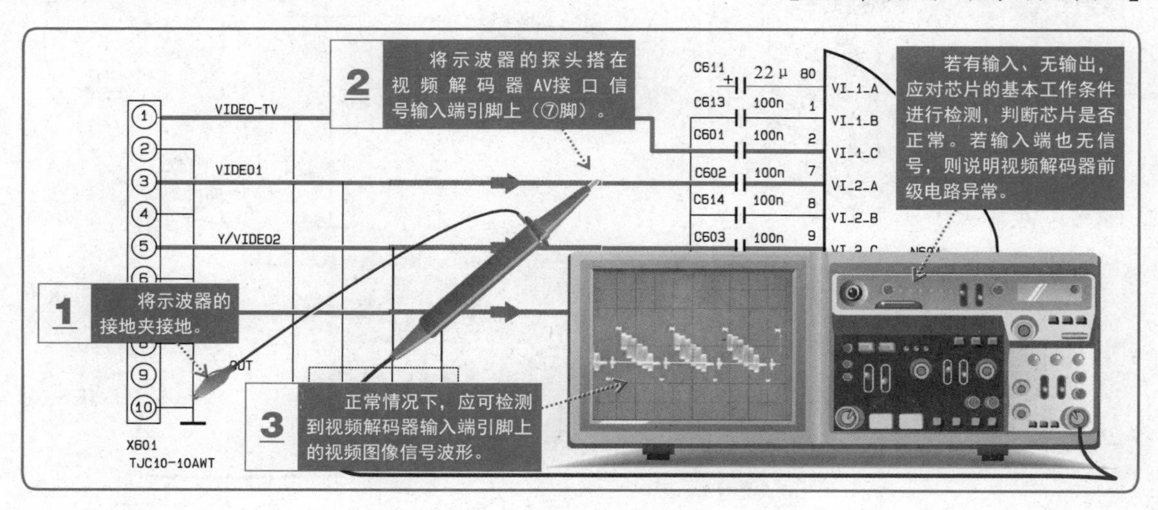

6. 检测视频解码器的工作条件

若经检测视频解码器输入正常，但无信号输出，此时需要对视频解码器芯片的工作条件（直流供电、时钟信号、总线信号）进行检测。

【视频解码器供电电压的检测方法】

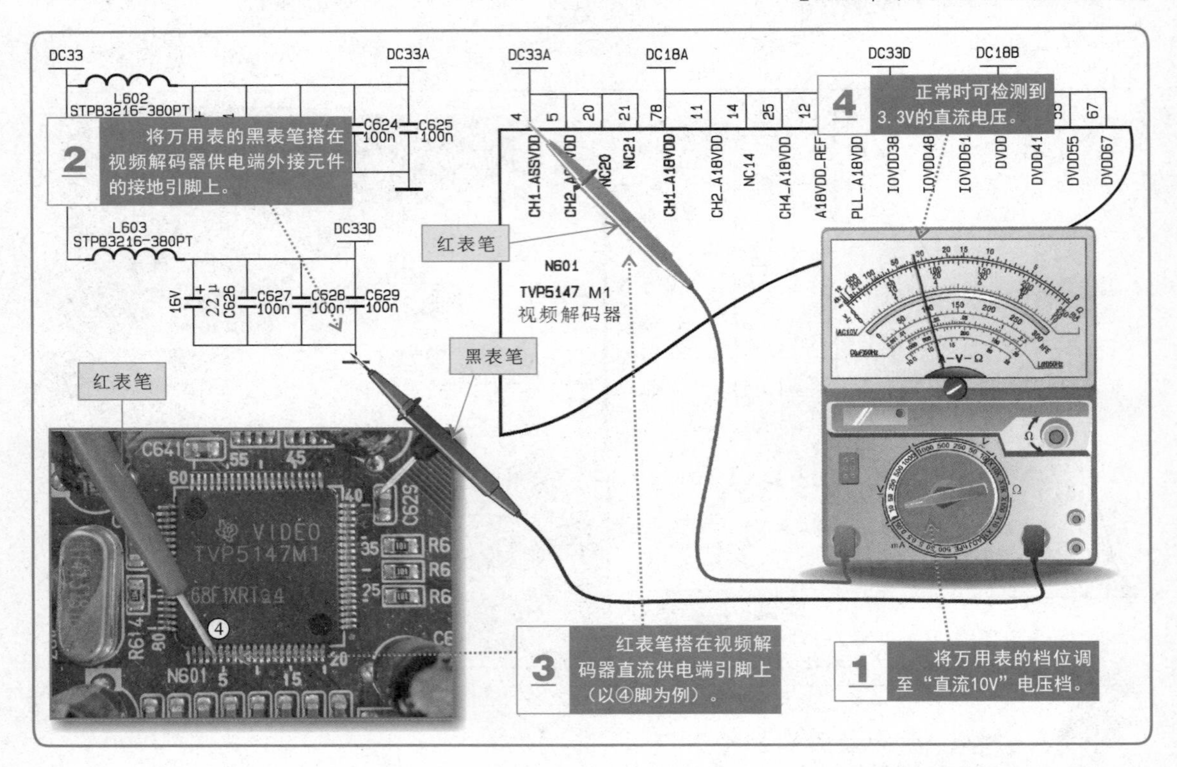

【视频解码器时钟信号的检测方法】

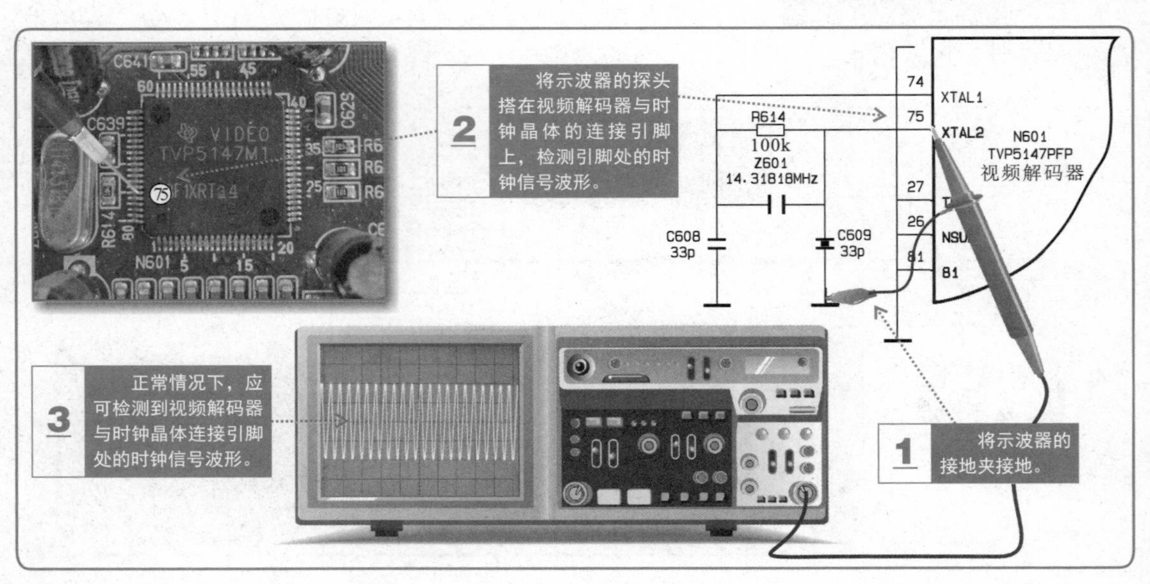

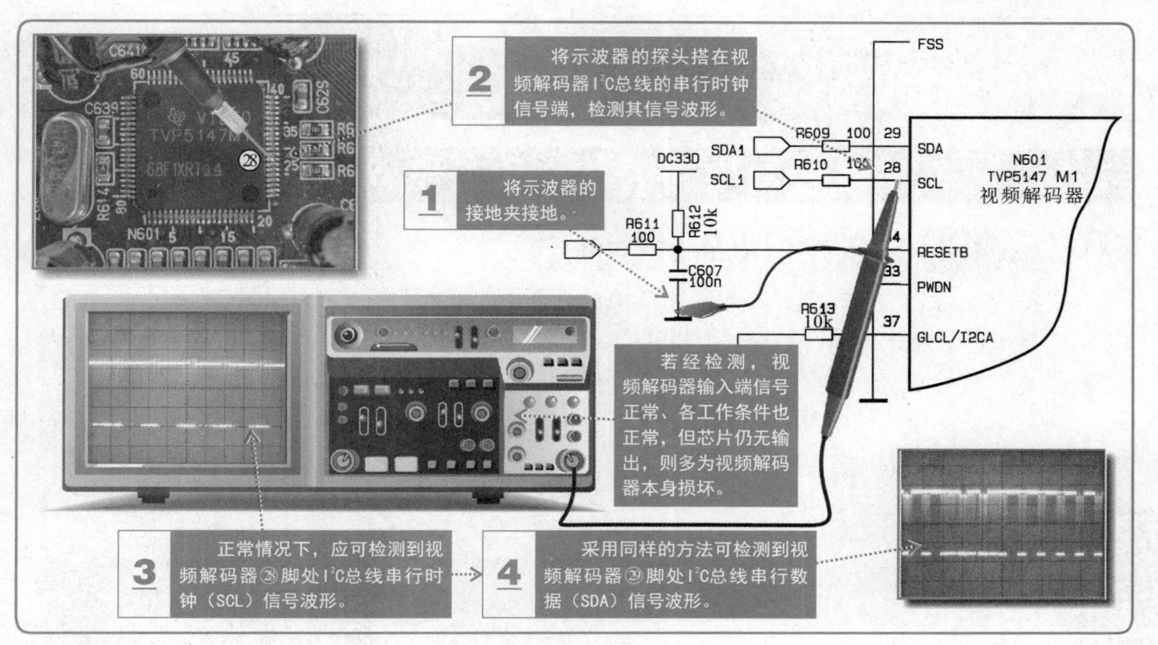

7. 检测图像存储器的总线信号

图像存储器存取信息不良，也会导致液晶电视机图像显示不良的故障，常见的主要有图像出现马赛克、花屏、点状干扰等。怀疑图像存储器工作不良时，应重点检测其与数字图像处理芯片关联的总线信号。

【图像存储器总线信号的检测方法】

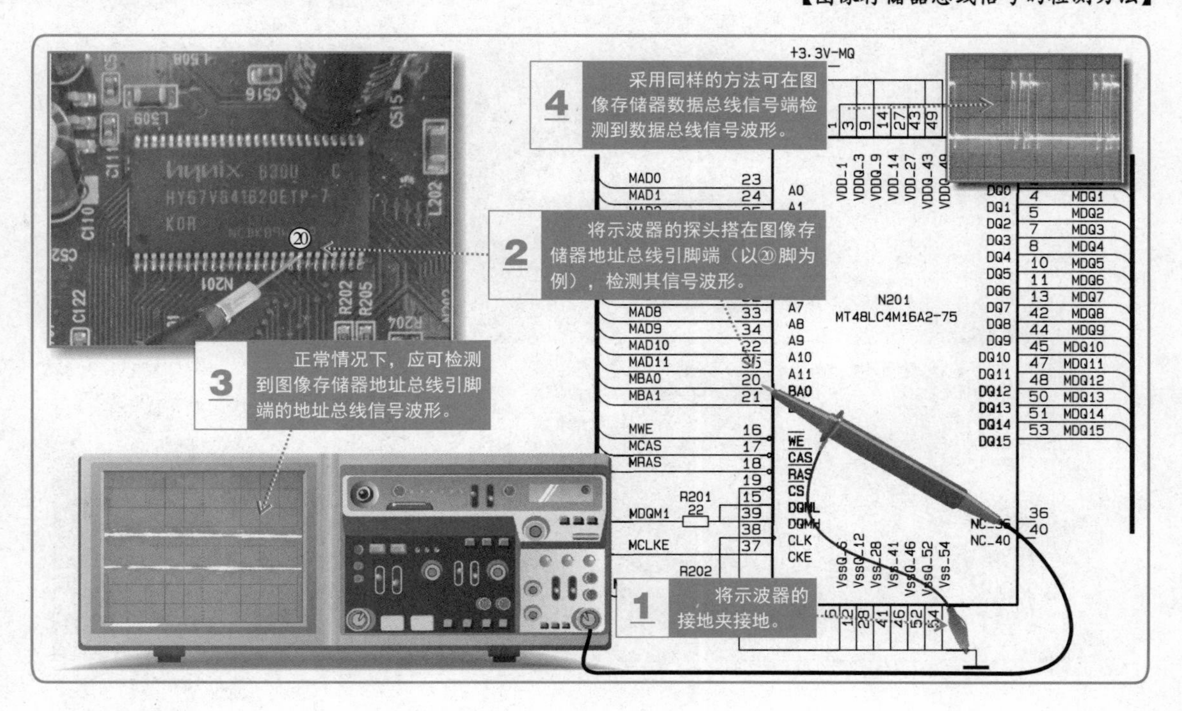

第5章

液晶电视机系统控制电路的检修方法

5.1 系统控制电路的结构和工作原理

5.1.1 系统控制电路的结构

系统控制电路通常与数字信号处理电路一同位于液晶电视机的主电路板上，是液晶电视机整机的控制核心。液晶电视机进行电视节目的播放、声音的输出、调台、搜台、调整音量、亮度设置等都是由该电路进行控制的。

一般来说，液晶电视机的系统控制电路主要是由微处理器、数据存储器、时钟晶体、操作显示及遥控接收电路等组成的。

【系统控制电路的结构组成（厦华LC32U25型液晶电视机）】

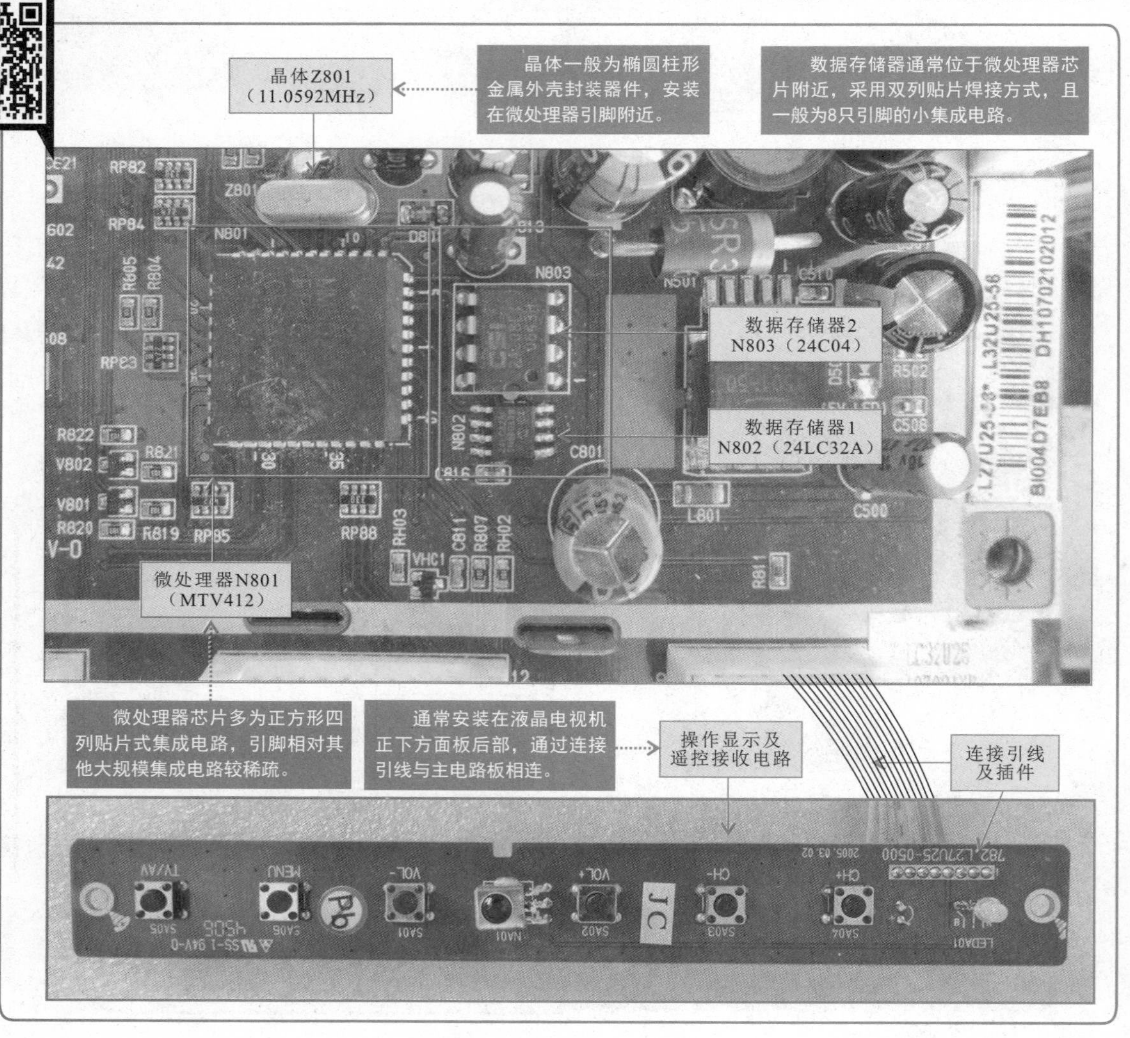

1. 微处理器

微处理器（CPU）是系统控制电路的核心器件，其各种控制功能都是由该器件进行实施的。外部操作显示电路送来的人工指令信号、遥控信号等均由该器件进行识别处理，并转换为相应的控制信号，对整机进行控制。

【微处理器的实物外形】

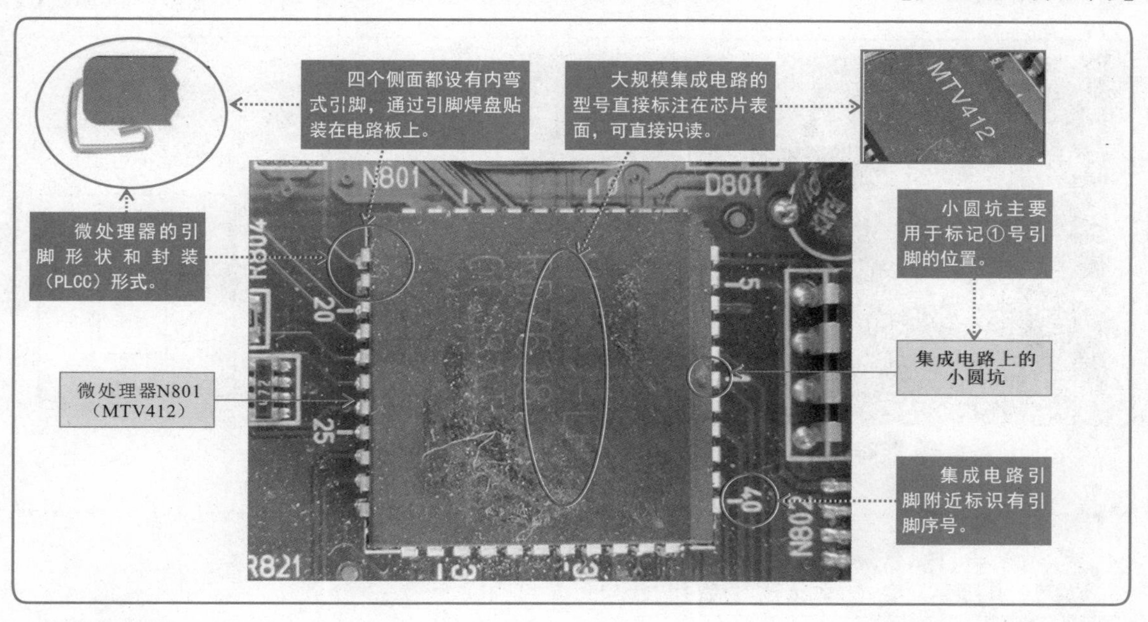

2. 数据存储器

微处理器的工作通常需要与数据存储器配合实现。数据存储器即为存储相关数据（如频段数据、频道数据、音量数据、制式数据、运行数据、密钥数据以及初始化程序等）的存储器。该类存储器通常为8只引脚的小集成电路，安装在微处理器附近。

【数据存储器的实物外形】

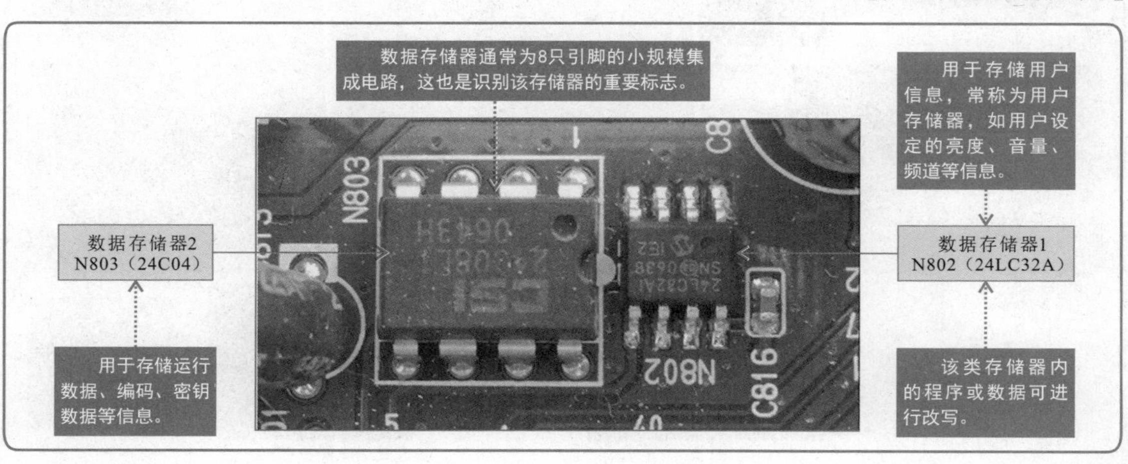

3. 晶体

晶体是时钟振荡器的谐振器件，时钟信号是系统控制电路能够正常工作的基本条件之一。晶体用于与微处理器内部的振荡电路配合构成晶体振荡器，为微处理器提供时钟信号，使整机控制、数据处理等过程保持同步的状态。

【晶体的实物外形】

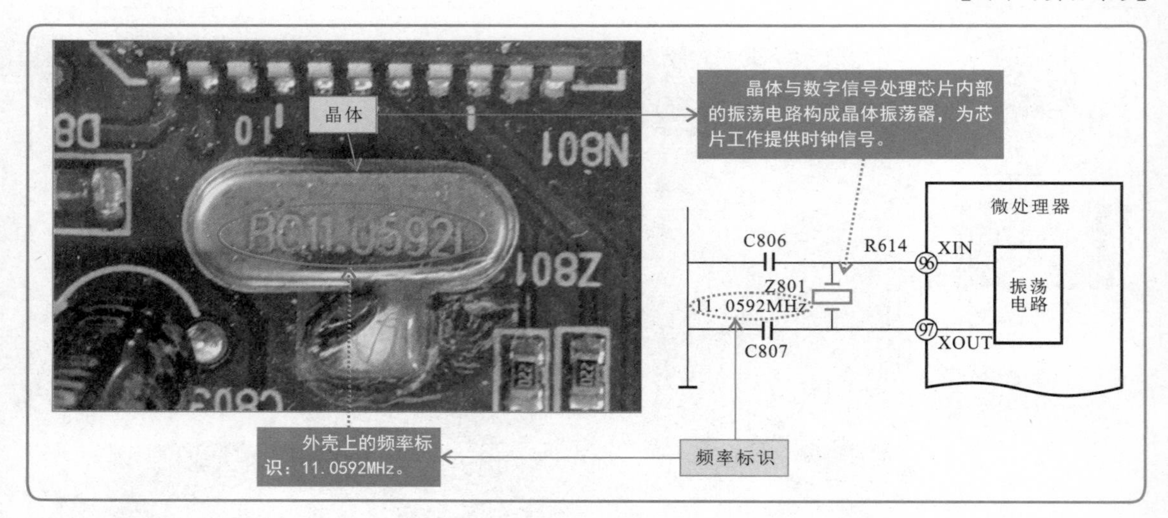

4. 操作显示及遥控接收电路

操作显示及遥控接收电路是构成系统控制电路的重要部分。该电路主要是由操作按键、指示灯以及遥控接收头等部分构成的。

【操作显示及遥控接收电路的实物外形】

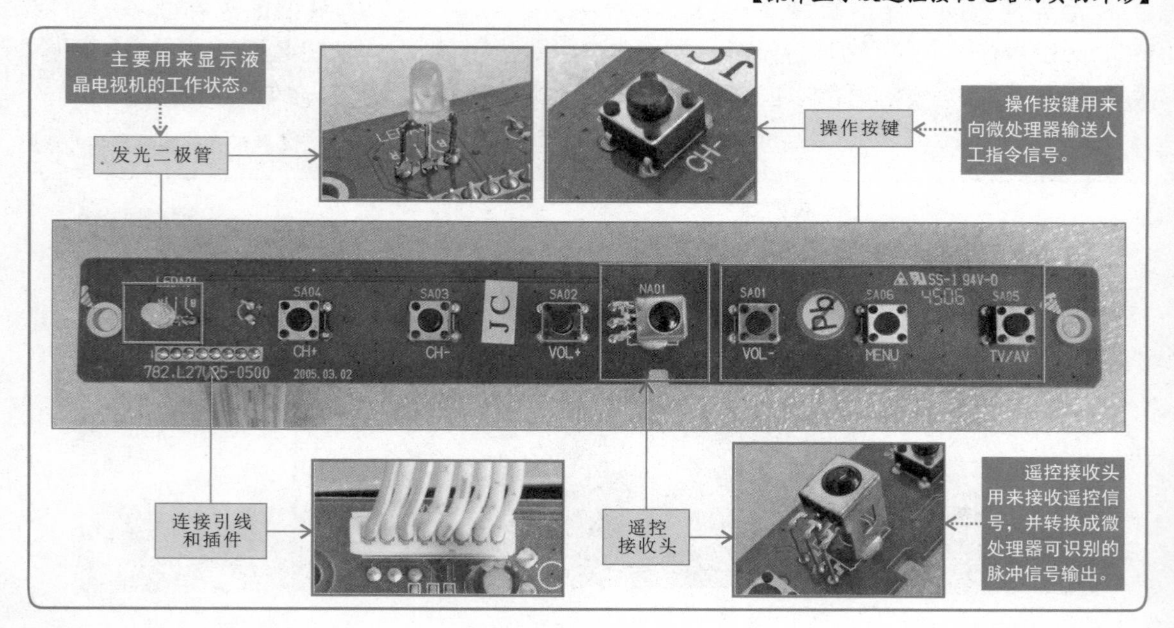

5.1.2 系统控制电路的工作原理

系统控制电路是液晶电视机的控制核心部分。对液晶电视机的各种操作都是由系统控制电路进行分析处理并实现控制输出的。

系统控制电路工作时，其核心部件微处理器对接收的人工指令信号（遥控信号、操作按键的信号）进行分析识别，并将其转换成各种控制信号，对液晶电视机的频道、频段、音量、声道、屏幕亮度以及制式等进行控制。

【系统控制电路的基本信号流程】

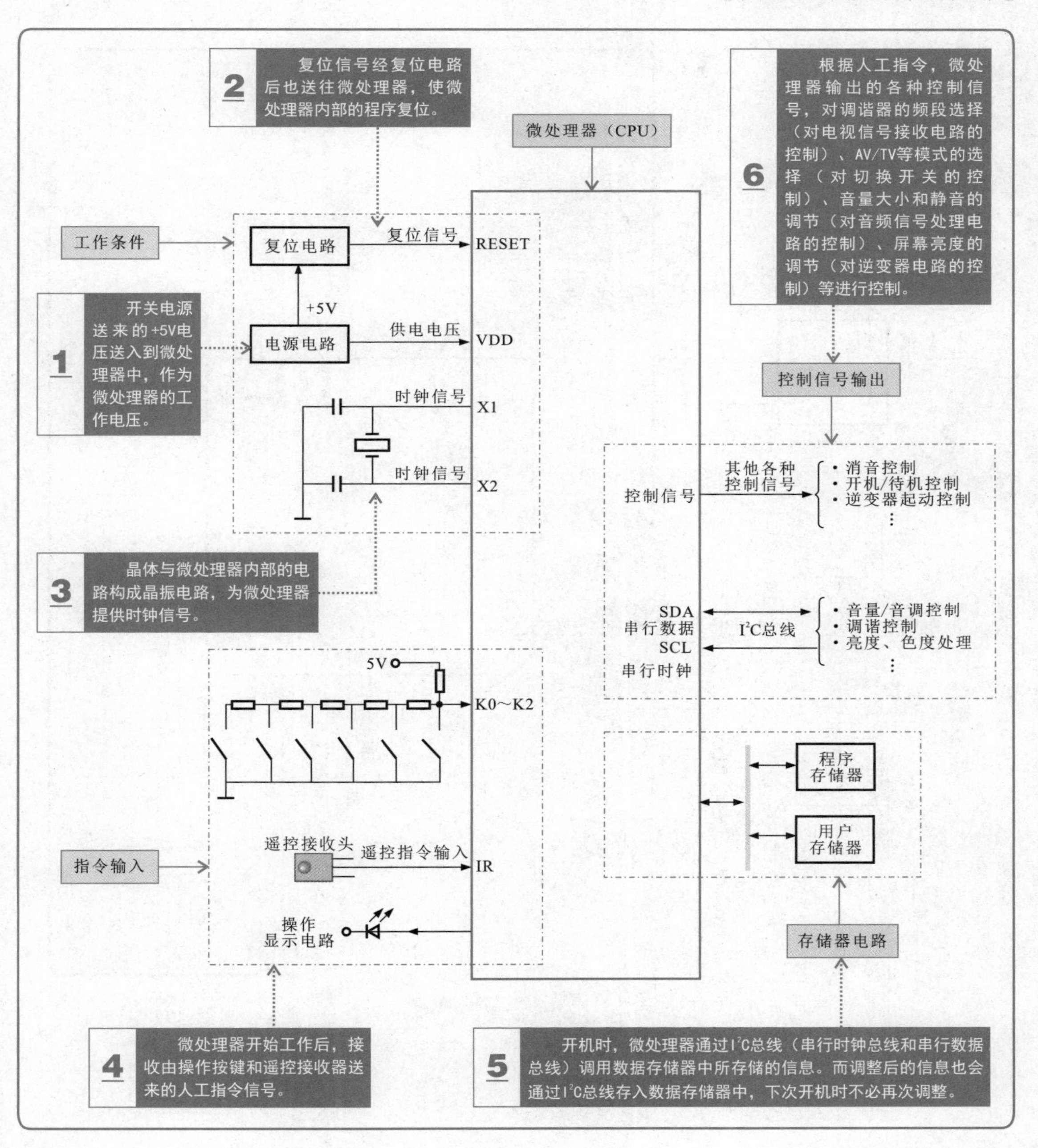

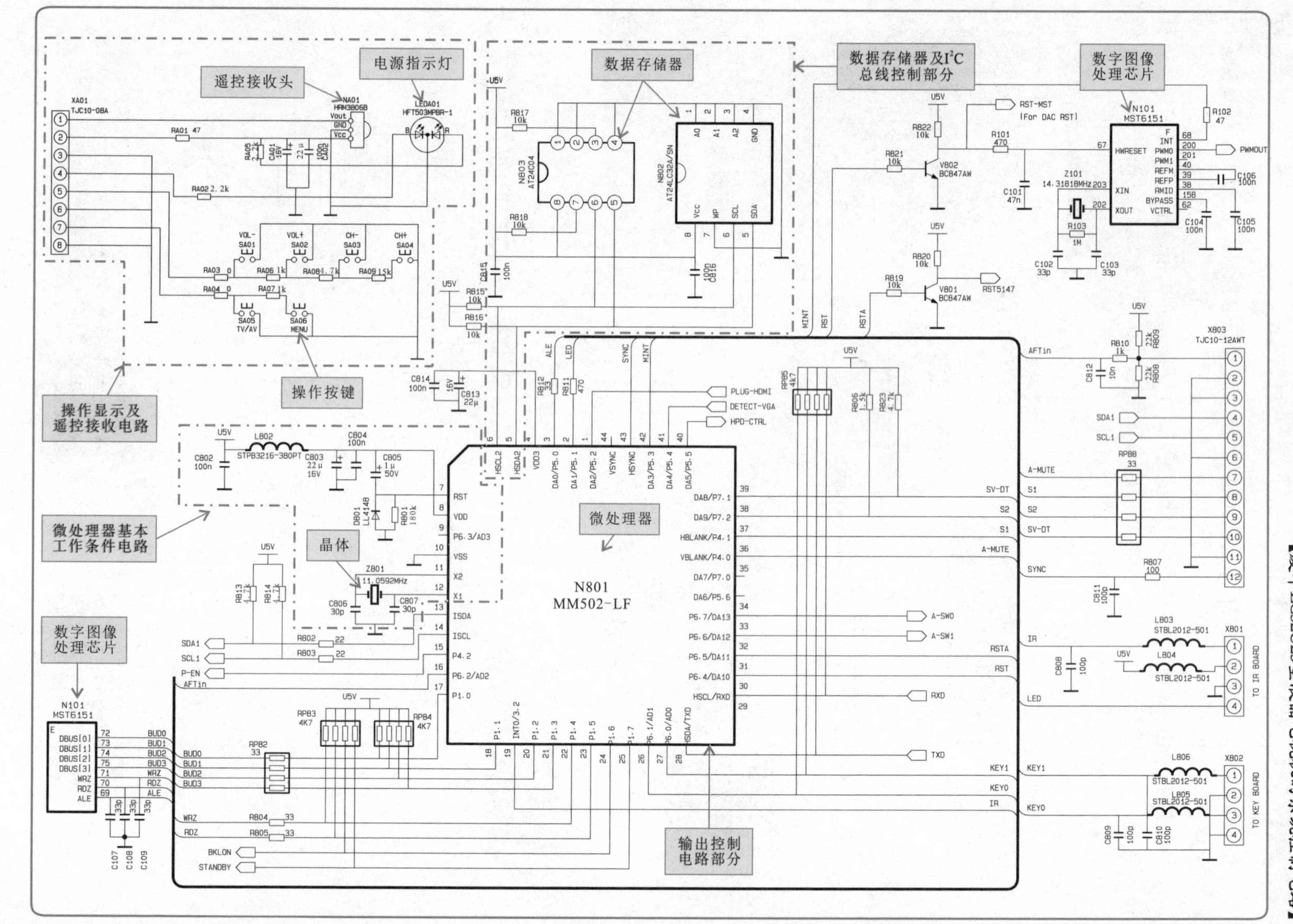
遥控接收头
电源指示灯
数据存储器
数据存储器及I²C总线控制部分
数字图像处理芯片
操作按键
操作显示及遥控接收电路
微处理器基本工作条件电路
晶体
微处理器
N801
MM502-LF
数字图像处理芯片
输出控制电路部分
TO IR BOARD
TO KEY BOARD

【操作显示和遥控接收电路的工作原理】

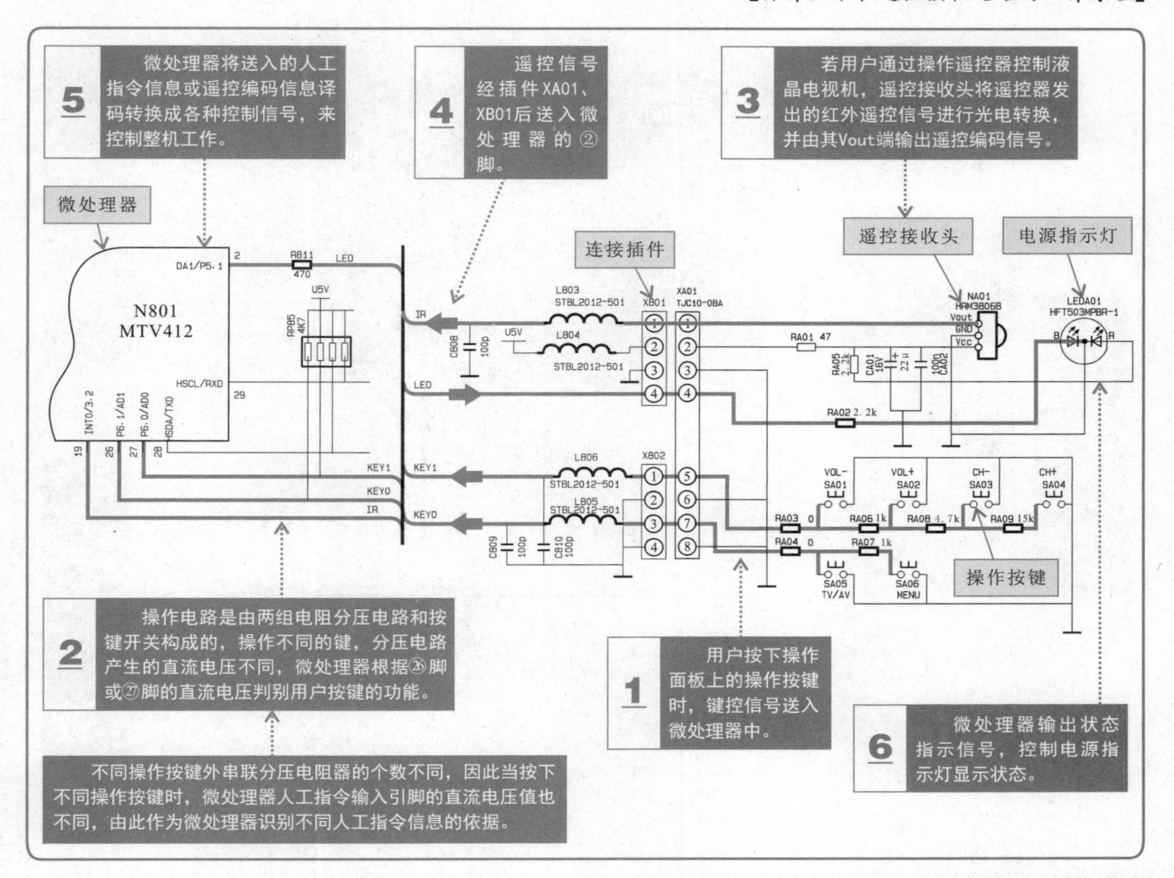

【微处理器基本工作条件电路的工作原理】

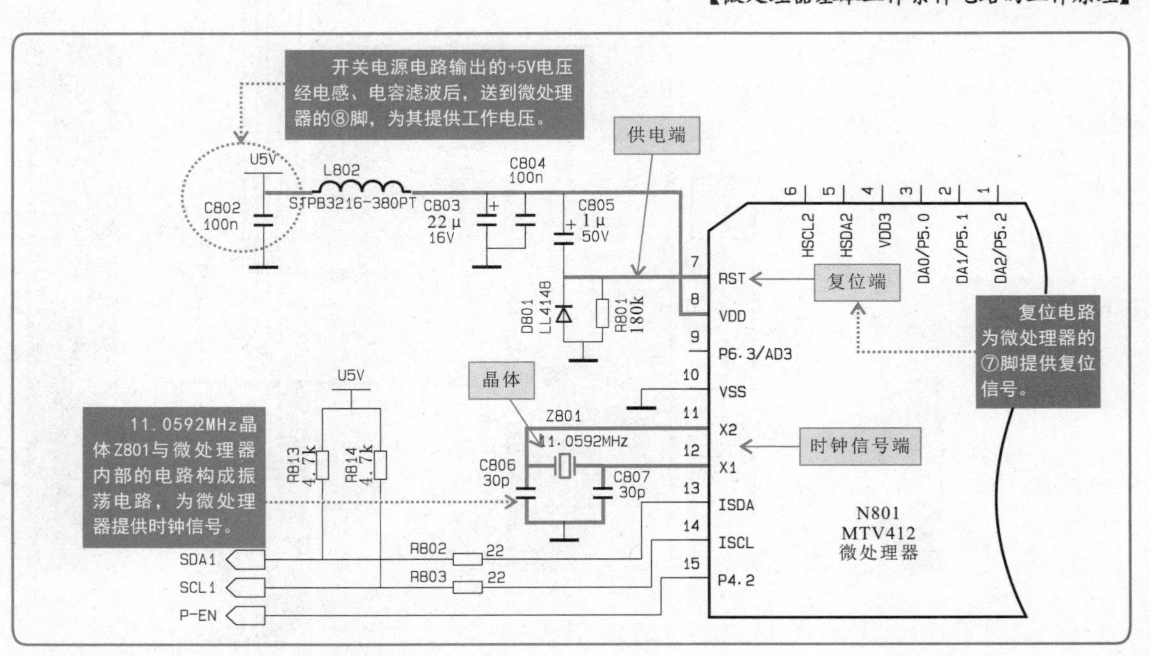

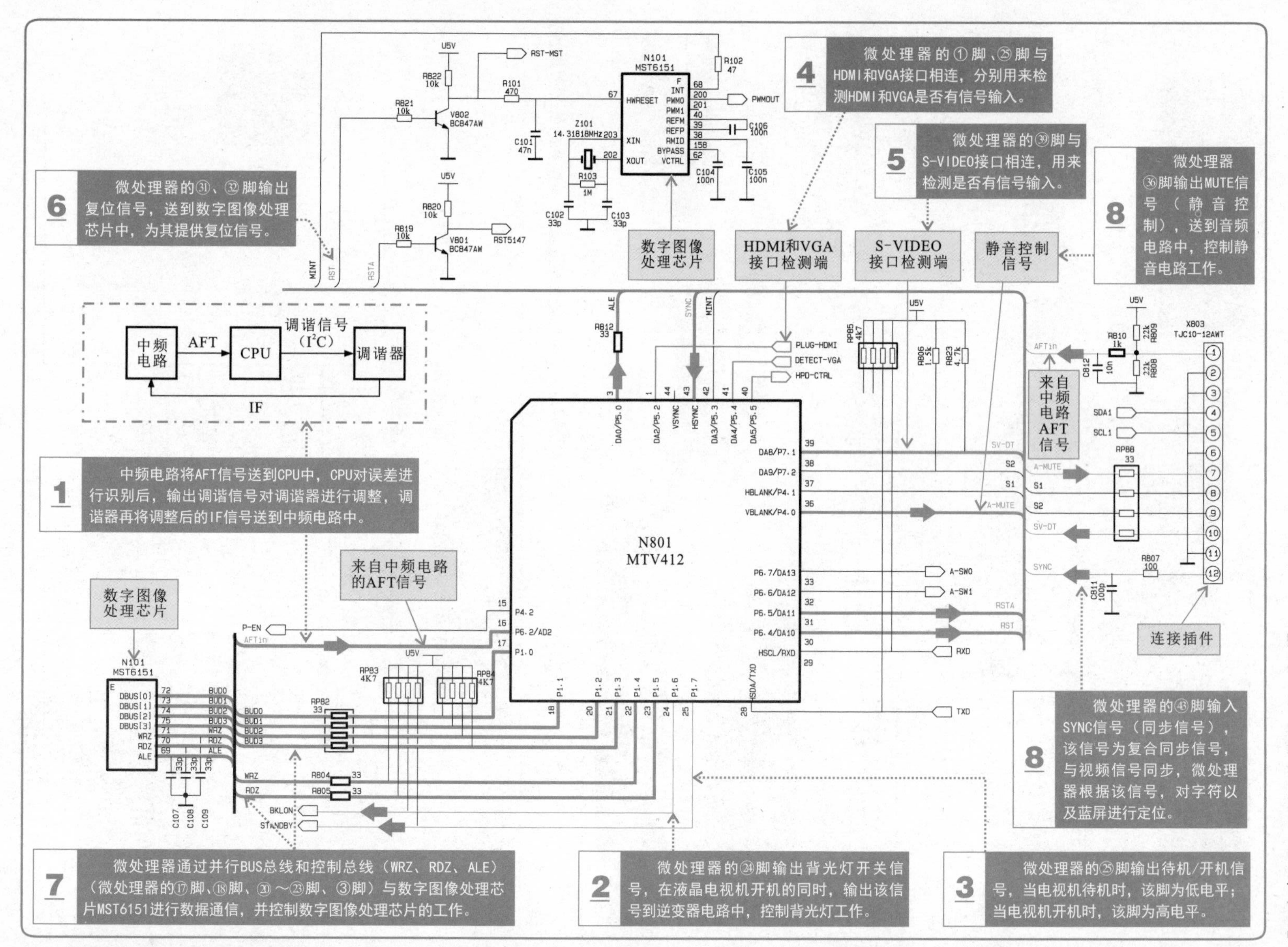

6 微处理器的㉛、㉜脚输出复位信号，送到数字图像处理芯片中，为其提供复位信号。
4 微处理器的①脚、㉕脚与HDMI和VGA接口相连，分别用来检测HDMI和VGA是否有信号输入。
5 微处理器的㊴脚与S-VIDEO接口相连，用来检测是否有信号输入。
8 微处理器㊱脚输出MUTE信号（静音控制），送到音频电路中，控制静音电路工作。
数字图像处理芯片
HDMI和VGA接口检测端
S-VIDEO接口检测端
静音控制信号
来自中频电路AFT信号
中频电路
AFT
CPU
调谐信号（I²C）
调谐器
IF
1 中频电路将AFT信号送到CPU中，CPU对误差进行识别后，输出调谐信号对调谐器进行调整，调谐器再将调整后的IF信号送到中频电路中。
来自中频电路的AFT信号
数字图像处理芯片
N101
MST6151
N801
MTV412
X803
TJC10-12AWT
连接插件
8 微处理器的㊸脚输入SYNC信号（同步信号），该信号为复合同步信号，与视频信号同步，微处理器根据该信号，对字符以及蓝屏进行定位。
7 微处理器通过并行BUS总线和控制总线（WRZ、RDZ、ALE）（微处理器的⑰脚、⑱脚、⑳～㉓脚、③脚）与数字图像处理芯片MST6151进行数据通信，并控制数字图像处理芯片的工作。
2 微处理器的㉔脚输出背光灯开关信号，在液晶电视机开机的同时，输出该信号到逆变器电路中，控制背光灯工作。
3 微处理器的㉕脚输出待机/开机信号，当电视机待机时，该脚为低电平；当电视机开机时，该脚为高电平。

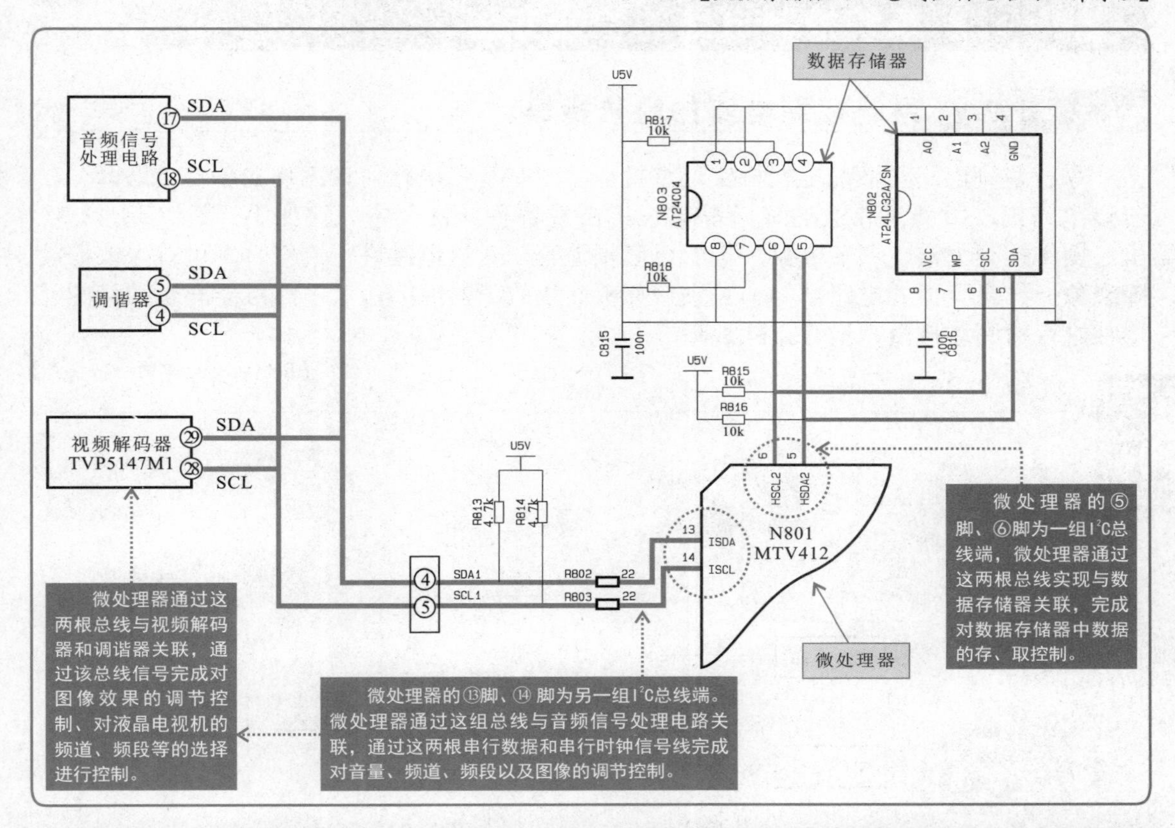

特别提醒

厦华LC32U25型液晶电视机系统控制电路中微处理器芯片型号为MTV412，下表列出了微处理器芯片MTV412中主要引脚的功能，了解这些引脚功能，对分析芯片与外围电路的关系十分有帮助。

引脚号	名称	引脚功能	引脚号	名称	引脚功能
①	DA2（PLUG-HDMI）	HDMI制式打开端口	㉔	P1.6（BKLON）	背灯开关端口
②	DA1（LED）	指示灯控制	㉕	P1.7（STANDBY）	开机/待机控制端
③	DA0（ALE）	MCU总线ALE	㉖㉗	P6.0（KEY1） P6.1（KEY0）	按键输入信号
④	VDD3	3.3V内核供电	㉘㉙	HSDA/TXD、 HSCL/RXD	程序读写端口
⑤⑥	HSDA2/HSCL2	I²C总线2的数据/时钟信号	㉚	DA10（RST）	主IC(MST5151A)复位控制信号输出
⑦	RST	IC复位端	㉛	DA11（RST A）	复位控制输出信号
⑧	VDD	+5V供电端	㉜㉝	DA12（A-SW0） DA13（A-SW1）	音频选择输出信号
⑨	P6.3（AD3）	NC	㉞㉟	DA6/DA7	NC
⑩	VSS	地	㊱	P4.0（A-MUTE）	静音控制信号
⑪⑫	X2、X1	晶振端口	㊲	（S1）P4.1	S1控制
⑬	ISDA	主I²C总线数据输入/输出	㊳	DA9（S2）P7.2	S2控制
⑭	ISCL	主I²C总线时钟信号输出	㊴	DA8（SV-DT）P7.1	电压检测
⑮	P4.2（P EN）	上屏电压控制端	㊵	P5.5（HPD-CTRL）	DPF制式控制
⑯	P6.2（AFTin）	自动频率控制输入信号	㊶	P5.4（DETECT-VGA）	VGA检测
⑰⑱⑳㉑	P1.0-P1.3（BUD0-BUD3）	DDR总线输出信号	㊷	P5.3（MINT）	视频解码控制
⑲	IR	遥控输入信号	㊸	HSYNC	行激励信号
㉒	P1.4（WRZ）	MCU总线WRZ	㊹	VSYNC	场激励信号（空）
㉓	P1.5（RDZ）	MCU总线RDZ			

5.2 系统控制电路的检修方法

5.2.1 系统控制电路的检修指导

系统控制电路是液晶电视机实现整机自动控制、各电路协调工作的核心电路部分，若该电路出现故障通常会造成液晶电视机出现各种异常现象，比如不开机、无规律死机、操作控制失常、调节失灵、不能记忆频道等。对该电路进行检修时，可首先依据故障现象，结合具体的电路结构和关系，分析产生故障的原因，对电路可能产生故障的元器件进行检测和排查，最终排除故障。

【系统控制电路的检修要点】

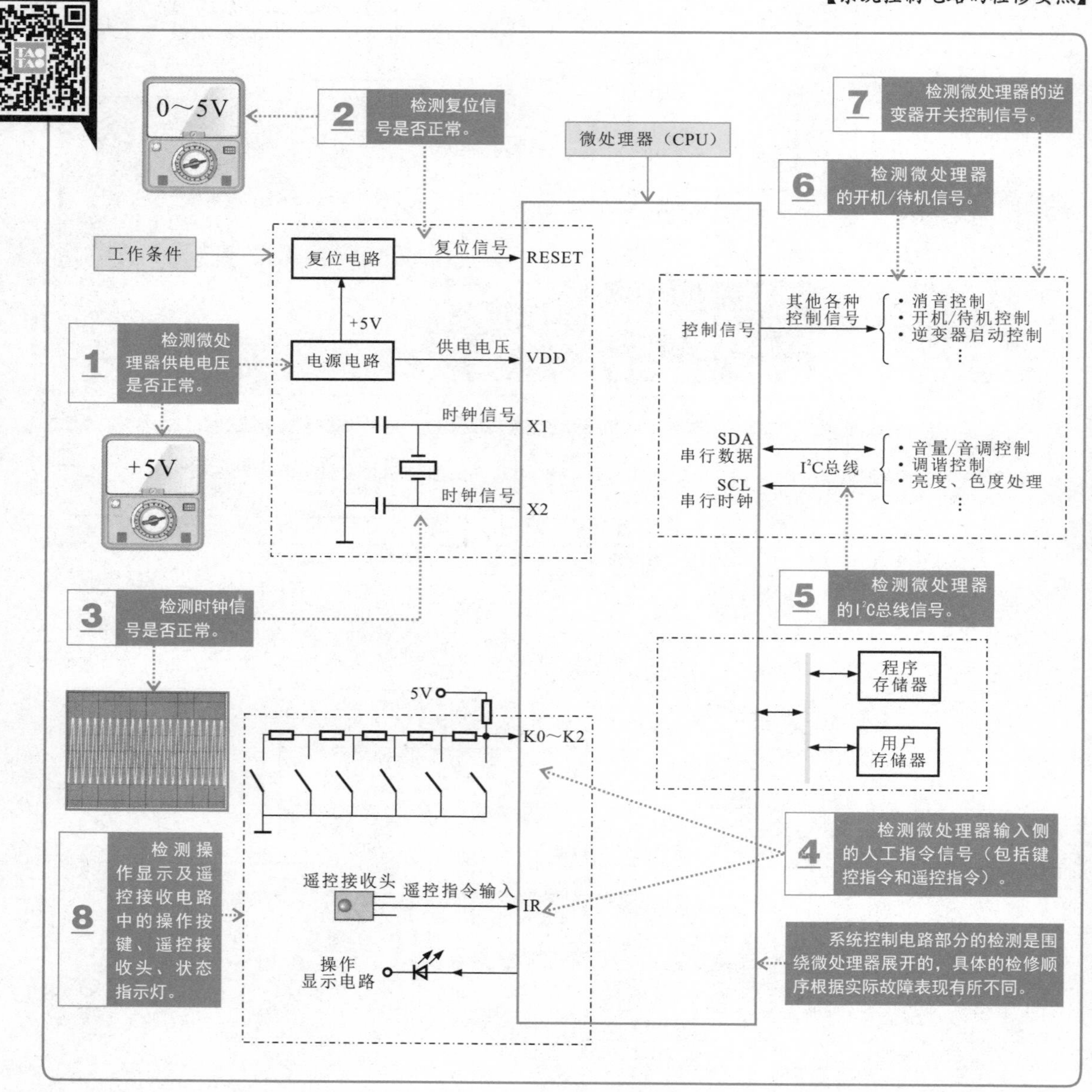

5.2.2 系统控制电路的检修操作

1. 供电电压的检测

供电电压是微处理器正常工作最基本的条件。若经检测微处理器的直流供电电压正常，则表明前级供电电路正常，应进一步检测微处理器的其他工作条件；若经检测无供电或供电异常，则应对前级供电电路中的相关部件进行检查，并排除故障。具体检测方法请参看下面的图解演示。

【供电电压的检测方法】

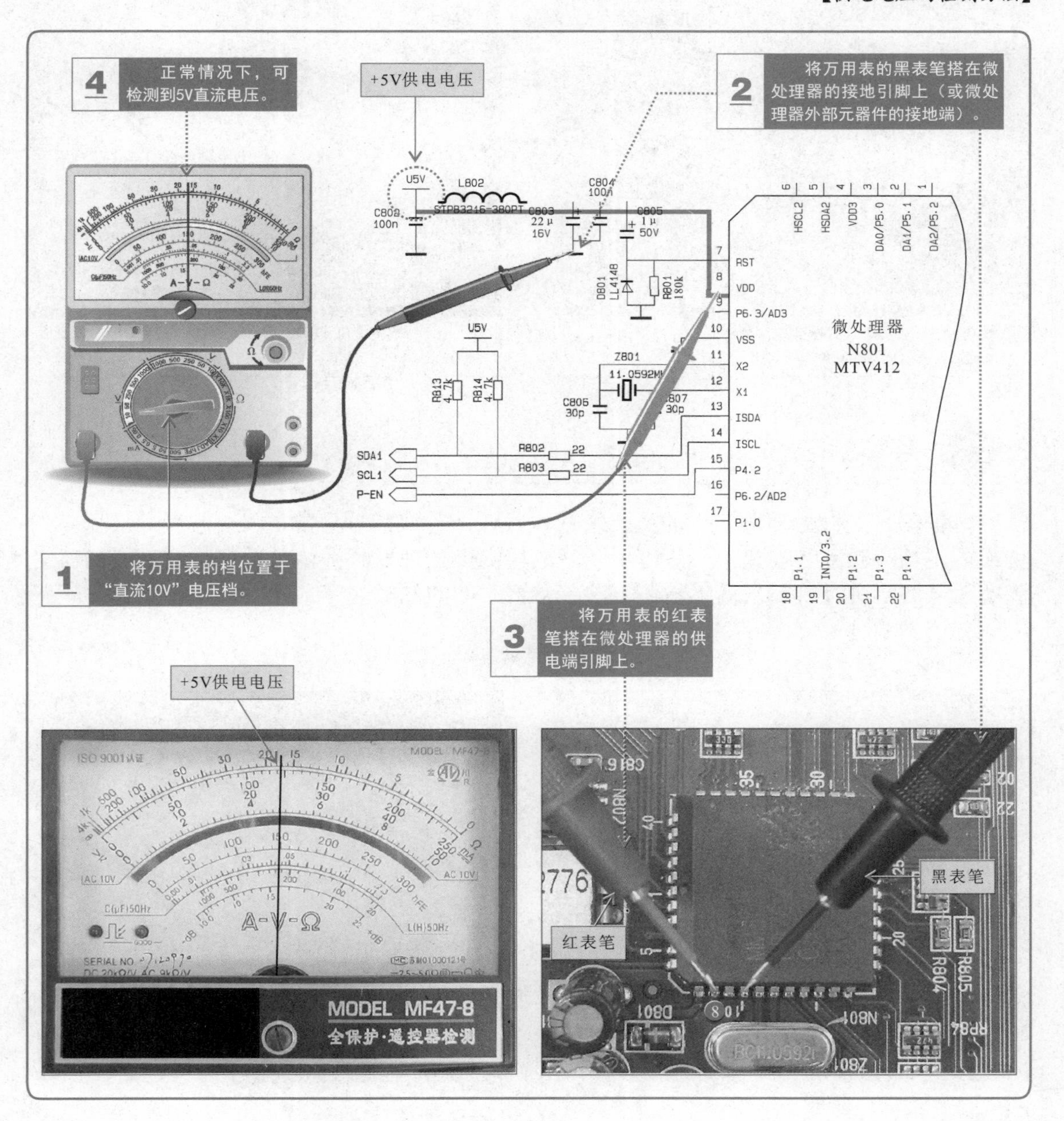

2. 复位信号的检测

复位信号是微处理器正常工作的必备条件之一。在开机瞬间，微处理器复位端得到复位电压，内部复位，为进入工作状态做好准备。若经检测，开机瞬间微处理器复位端的复位电压异常，则多为复位电路部分存在异常，应对复位电路中的各元器件进行检测，并排除故障。具体检测方法请参看下面的图解演示。

【复位信号的检测方法】

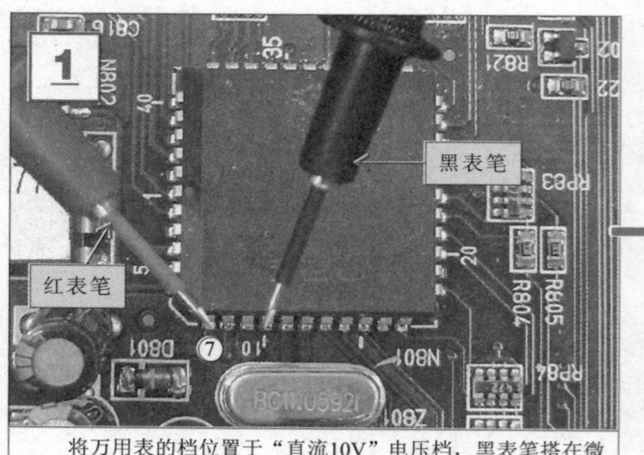

将万用表的档位置于“直流10V”电压档，黑表笔搭在微处理器的接地引脚上（或微处理器外部元器件的接地端），红表笔搭在微处理器的复位端引脚上。

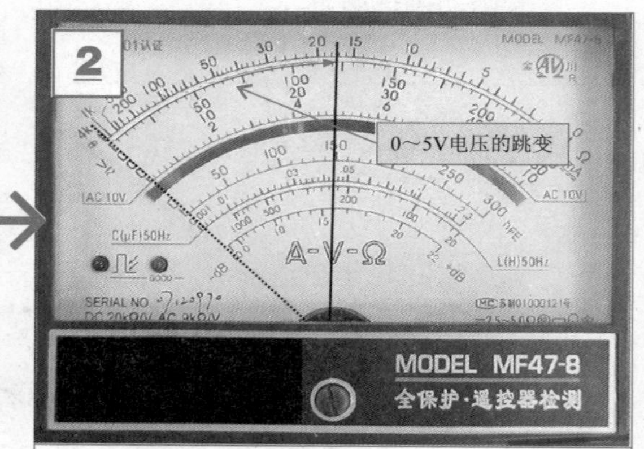

正常情况下，在开机的一瞬间，万用表可测得0～5V电压的跳变。

3. 时钟信号的检测

时钟信号是微处理器工作的另一个基本条件，若该信号异常，将引起微处理器不工作或控制功能错乱等现象。一般可用示波器检测微处理器时钟信号端信号波形或晶体引脚的信号波形进行判断。具体检测方法请参看下面的图解演示。

【时钟信号的检测方法】

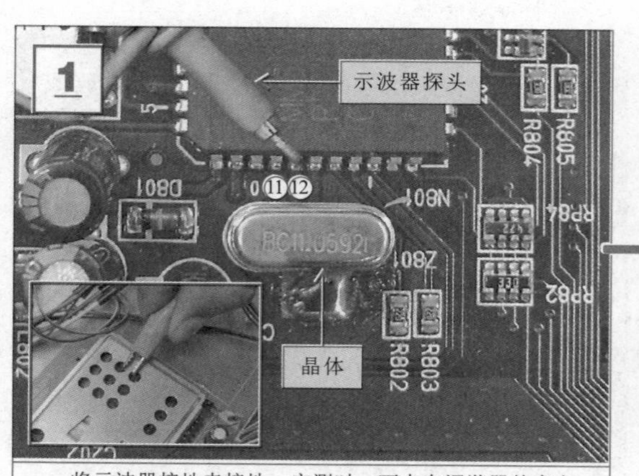

将示波器接地夹接地，实测时，可夹在调谐器外壳上，示波器探头搭在微处理器时钟信号端（以⑫脚为例）。

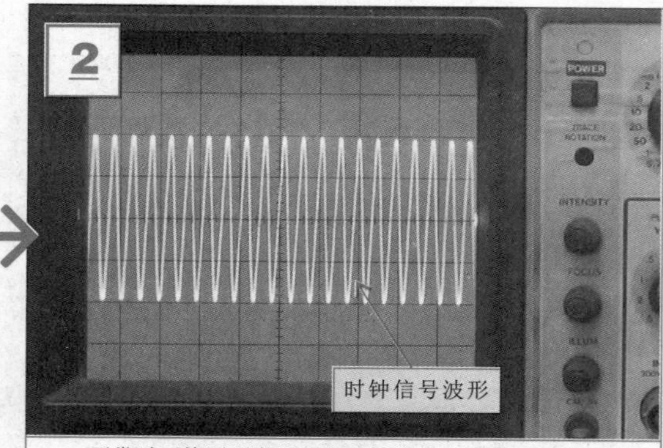

正常时可检测到微处理器时钟信号端的时钟信号波形。若无信号，还应检测晶体Z801及谐振电容C806、C807。正常时，晶体两引脚间的阻值为无穷大。

4. 输入指令信号的检测

微处理器可接收的指令信号包括遥控信号和键控信号两种。当用户操作遥控器或液晶电视机面板上的操作按键无效时，可检测微处理器指令信号输入端信号是否正常。

当用户操作遥控器时，遥控信号送至微处理器的输入端。若微处理器遥控信号端信号正常，则表明其前级遥控接收电路及遥控器等均正常；若无信号，则应检测遥控输入电路，即检测遥控接收电路、遥控器、遥控信号的输送电路及输送电路中的元器件等。具体检测方法请参看下面的图解演示。

【遥控信号的检测方法】

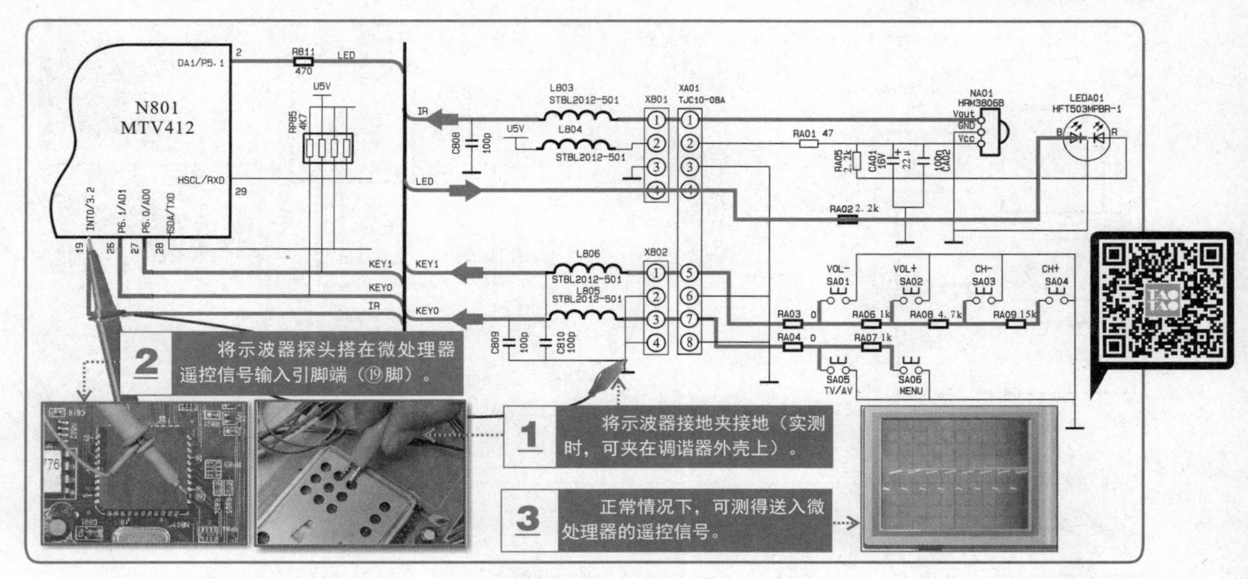

当用户操作液晶电视机面板上的操作按键时，人工指令信号送至微处理器的键控信号端。若微处理器键控信号端信号正常，则表明其前级操作显示电路中的操作部分均正常；若无信号，则应检测键控信号输入电路，即检测操作按键、键控信号的输送电路及输送电路中的元器件等。具体检测方法请参看下面的图解演示。

【键控信号的检测方法】

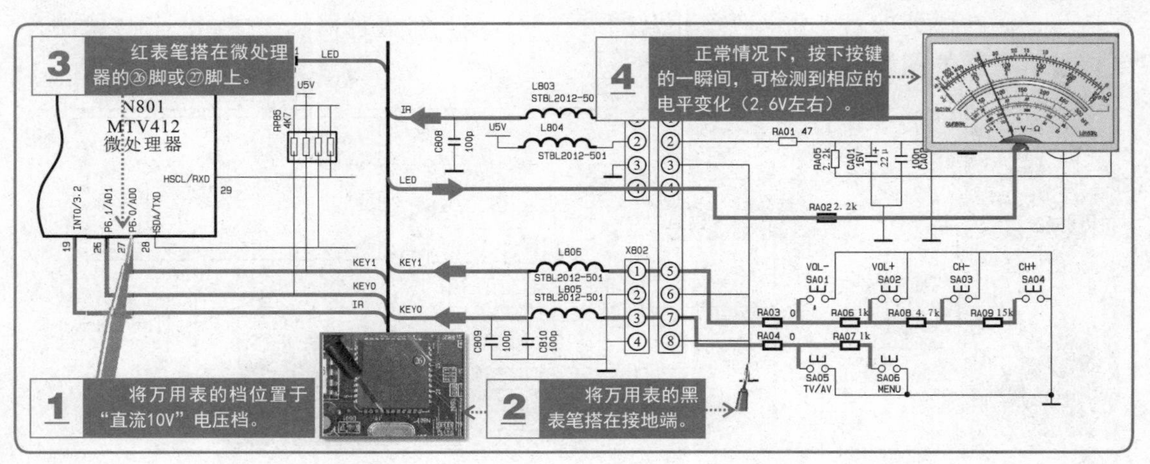

5. I^2C总线信号的检测

微处理器的I^2C总线信号是系统控制电路中的关键信号。液晶电视机中的主要芯片几乎都通过I^2C总线受微处理器的控制，并与之进行信号传输。

若微处理器I^2C总线信号正常，则表明微处理器已进入工作状态，在该状态下，个别控制功能失常时，应重点检测微处理器相关控制功能引脚外围元器件；若无I^2C总线信号，多为微处理器损坏或未工作。具体检测方法请参看下面的图解演示。

【I^2C总线信号的检测方法】

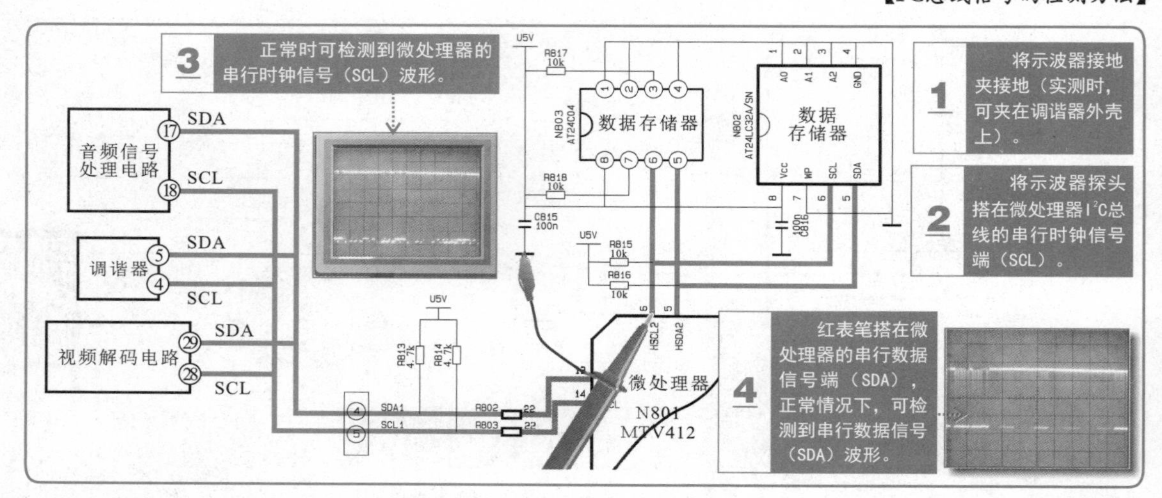

6. 开机/待机控制信号的检测

微处理器的开机/待机控制信号是微处理器控制液晶电视机进行开机和待机状态转换的控制信号。一般可在开机瞬间，用万用表监测微处理器开机/待机控制端电平有无变化来判断该控制信号是否正常。

若经检测微处理器输出的开机/待机控制信号正常，则表明微处理器工作正常；若无信号，则在微处理器工作条件等正常的前提下，多为微处理器本身损坏。具体检测方法请参看下面的图解演示。

【开机/待机控制信号的检测方法】

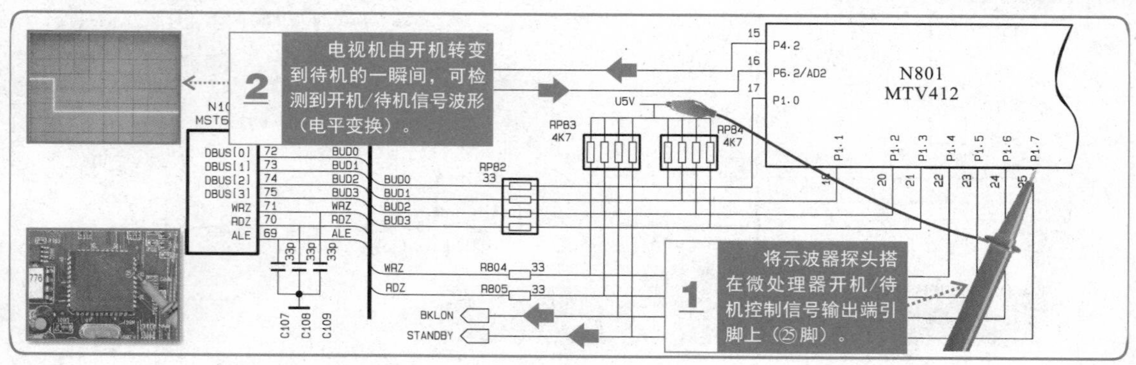

7. 逆变器开关控制信号的检测

微处理器的逆变器开关控制信号是微处理器控制液晶电视机逆变器进入工作状态的关键信号。一般可在开机瞬间，用万用表监测微处理器的逆变器开关控制信号端电平有无变化来判断该控制信号是否正常。

若经检测微处理器输出的逆变器开关控制信号正常，则表明微处理器工作正常；若无信号，则在微处理器工作条件等正常的前提下，多为微处理器本身损坏。

【逆变器开关控制信号的检测方法】

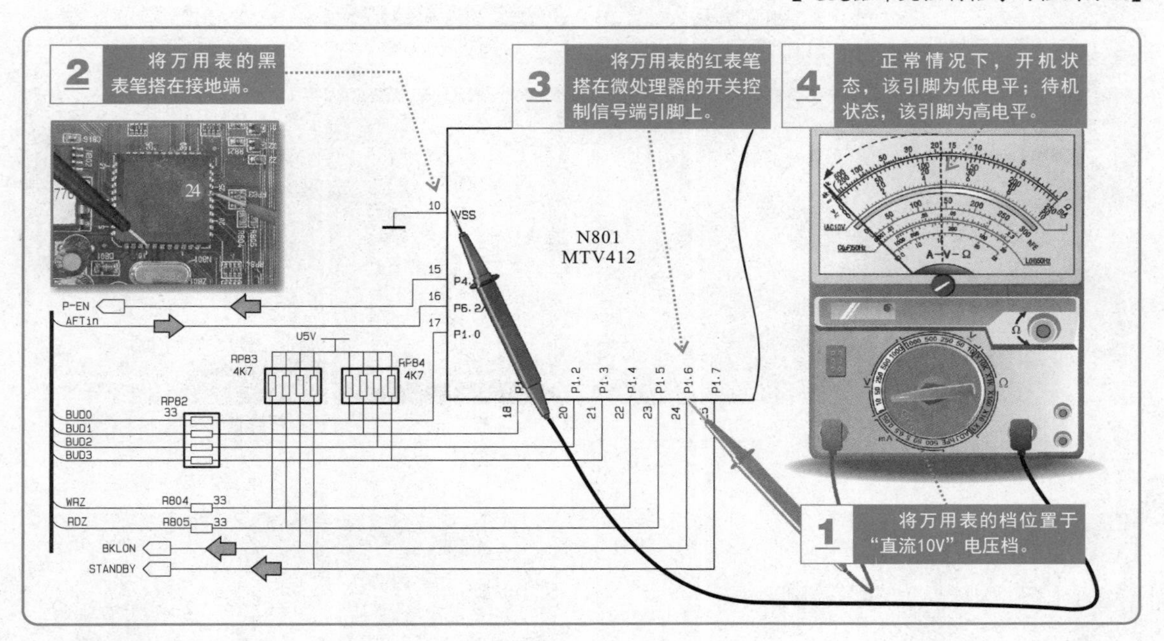

8. 操作按键、状态指示灯、遥控接收头的检测

操作显示及遥控接收电路是一块相对独立的电路，属于系统控制电路的指令输出和状态信号输入部分。当液晶电视机出现某个操作按键失常、遥控失常、指示灯不亮等故障时，除对遥控器、微处理器和电源部分检测外，操作按键、遥控接收头或电源指示灯本身损坏也会造成上述故障，因此也需要对这些部件进行检测，最终排除故障。

【判断操作按键引脚】

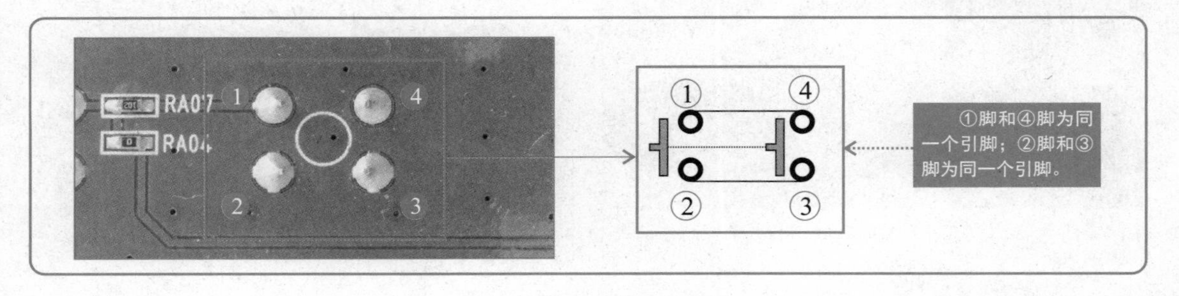

【操作按键的检测方法】

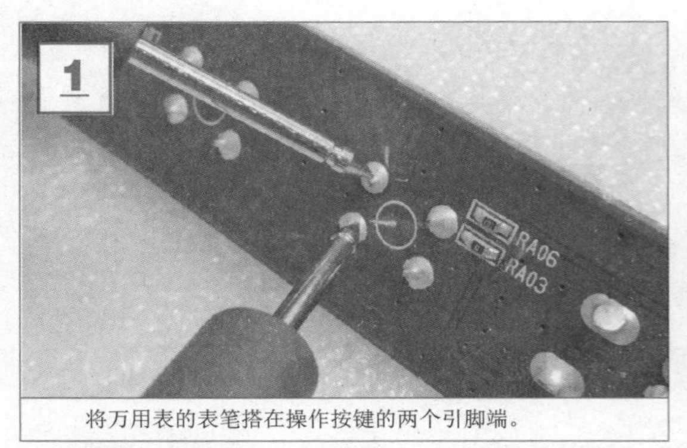

将万用表的表笔搭在操作按键的两个引脚端。

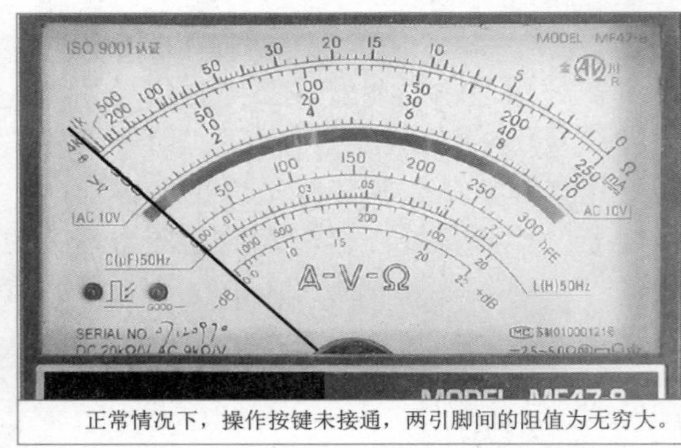

正常情况下，操作按键未接通，两引脚间的阻值为无穷大。

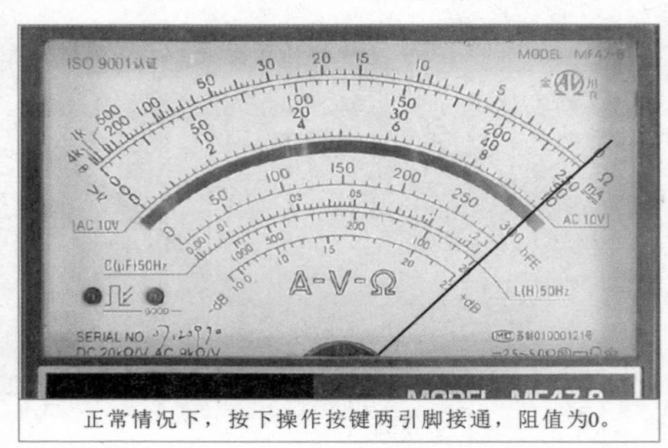

表笔保持不变，用手按下操作按键。

正常情况下，按下操作按键两引脚接通，阻值为0。

【电源指示灯的检测方法】

万用表红表笔搭在发光二极管的正极，黑表笔搭在负极。

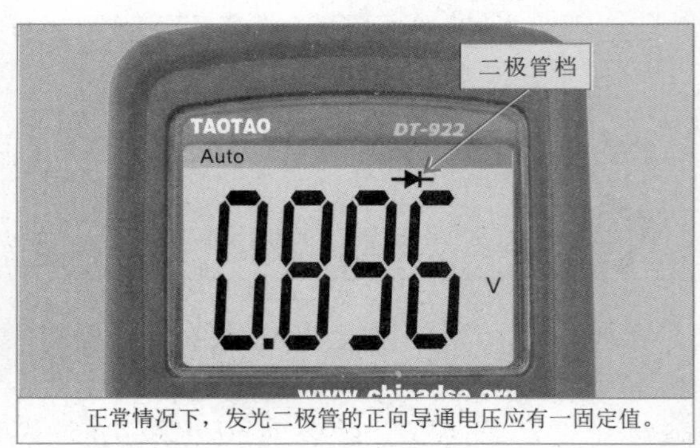

正常情况下，发光二极管的正向导通电压应有一固定值。

调换表笔，黑表笔搭在发光二极管正极引脚，红表笔搭在负极引脚。

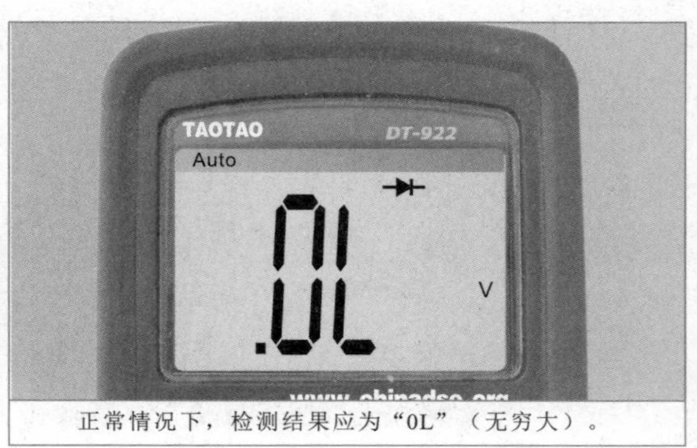

正常情况下，检测结果应为“0L”（无穷大）。

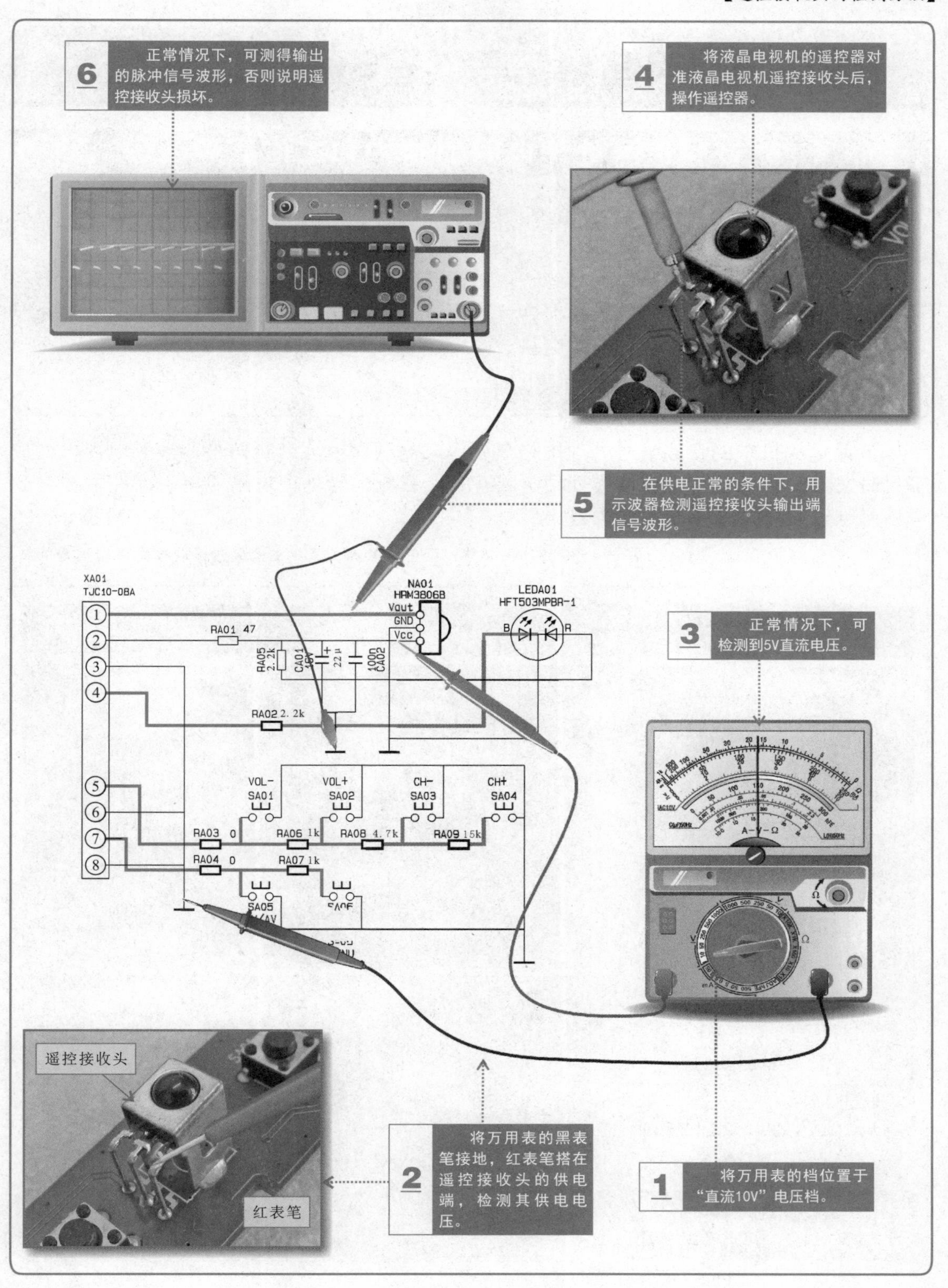
6 正常情况下，可测得输出的脉冲信号波形，否则说明遥控接收头损坏。
4 将液晶电视机的遥控器对准液晶电视机遥控接收头后，操作遥控器。
5 在供电正常的条件下，用示波器检测遥控接收头输出端信号波形。
3 正常情况下，可检测到5V直流电压。
XA01
TJC10-08A
NA01
HRM3806B
Vout
GND
Vcc
LEDA01
HFT503MPBR-1
RA01 47
RA05 2.2k
CA01
22μ
100n CA02
RA02 2.2k
VOL-
SA01
VOL+
SA02
CH-
SA03
CH+
SA04
RA03 0
RA06 1k
RA08 4.7k
RA09 15k
RA04 0
RA07 1k
SA05
遥控接收头
红表笔
2 将万用表的黑表笔接地，红表笔搭在遥控接收头的供电端，检测其供电电压。
1 将万用表的档位置于“直流10V”电压档。

第6章

液晶电视机音频信号处理电路的检修方法

6.1 音频信号处理电路的结构和工作原理

液晶电视机中的音频信号处理电路位于液晶电视机的模拟信号处理电路板中，是液晶电视机中十分关键的单元电路。

在学习音频信号处理电路检修之初，首先要对音频信号处理电路的安装位置、结构和工作特点有一定的了解，要能够根据音频信号处理电路的结构、特点在模拟信号处理电路板中准确地找到音频信号处理电路。

6.1.1 音频信号处理电路的结构

液晶电视机中的音频信号处理电路主要用来处理和放大音频信号，液晶电视机播放节目时发出的声音都与音频信号处理电路有关。音频信号处理电路的核心部件主要有音频信号处理芯片、音频功率放大器。

【不同品牌、型号的液晶电视机中音频信号处理电路的结构特征】

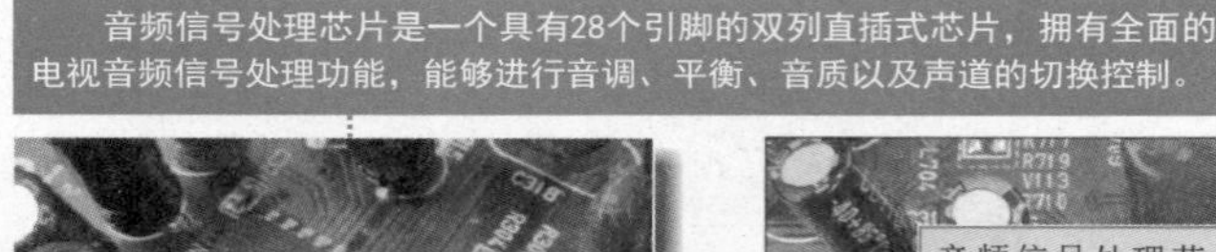

音频功率放大器通常安装在音频信号处理芯片周围，为多引脚的芯片。

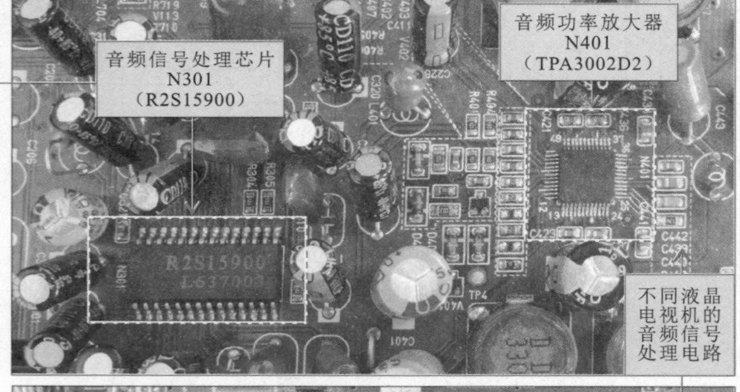

有些液晶电视机中将音频信号切换电路和音频信号处理芯片合二为一，制作在一个芯片内。该芯片也称为音频信号处理芯片，既可以切换信号，也可以处理音频信号。

不同的液晶电视机中，其音频信号处理电路的主要元器件位置都比较集中，器件特征明显，但是位置和数量有所区别。采用的音频信号处理芯片型号不一样，安装位置也有所区别。

有些液晶电视机中，音频信号处理电路将音频信号切换电路和音频信号处理芯片采用独立的封装。

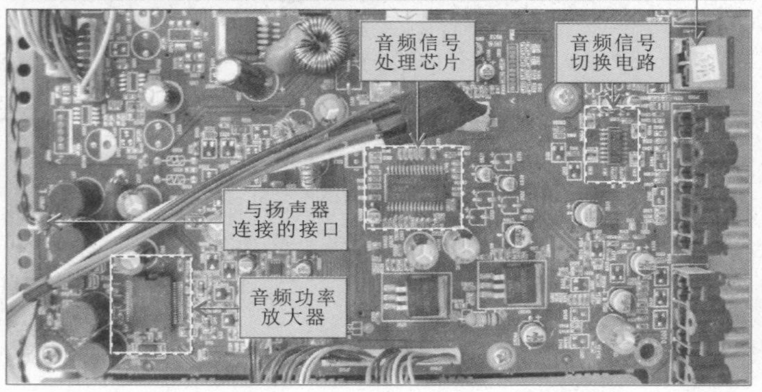

1. 音频信号处理芯片

音频信号处理芯片用来对输入的音频信号进行处理解调，对伴音解调后的音频信号和外部设备输入的音频进行切换、数字处理和D-A转换等处理。该集成电路拥有全面的电视音频信号处理功能，能够进行音调、平衡、音质以及声道切换的控制，并将处理后的音频信号送入音频功率放大器中。

【音频信号处理芯片的结构】

2. 音频功率放大器

音频信号经过处理后，不足以驱动扬声器发声。因此，液晶电视机中都采用专门的音频功率放大器对音频信号进行功率放大，驱动扬声器发声。

【音频功率放大器的结构】

6.1.2 音频信号处理电路的工作原理

音频信号处理电路是用来处理和放大音频信号的电路，即将电视信号接收电路输出的音频信号和由外部接口（AV接口）输入的音频信号进行处理、切换和放大，并驱动液晶电视机的扬声器或外接耳机发出声音。它主要由音频信号处理芯片和音频功率放大器构成。

【典型音频信号处理电路的信号流程框图】

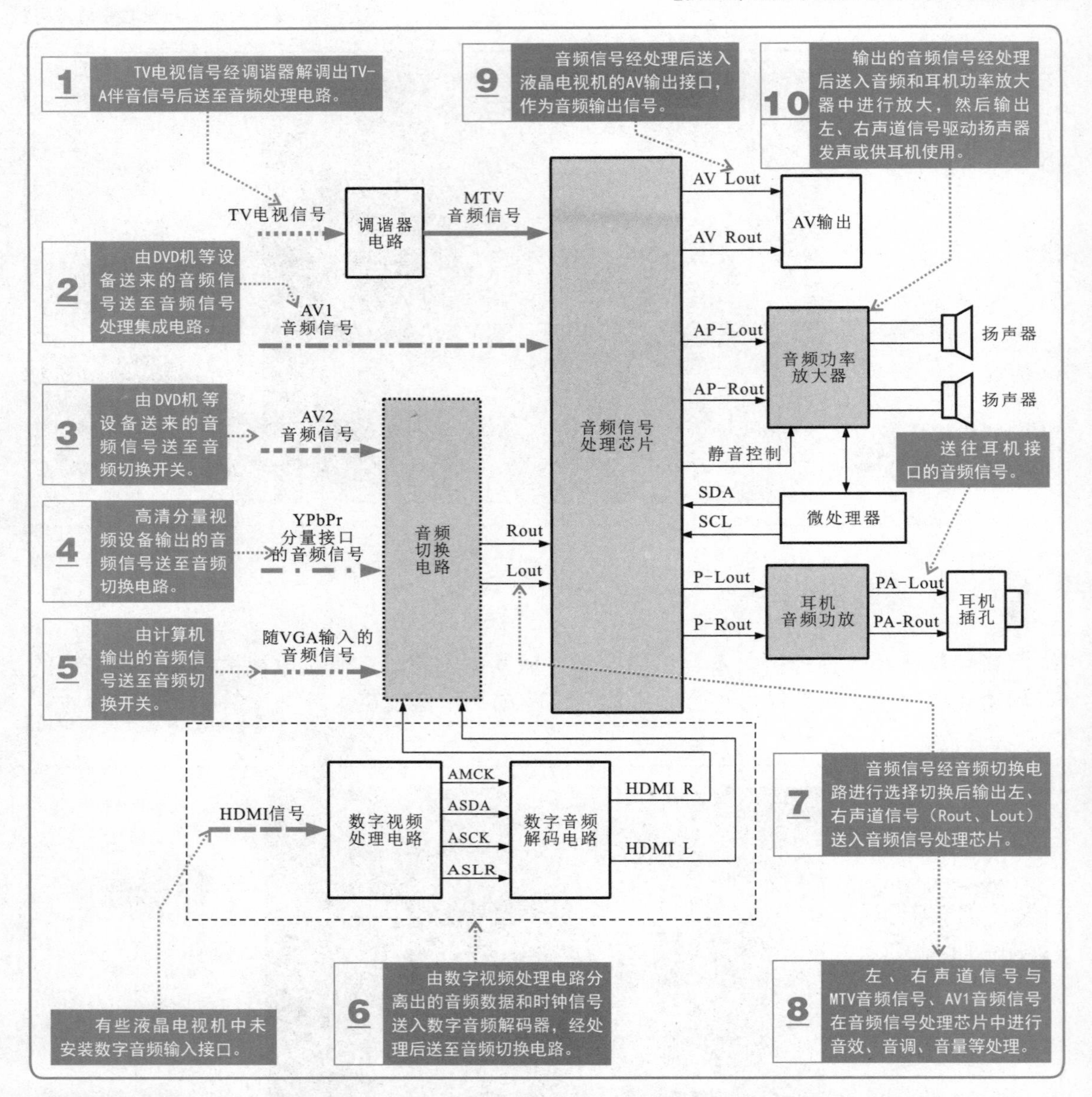

特别提醒

由图可知，由电视信号接收电路送来的伴音信号和外部接口输入的音频信号都送到音频信号处理芯片中，经音频信号处理芯片处理后，送入音频功率放大器中，再经音频功率放大器放大后驱动扬声器发声。

1. 厦华LC32U25型液晶电视机音频信号处理电路

厦华LC32U25型液晶电视机音频信号处理电路主要是由音频信号处理芯片N301（R2S15900）、音频功率放大器N401（TPA3002D2）及外部元器件构成的。

【音频信号处理芯片的结构】

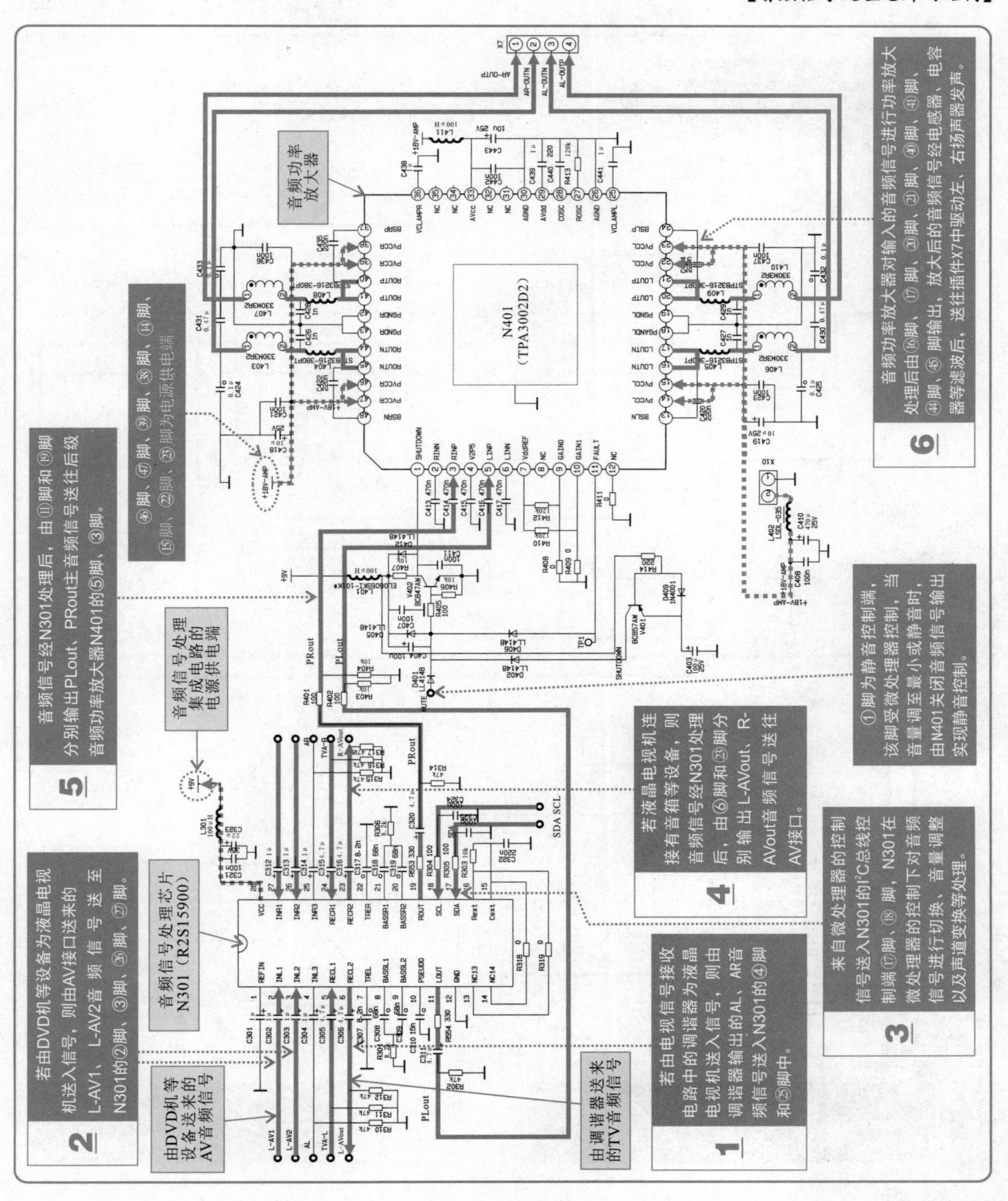

2. 海信TLM159型液晶电视机音频信号处理电路

海信TLM159型液晶电视机音频信号处理电路主要是由音频信号处理芯片N500（PT2313L）、音频功率放大器N900（TDA1517）及外部元器件构成的。

【海信TLM159型液晶电视机音频信号处理电路部分图】

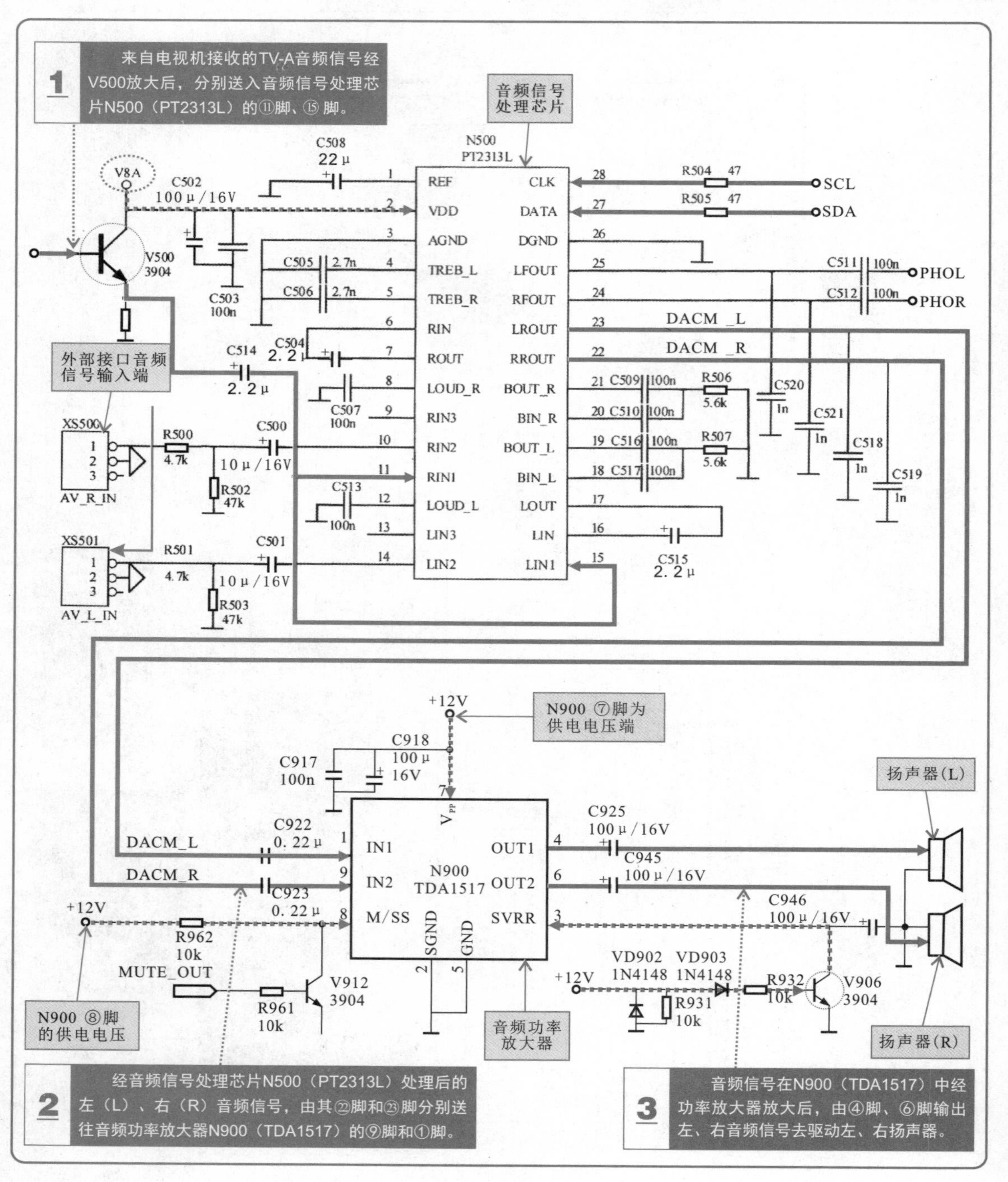

6.2 音频信号处理电路的检修方法

6.2.1 音频信号处理电路的检修指导

音频信号处理电路是液晶电视机中的关键电路，若该电路出现故障会引起液晶电视机出现无伴音、音质不好或有交流声等现象，对该电路进行检修时，可依据故障现象分析出产生故障的原因，并根据音频信号处理电路的信号流程对可能产生故障的部位逐一进行排查。

当音频信号处理电路出现故障时，一般可逆其信号流从输出部分作为入手点逐级向前进行检测，信号消失的地方即可作为关键的故障点，再以此为基础对相应范围内的工作条件、关键信号进行检测，排除故障。

【音频信号处理电路的检修指导图】

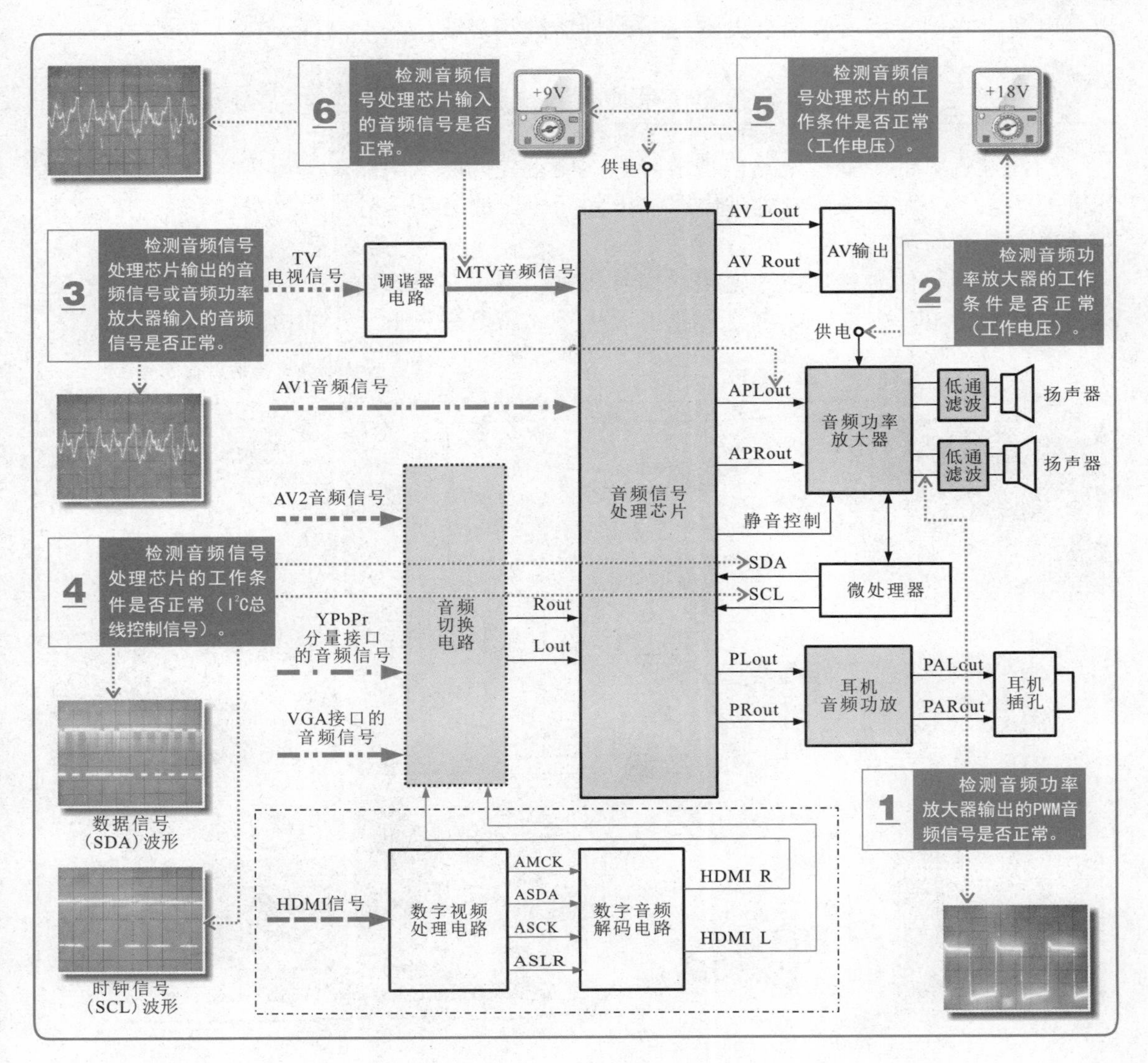

特别提醒

在测试液晶电视机时，为了能够了解电路的具体工作状态，通常需要使用外部设备（大多用DVD机）为其注入一定的信号，以便能够在相关测试点测得相关的信号波形。若使用DVD机播放的普通视频光盘为液晶电视机注入信号，则测得的音频信号通常为不规则的普通音频信号波形。

在实际检测中，若条件允许，可以使用DVD机播放标准测试光盘（包含标准音频信号等）为液晶电视机注入信号，则检测时便可测得比较规则的正弦音频信号波形（标准音频信号波形）。

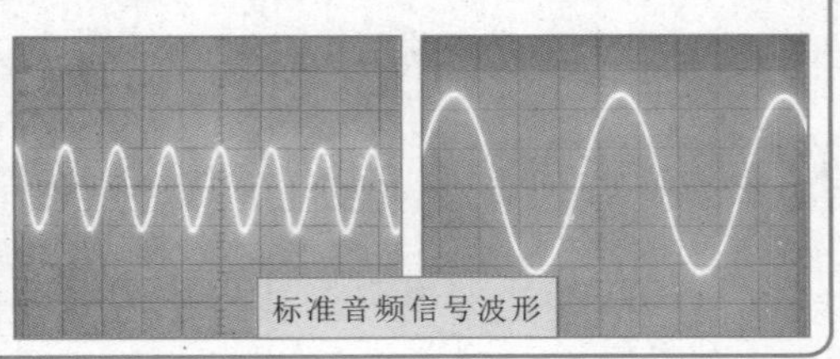
标准音频信号波形

6.2.2 音频信号处理电路的检修操作

检修时，可使用万用表或示波器测量待测液晶电视机的音频信号处理电路，然后将实测电压值（或波形）与正常的电压值（或波形）进行比较，即可判断出音频信号处理电路的故障部位。

不同液晶电视机的音频信号处理电路的检修方法基本相同，下面以厦华LC32U25型液晶电视机为例介绍音频信号处理电路的具体检修方法。

1. 音频功率放大器输出信号的检测方法

当怀疑音频信号处理电路出现故障时，应首先判断该电路部分有无输出，即在通电开机的状态下，对音频信号处理电路输出到扬声器的音频信号进行检测（音频功率放大器输出信号的检测）。

若检测音频信号处理电路输出的信号正常，则说明音频信号处理电路基本正常；若检测无信号输出，则说明该电路可能出现故障，需要进行下一步的检测。

【音频功率放大器输出信号的检测方法】

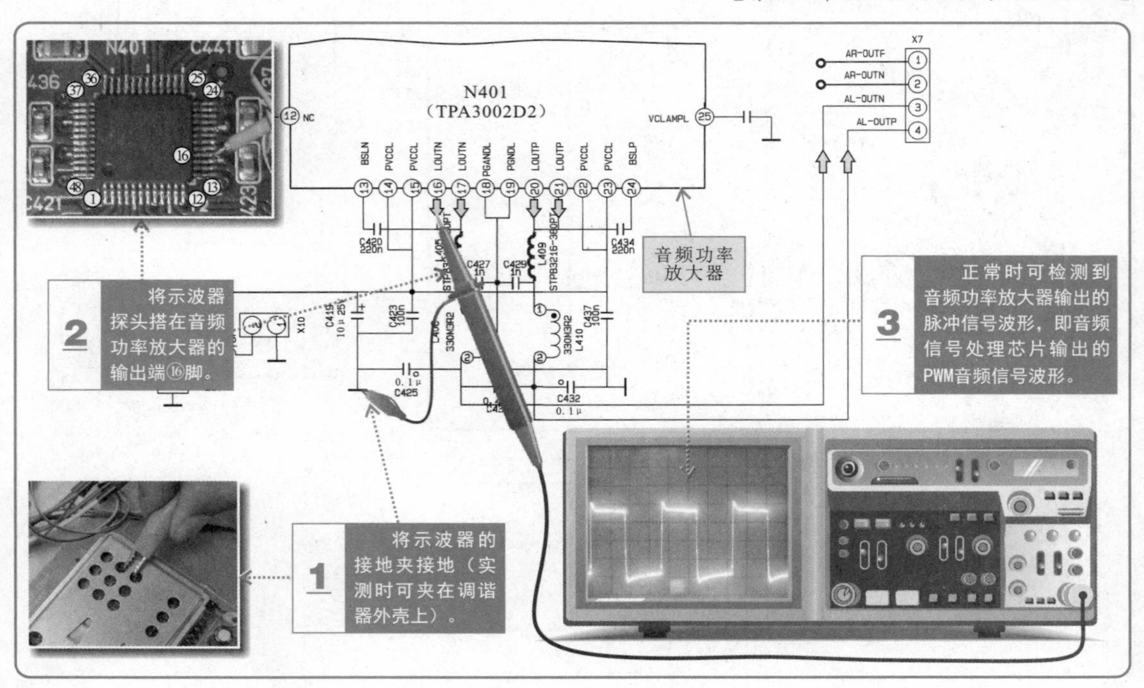

特别提醒

音频功率放大器能够输出数字音频信号和模拟音频信号。音频功率放大器输出音频信号的类型和音频功率放大器本身有关，由于音频功率放大器TPA3002D2为数字音频功率放大器，音频信号在数字功率放大器中进行数字处理和功率放大，经处理后变成PWM脉冲信号，PWM脉冲信号经低通滤波后就恢复成原模拟音频信号，去驱动扬声器，因此直接检测数字音频功率放大器的输出端信号时，测得的为数字音频信号波形，该信号需经后级电感器、电容器进行低通滤波变为模拟音频信号送到扬声器上。

若液晶电视机中采用的为普通（模拟）功率放大器，则在其输出端应能测得模拟的音频信号波形。

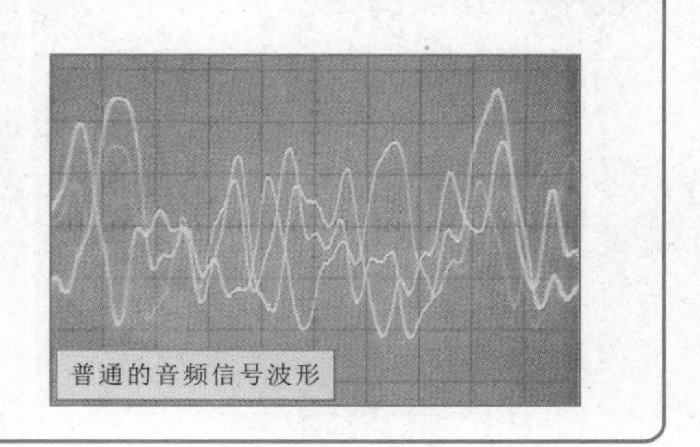

2. 音频功率放大器工作条件的检测方法

若音频信号处理电路无音频信号输出，即音频功率放大器无输出，此时需要对音频功率放大器的工作条件（供电电压）进行检测。

直流供电是音频功率放大器的基本工作条件，若无直流供电电压，即使音频功率放大器本身正常，也将无法工作，因此检修时应对该供电电压进行检测，若供电电压正常，而仍无输出，则需要进行下一步的检测。

【音频功率放大器工作条件的检测方法】

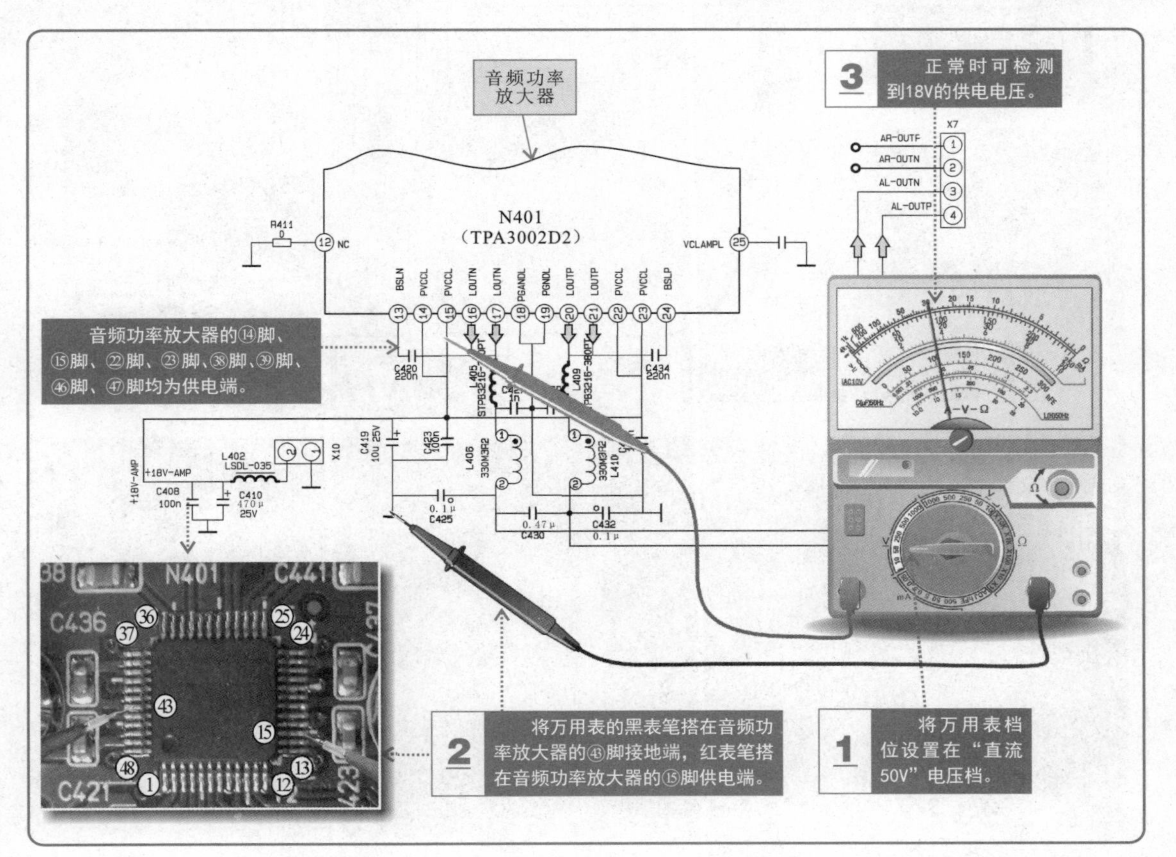

3. 音频信号处理芯片输出信号的检测方法

若音频功率放大器的供电电压正常，而仍无音频信号输出，则应对音频信号处理芯片送来的音频信号进行检测。

若音频信号处理芯片输出的信号正常，即音频功率放大器输入的信号正常，则表明音频功率放大器本身可能损坏；若输入的信号波形不正常，则应继续对其前级电路进行检测。

【音频信号处理芯片输出信号的检测方法】

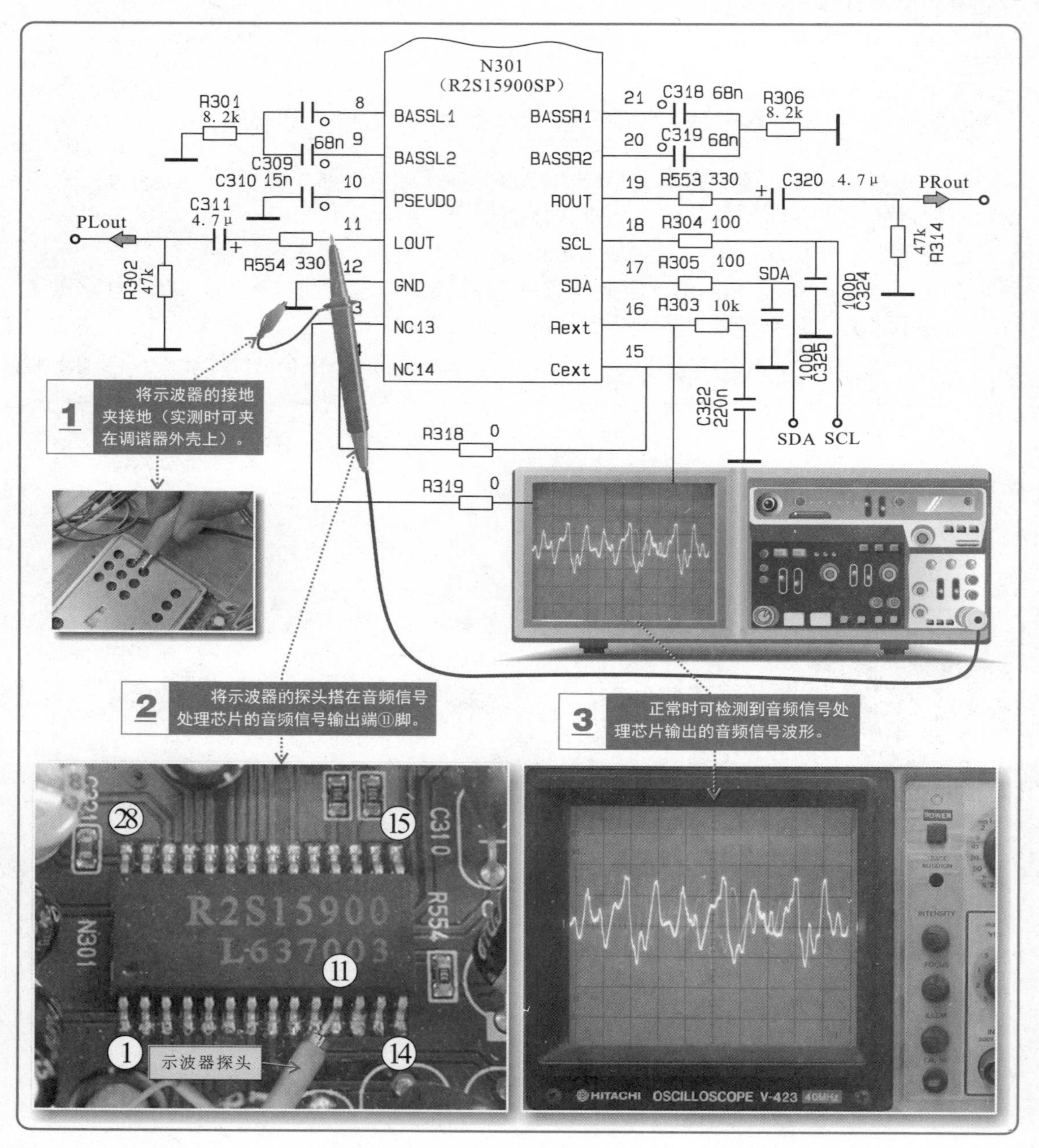

4. 音频信号处理芯片工作条件的检测方法

若音频信号处理芯片无音频信号输出，此时需要对音频信号处理芯片的工作条件（供电电压、I^2C总线控制信号）进行检测，判断音频信号处理芯片的工作条件是否满足需求。

直流供电电压是保证音频信号处理芯片正常工作最基本的条件。若经检测音频信号处理芯片的直流供电电压正常，则表明前级供电电路部分正常，应进一步检测音频信号处理芯片的其他工作条件；若经检测无直流供电或直流供电异常，则应对前级供电电路中的相关部件进行检查，排除故障。

【音频信号处理芯片供电电压的检测方法】

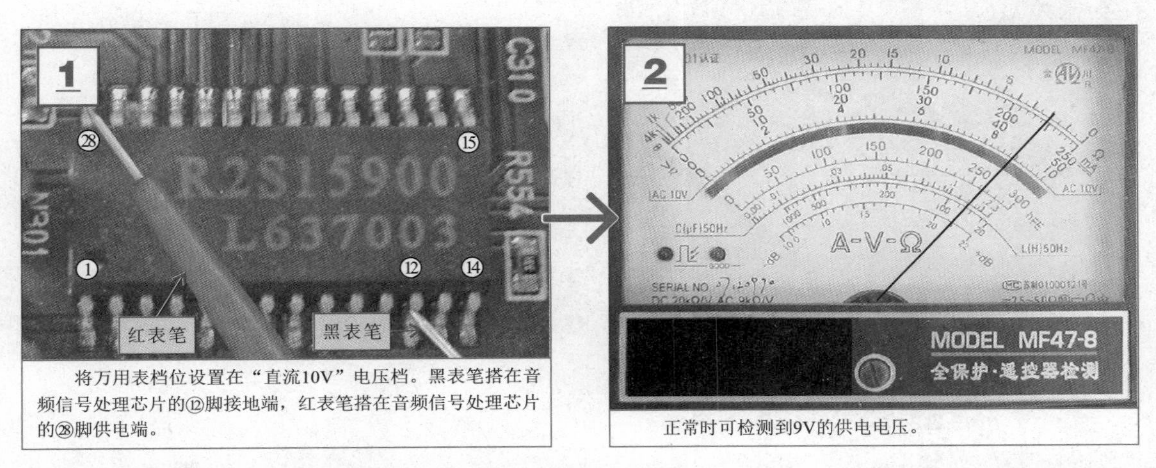

将万用表档位设置在"直流10V"电压档。黑表笔搭在音频信号处理芯片的⑫脚接地端，红表笔搭在音频信号处理芯片的㉘脚供电端。

正常时可检测到9V的供电电压。

音频信号处理芯片的工作条件除了需要供电电压外，还需要微处理器提供的I^2C总线控制信号才可以正常工作，因此当音频信号处理芯片无音频信号输出时，还应对I^2C总线控制信号进行检测。

若经检测I^2C总线控制信号正常，则表明微处理器输出的I^2C总线控制信号条件能够满足。若I^2C总线控制信号异常，则应进一步检测前级控制电路。

【音频信号处理芯片I^2C总线控制信号的检测方法】

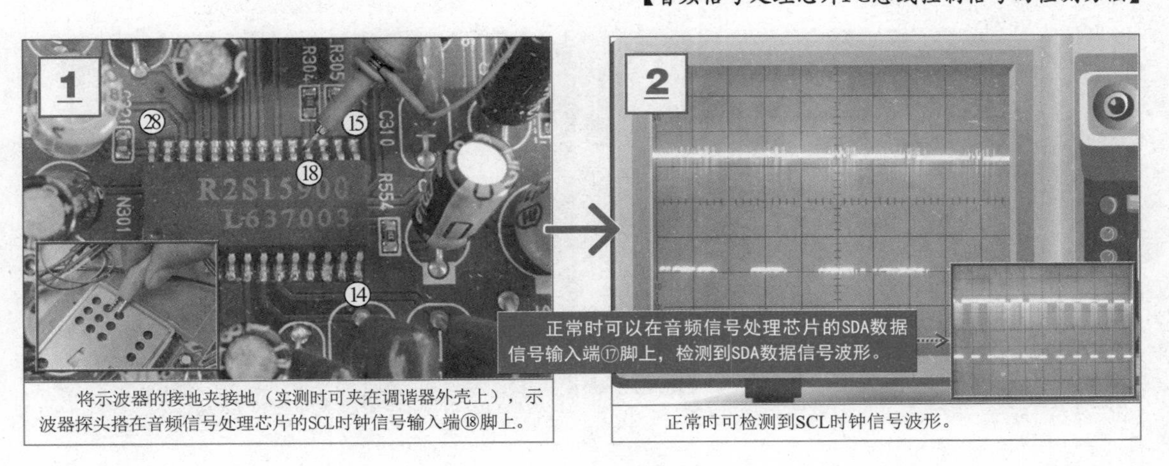

将示波器的接地夹接地（实测时可夹在调谐器外壳上），示波器探头搭在音频信号处理芯片的SCL时钟信号输入端⑱脚上。

正常时可检测到SCL时钟信号波形。

5. 音频信号处理芯片输入信号的检测方法

若音频信号处理芯片的各工作条件均正常，而仍无音频信号输出，则应对音频信号处理芯片输入的音频信号进行检测。

若音频信号处理芯片输入的音频信号正常，且工作条件也能够满足，而输出端仍无音频信号输出，则表明音频信号处理芯片本身可能损坏；若输入的音频信号波形不正常，则应继续对其前级电路进行检测。

【音频信号处理芯片输入信号的检测方法】

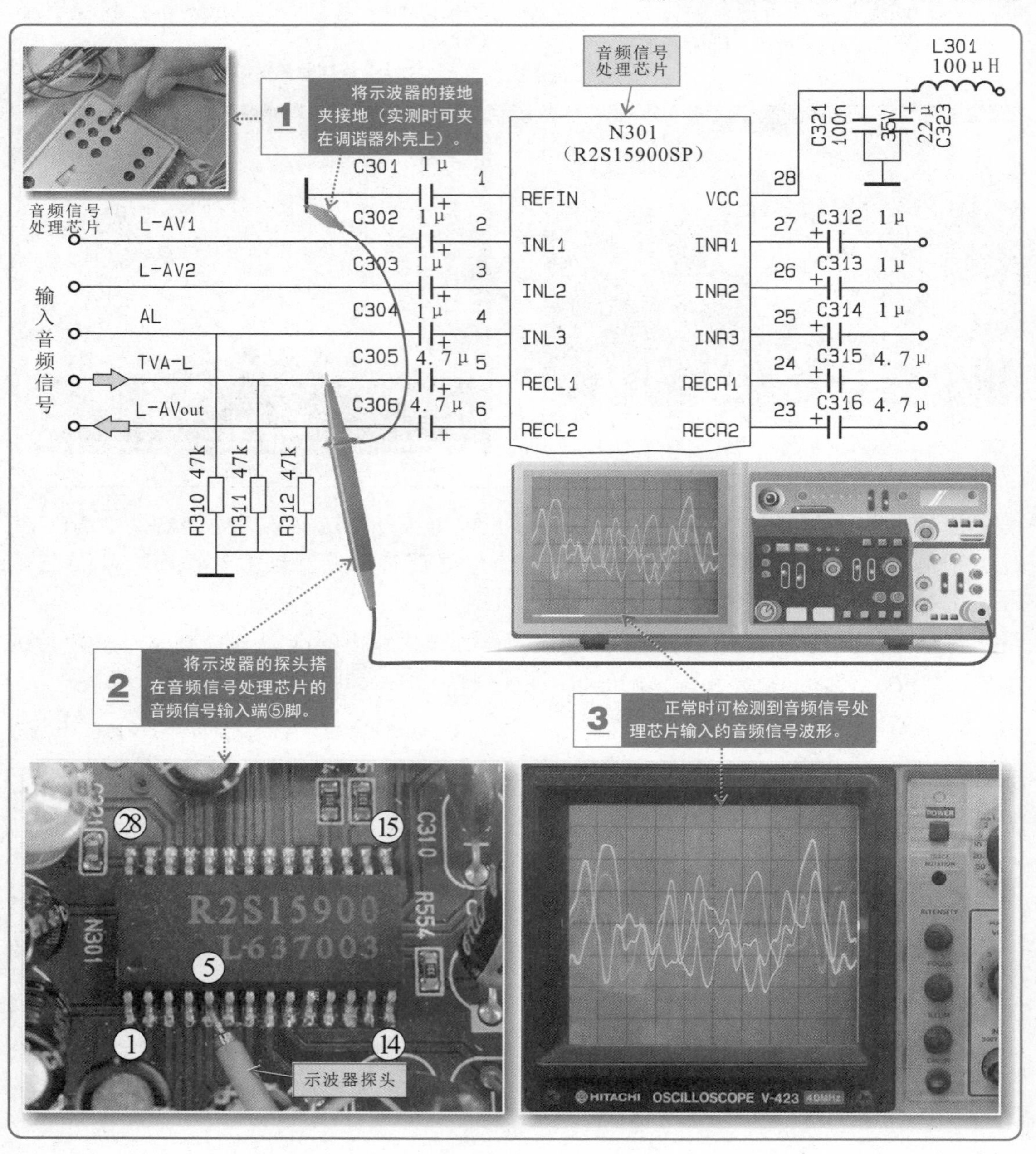

第7章

液晶电视机开关电源电路的检修方法

7.1 开关电源电路的结构和工作原理

开关电源电路主要用来为液晶电视机各单元电路和元器件提供工作电压，保证液晶电视机正常开机、显示图像和播放声音。该电路通常位于液晶电视机内部的一侧，安装在电路支撑架上，是液晶电视机中非常重要的能源供给电路。

【开关电源电路的安装位置】

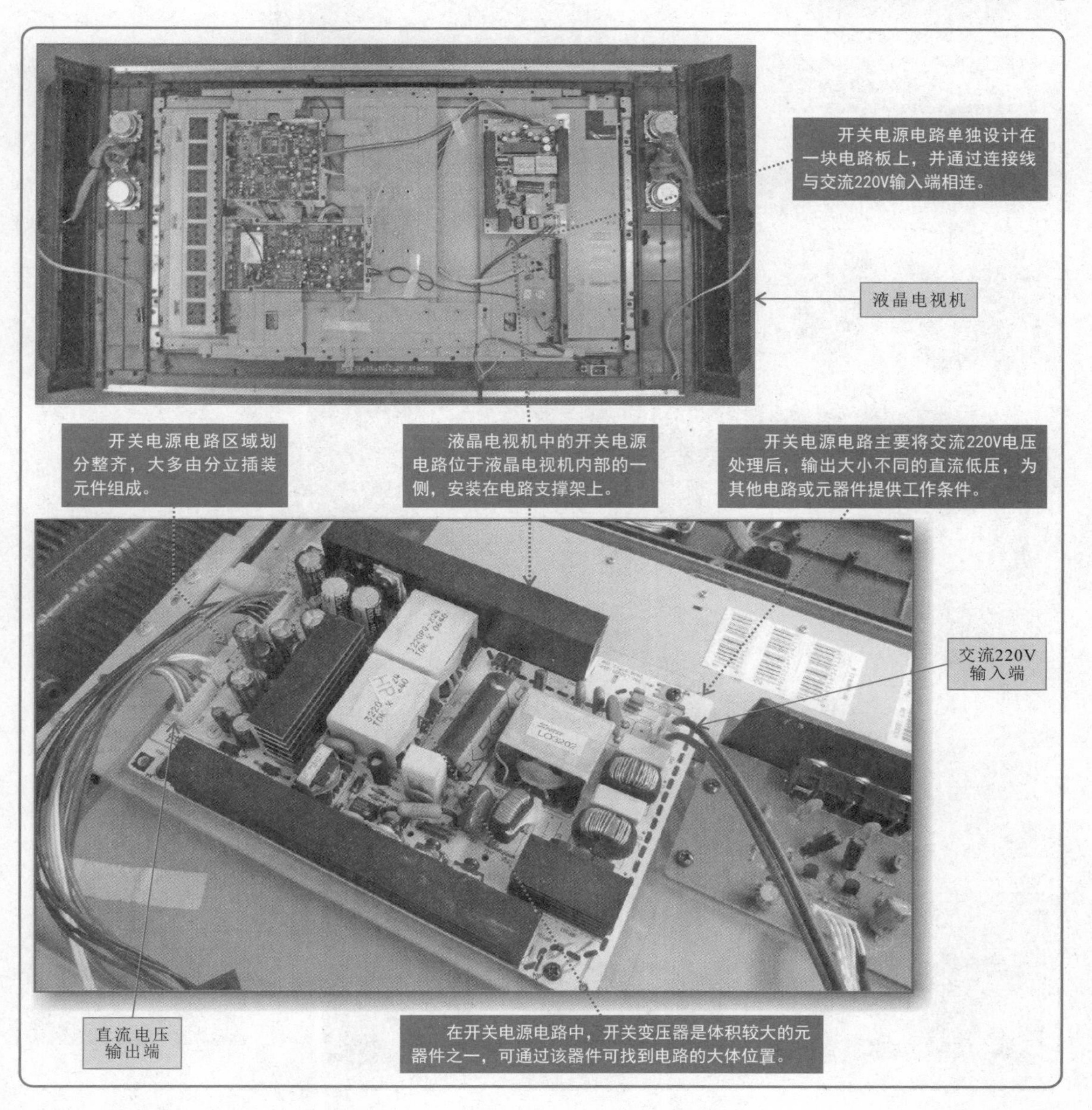

7.1.1 开关电源电路的结构

一般来说，液晶电视机的开关电源电路主要是由熔断器、互感滤波器、桥式整流堆、滤波电容器、开关晶体管、开关振荡集成电路、开关变压器以及整流元器件等组成的。接下来，对开关电源电路各组成部件进行深入的学习。

【开关电源电路的结构】

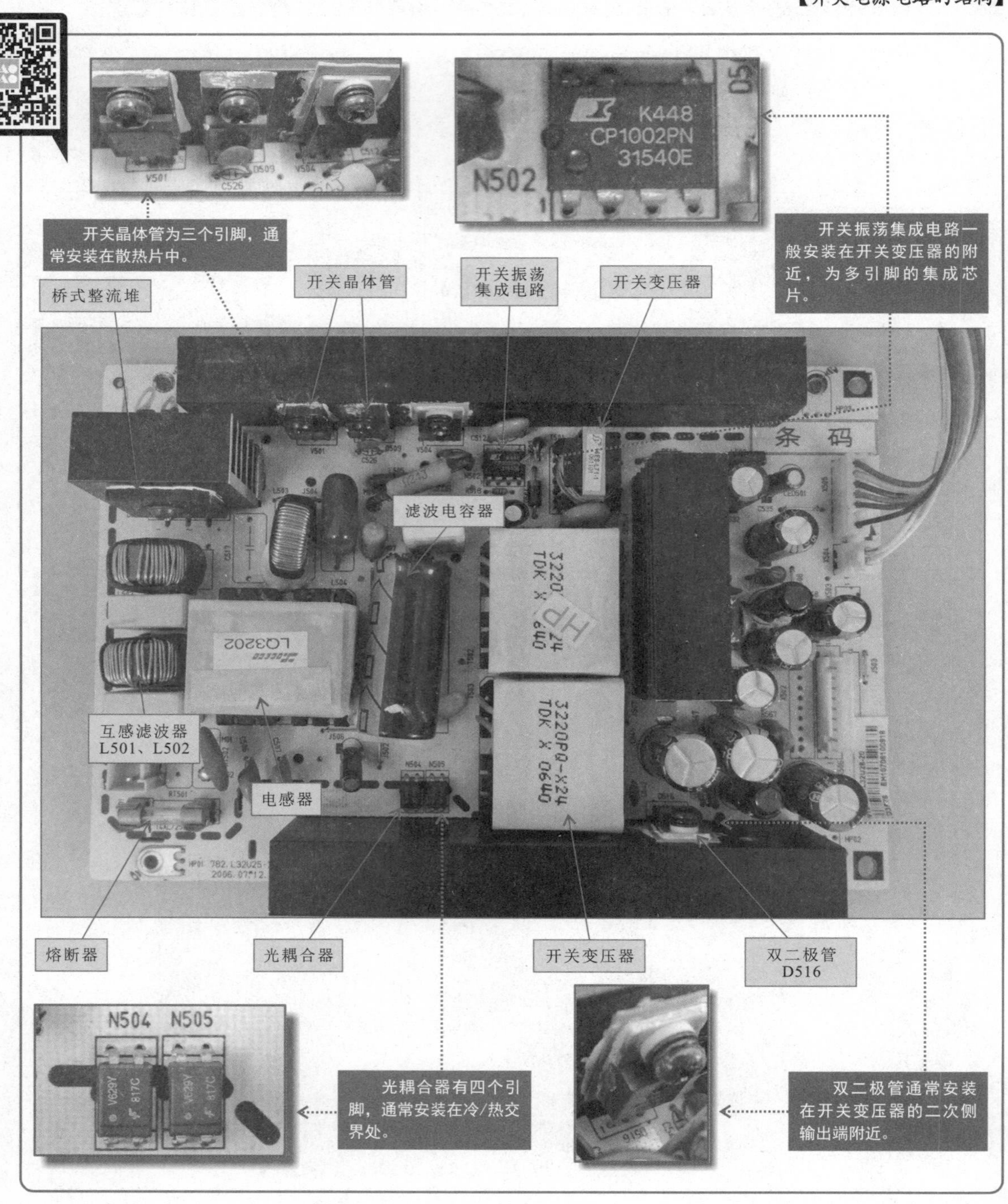

1. 熔断器

当液晶电视机的电路发生故障或异常时，电流会不断升高，而过高的电流有可能损坏电路中的某些重要元器件，甚至可能烧毁整个电路。熔断器会在电流异常升高到一定强度时，靠自身熔断来切断电路，从而起到保护电路安全的目的。

【熔断器的实物外形】

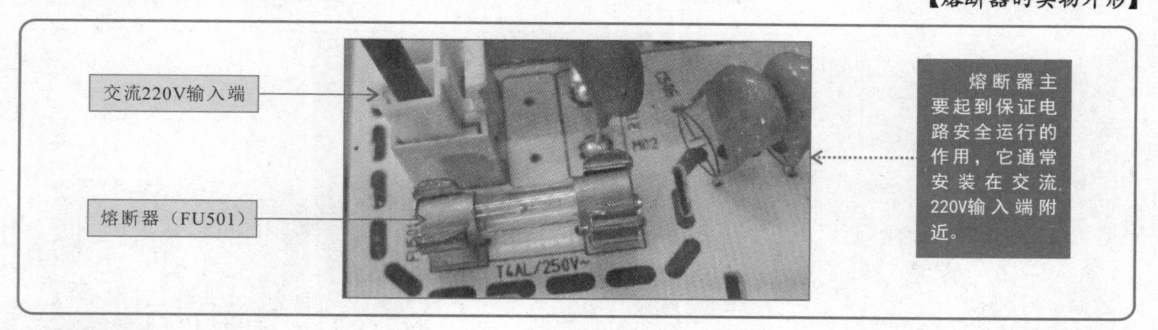

2. 互感滤波器

互感滤波器是由两组线圈在铁心上绕制而成的。

【互感滤波器的实物外形】

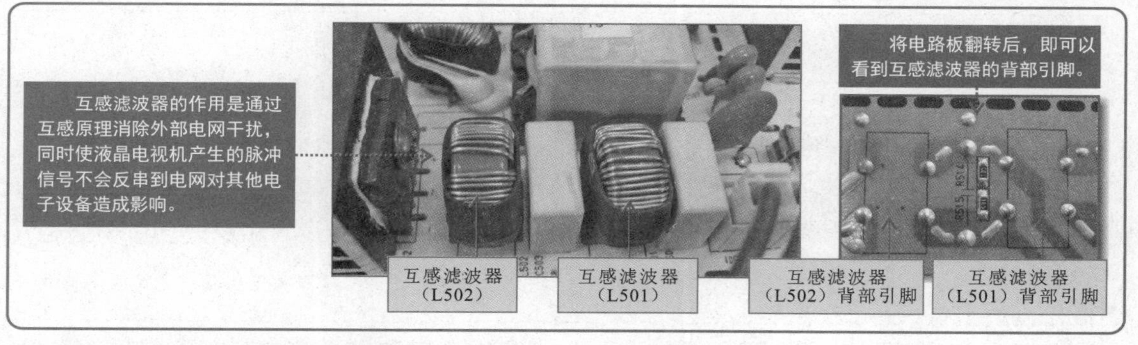

3. 桥式整流堆

桥式整流堆主要用来将交流220V电压整流为直流300V电压输出，它的内部由四个整流二极管构成，外部有四个引脚，其中两个引脚为交流输入端，另两个引脚为直流输出端。

【桥式整流堆的实物外形】

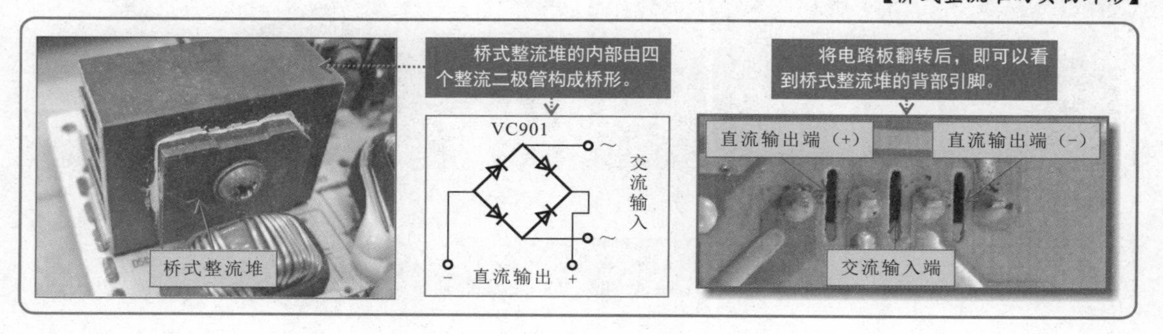

4. +300V滤波电容器

交流220V电源经桥式整流堆整流后输出的是脉动直流电压，波动较大，需要用电量较大的电解电容进行平滑滤波，使脉动直流电压变成约300V的稳定直流电压。

【+300V滤波电容器的实物外形】

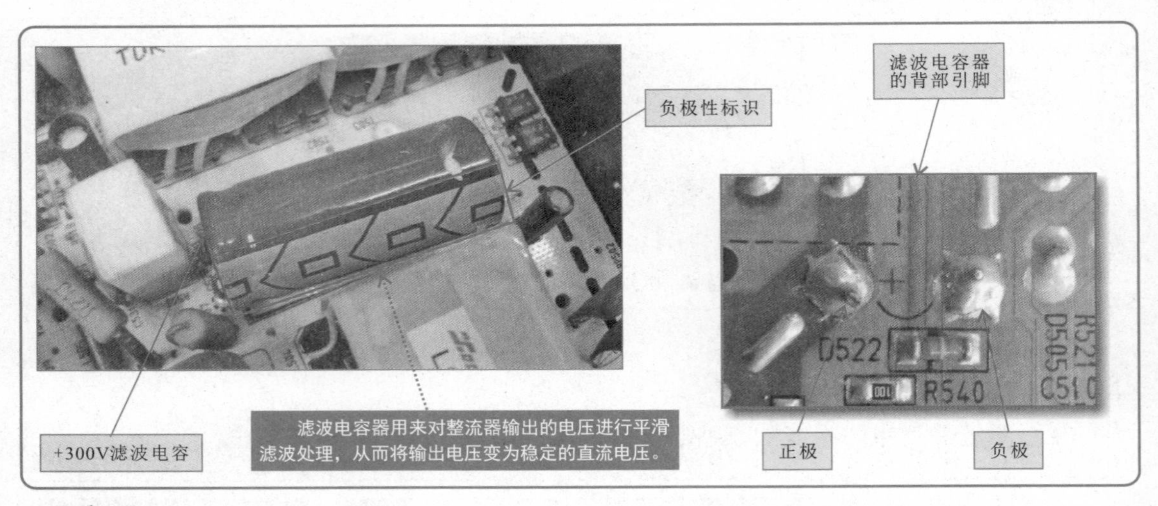

5. 开关振荡集成电路

在下图所示的开关电源电路中，分别采用两个开关振荡集成电路（N501、N502）为开关晶体管和开关变压器提供驱动信号。其中，主开关振荡集成电路N501具有16个引脚，内部还集成有功率因数校正电路，而副开关振荡集成电路N502具有8个引脚，用于产生5V待机电压。

【开关振荡集成电路的实物外形】

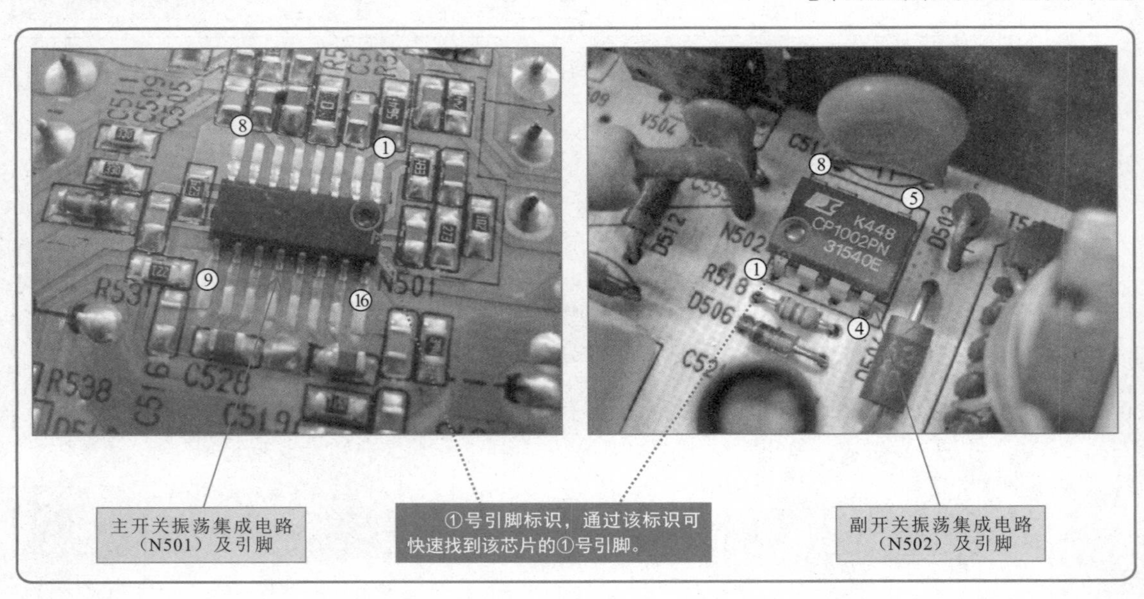

6. 开关晶体管

开关晶体管主要用来放大开关脉冲信号，以驱动开关变压器工作。开关晶体管的三个引脚分别为漏极（D）、栅极（G）和源极（S）。

【开关晶体管的实物外形】

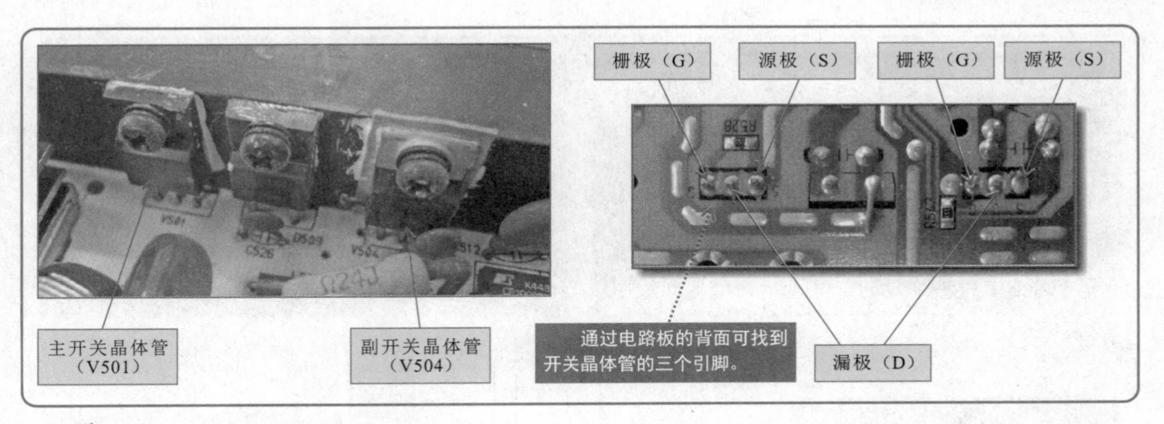

7. 开关变压器

开关变压器体积较大，通常具有多个绕组，它是将高频高压脉冲变成多组高频低压脉冲的器件。开关变压器是开关电源电路中具有明显特征的器件，它的一次绕组是开关振荡电路的一部分，二次绕组输出的开关脉冲信号经整流、滤波后变成多路直流电压。

【开关变压器的实物外形】

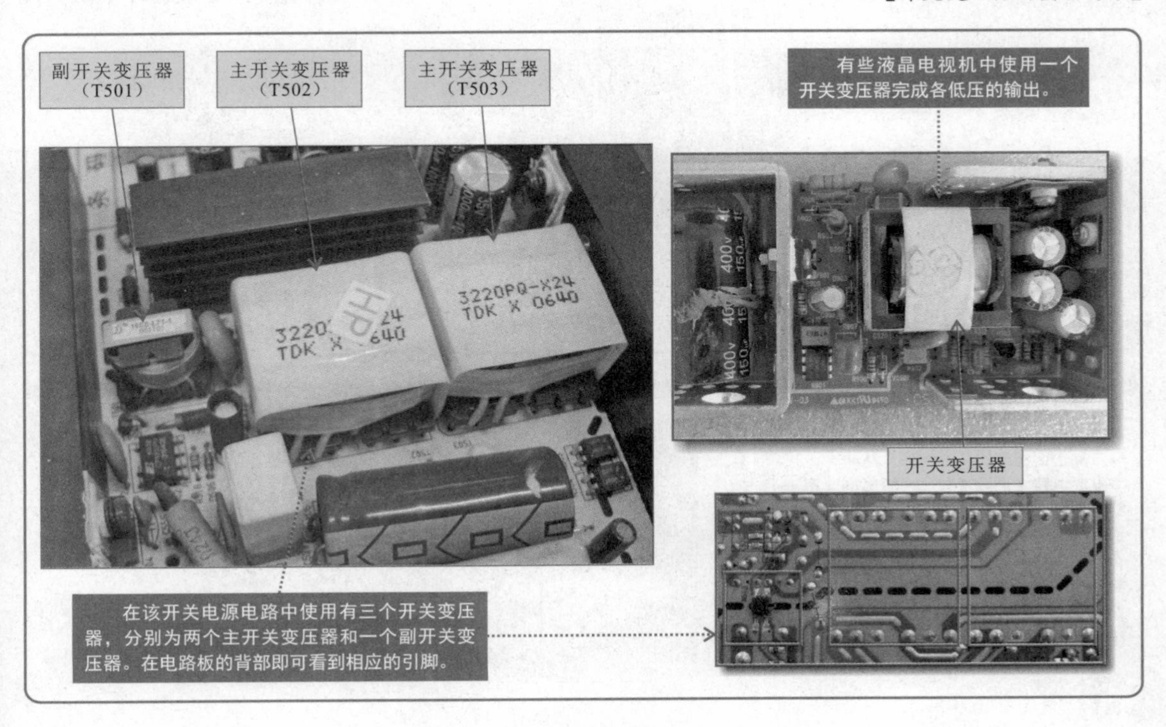

8. 光耦合器

光耦合器用于将开关电源电路输出电压的误差信号反馈到开关振荡集成电路中，起到传递信号的作用，其采用光电变换传输且有电气隔离的作用。

【光耦合器的实物外形】

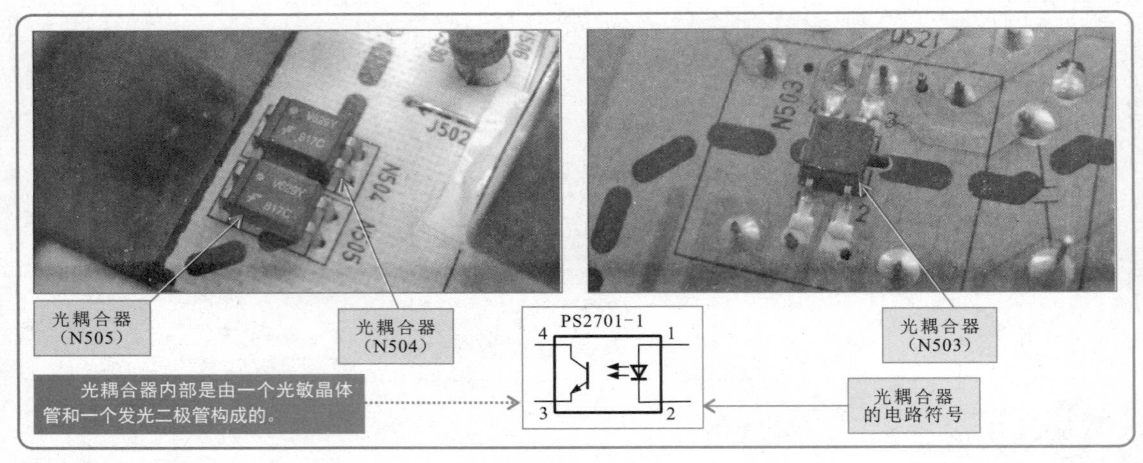

9. 误差检测放大器

误差检测放大器主要用来对误差检测信号进行检测和放大，并将该信号送到光耦合器中。

【误差检测放大器的实物外形】

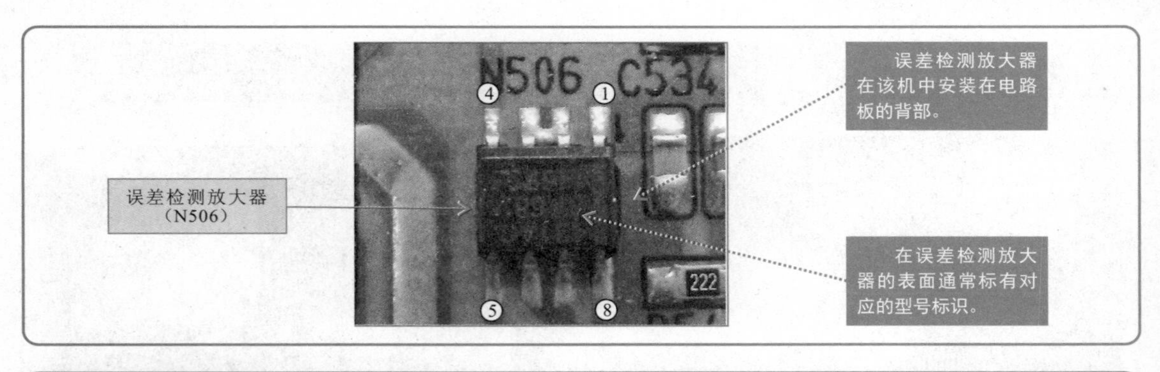

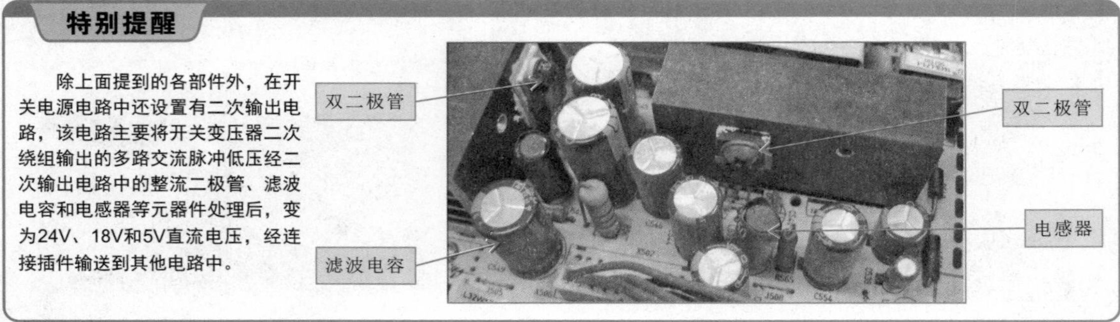

7.1.2 开关电源电路的工作原理

开关电源电路是将市电交流220V电压经整流、滤波后变成直流电压，然后再经开关振荡电路变成高频脉冲，该脉冲信号再经降压、整流、滤波后输出多路直流低压，为液晶电视机的其他功能电路供电。

【开关电源电路的流程框图】

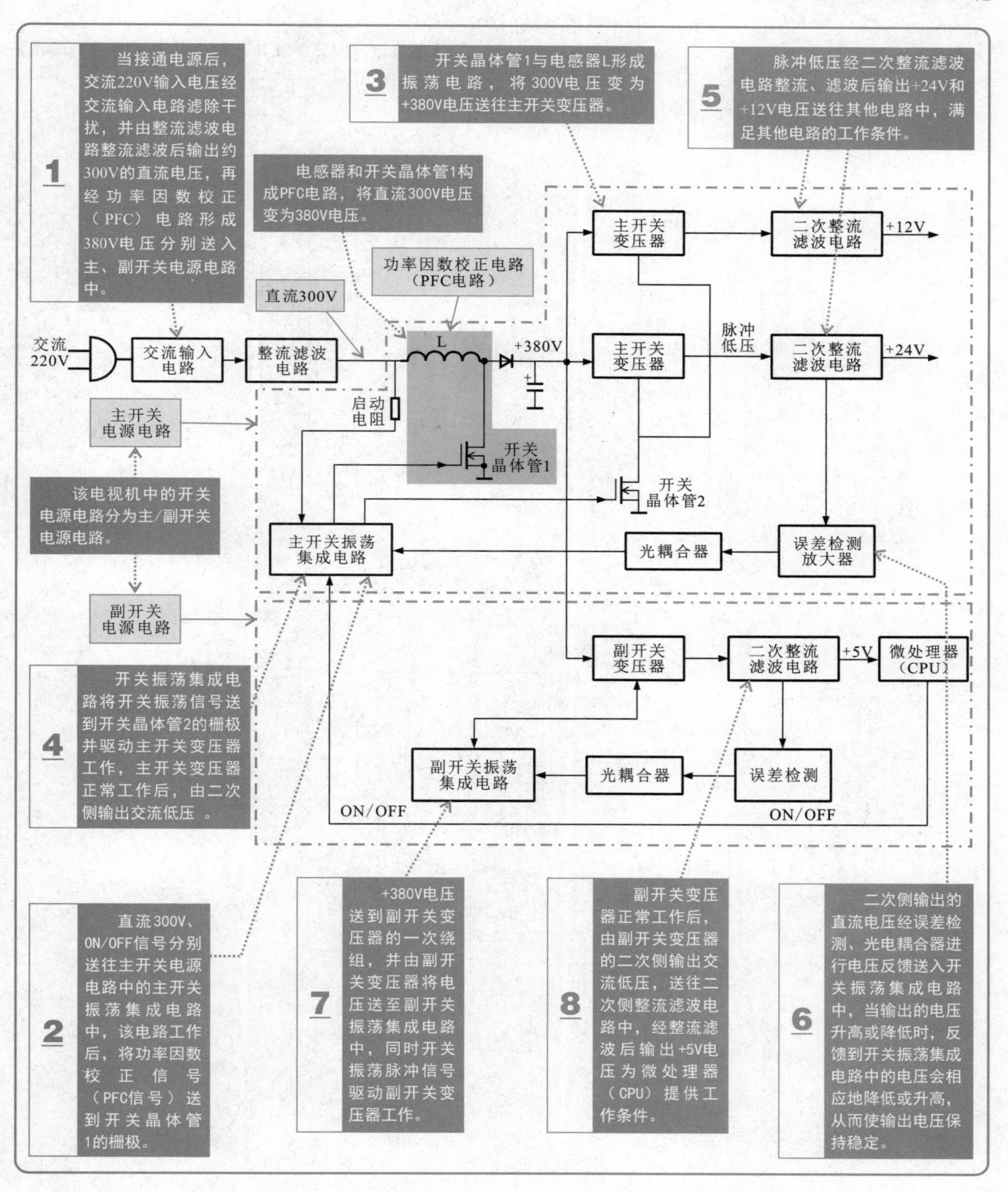

1. 厦华LC32U25型液晶电视机开关电源电路

厦华LC32U25型液晶电视机开关电源电路主要由熔断器FU501，互感滤波器L501、L502，桥式整流堆D502，主开关变压器T502、T503，副开关变压器T501，主开关振荡集成电路N501，副开关振荡集成电路N502，开关晶体管V501、V504，误差检测放大器N506，光耦合器N503、N504、N505等部分构成。

【厦华LC32U25型液晶电视机的开关电源电路图】

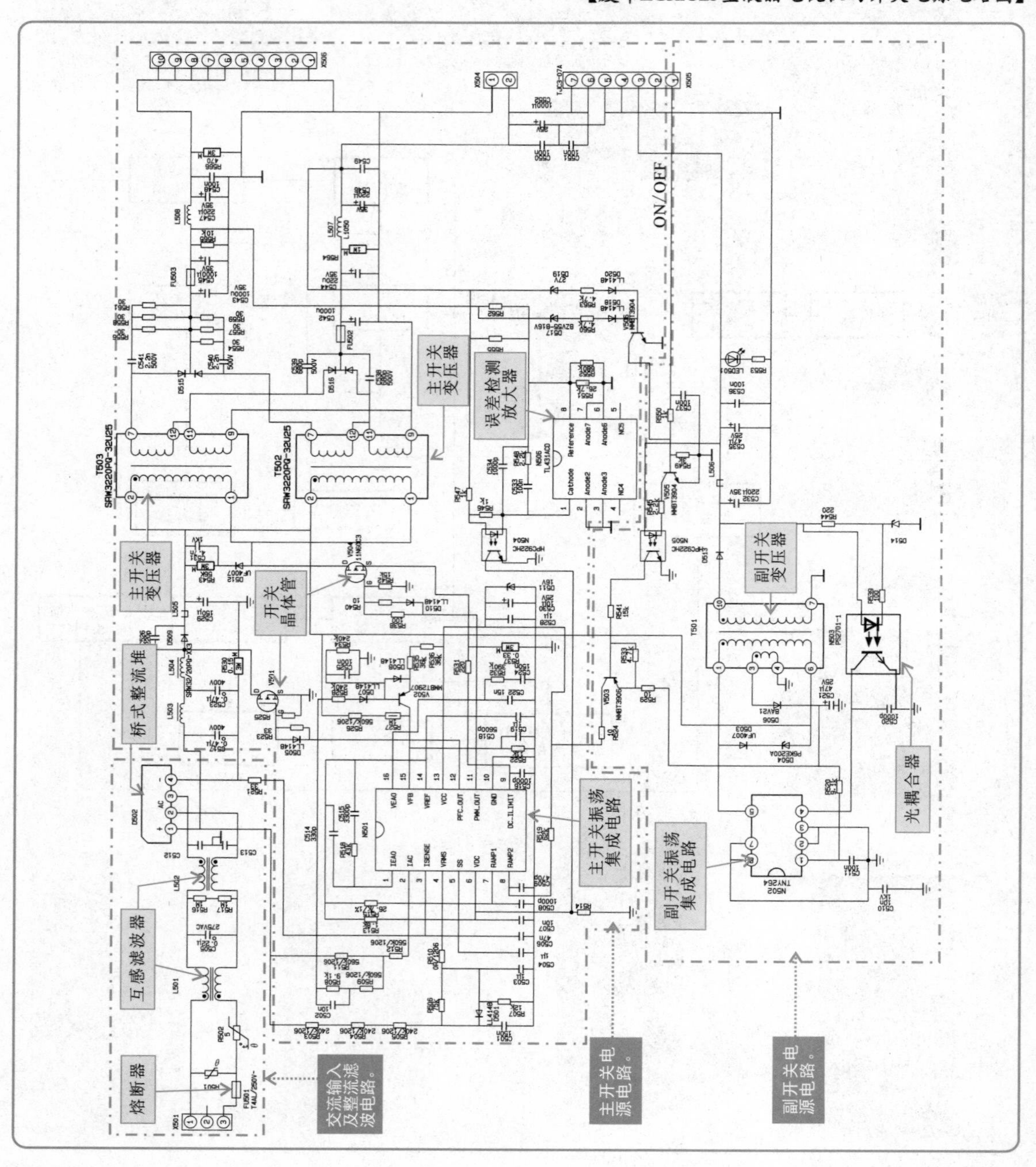

由于该液晶电视机的开关电源电路较为复杂，在对其进行分析时，可将该开关电源电路划分成3个部分，即交流输入及整流滤波电路、副开关电源电路、主开关电源电路，然后分别对其进行分析。

【交流输入及整流滤波电路的分析】

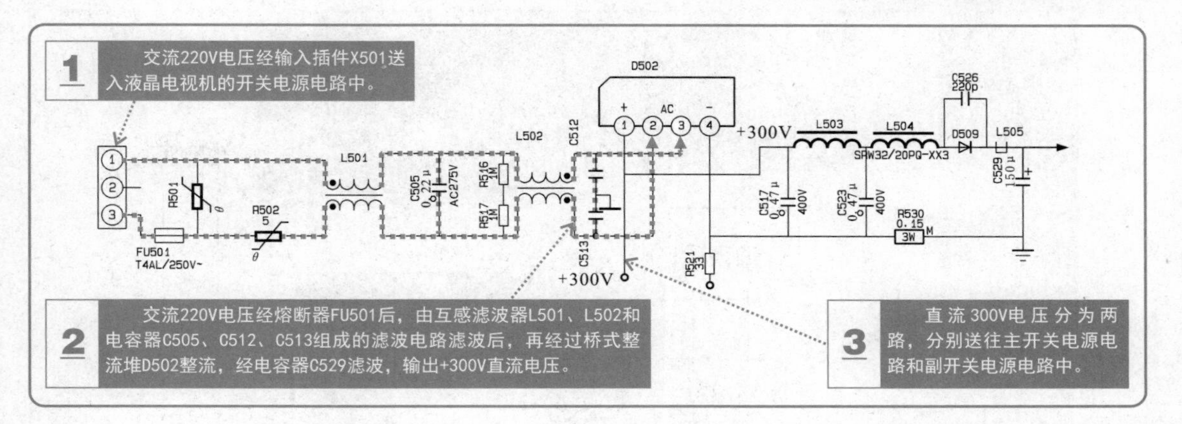

【副开关电源电路的分析】

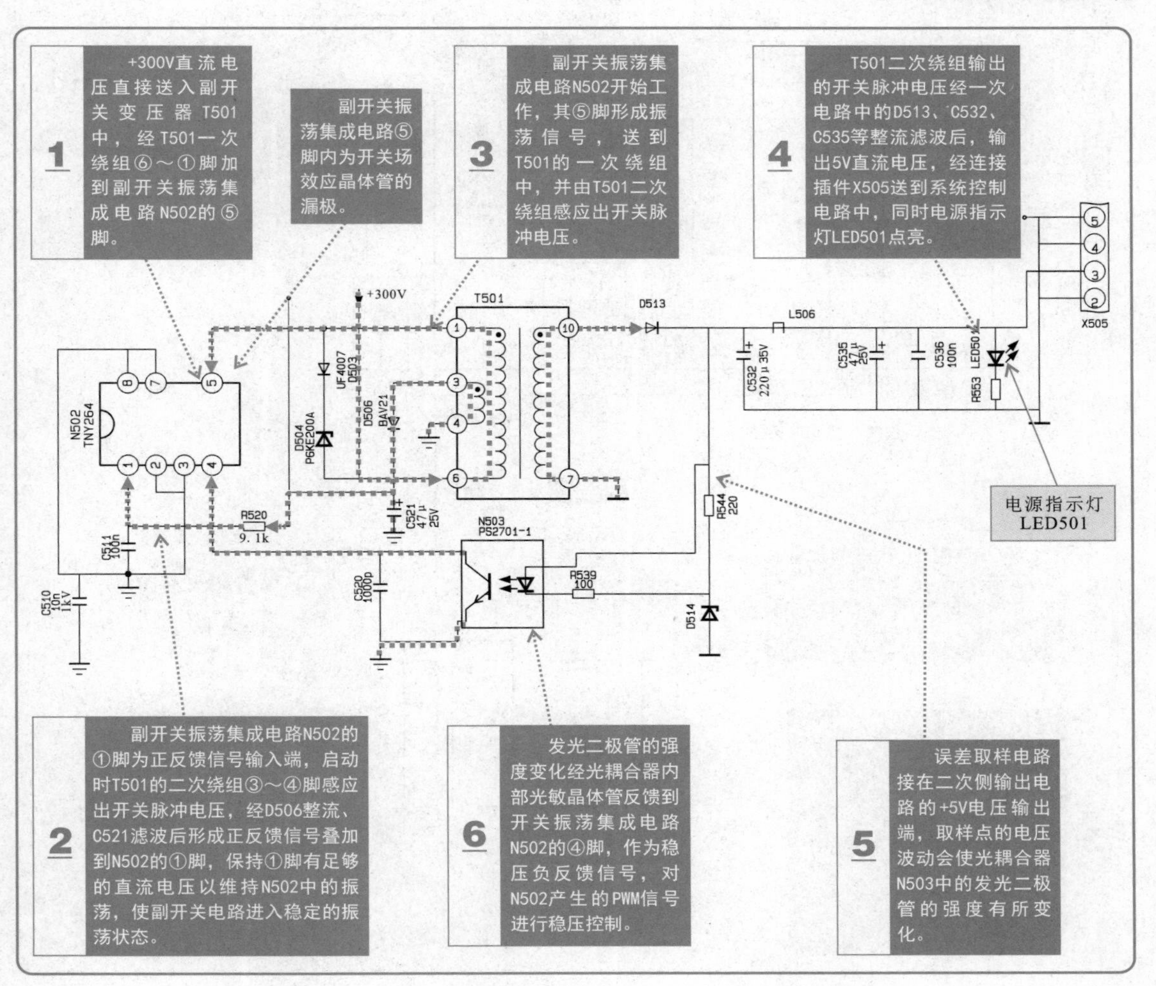

厦华LC32U25型液晶电视机主开关电源电路与副开关电源电路相比较复杂，我们将主开关电源电路分为开关振荡电路、二次侧输出电路、误差检测电路3部分进行分析。

【开关振荡电路的分析】

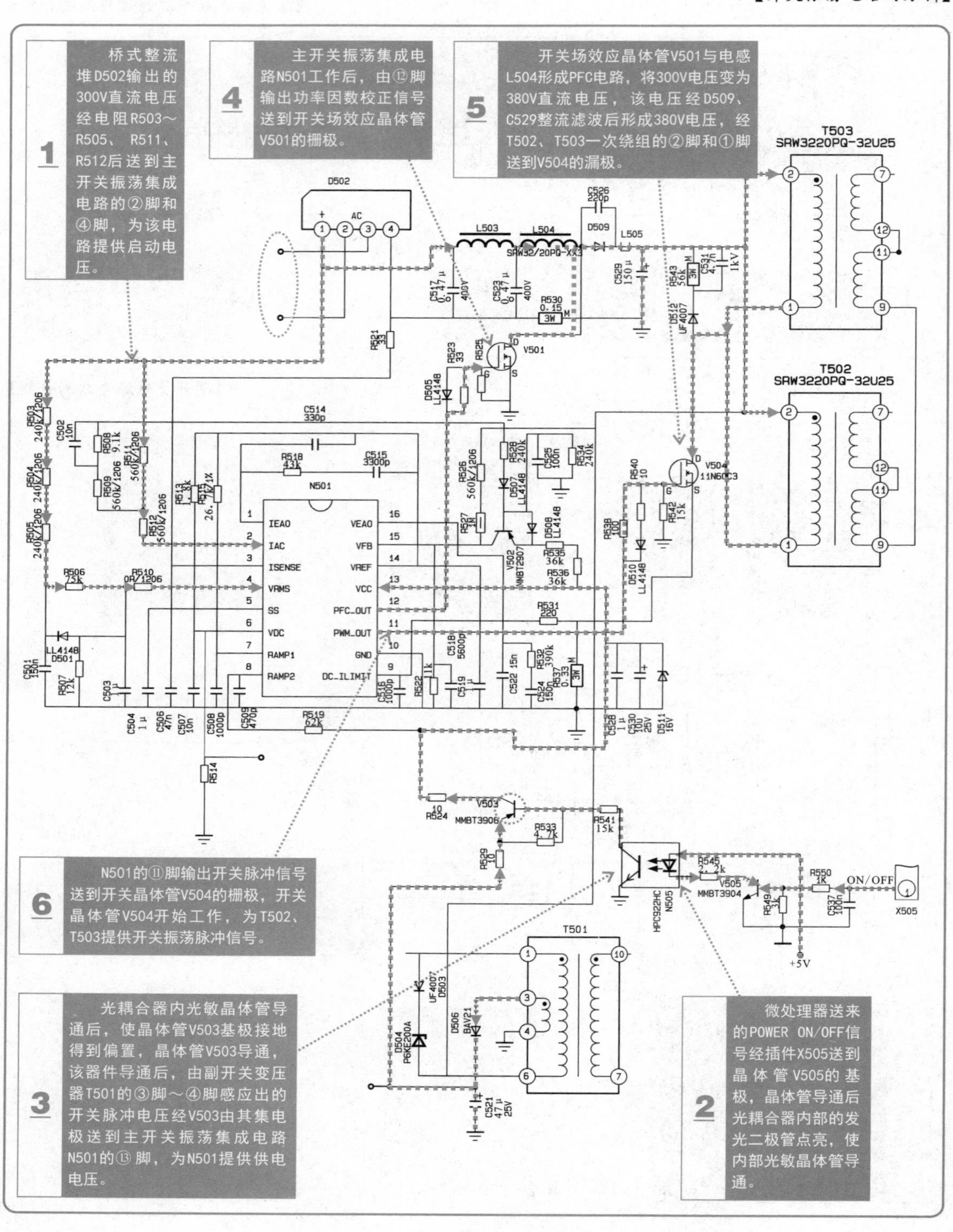

【二次侧输出电路的分析】

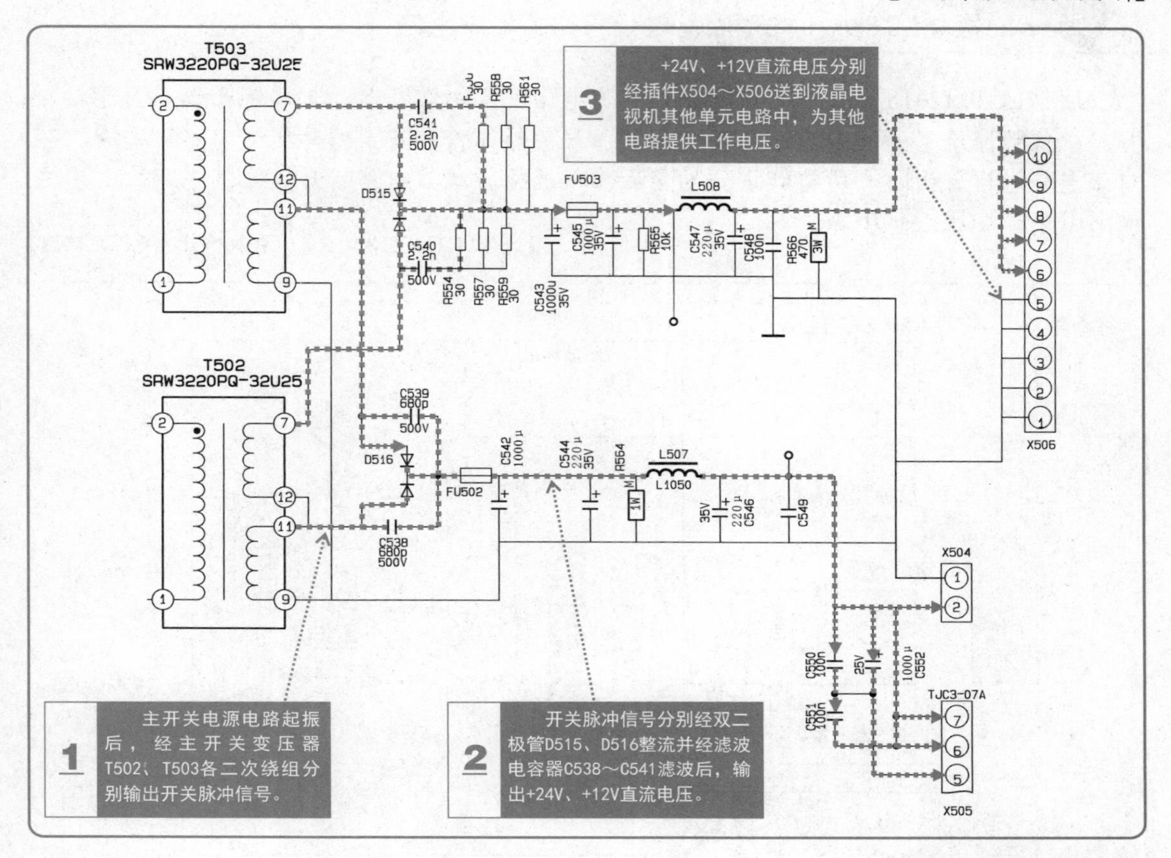

【误差检测电路的分析】

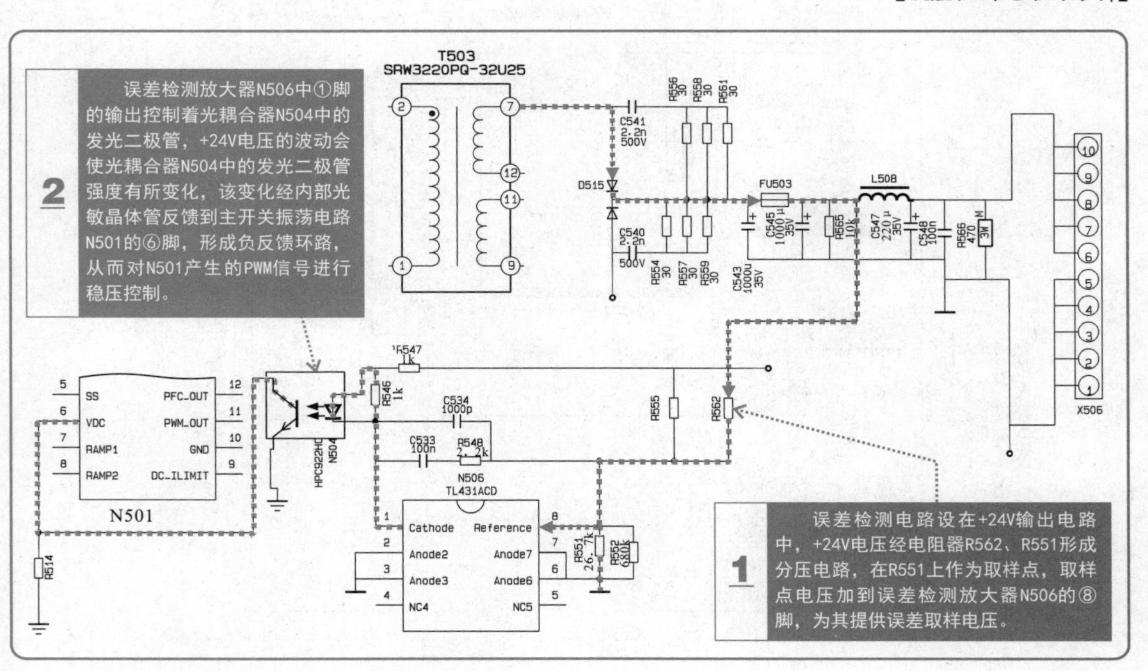

2. 康佳LCTM2018型液晶电视机开关电源电路

康佳LCTM2018型液晶电视机开关电源电路主要由熔断器、热敏电阻器、互感滤波器、桥式整流堆、滤波电容、开关变压器、开关晶体管和开关振荡集成电路等构成。在对该电路进行分析时，可将其划分为交流输入及整流滤波电路、开关振荡电路、二次侧输出电路和稳压控制电路。

【康佳LCTM2018型液晶电视机的开关电源电路图】

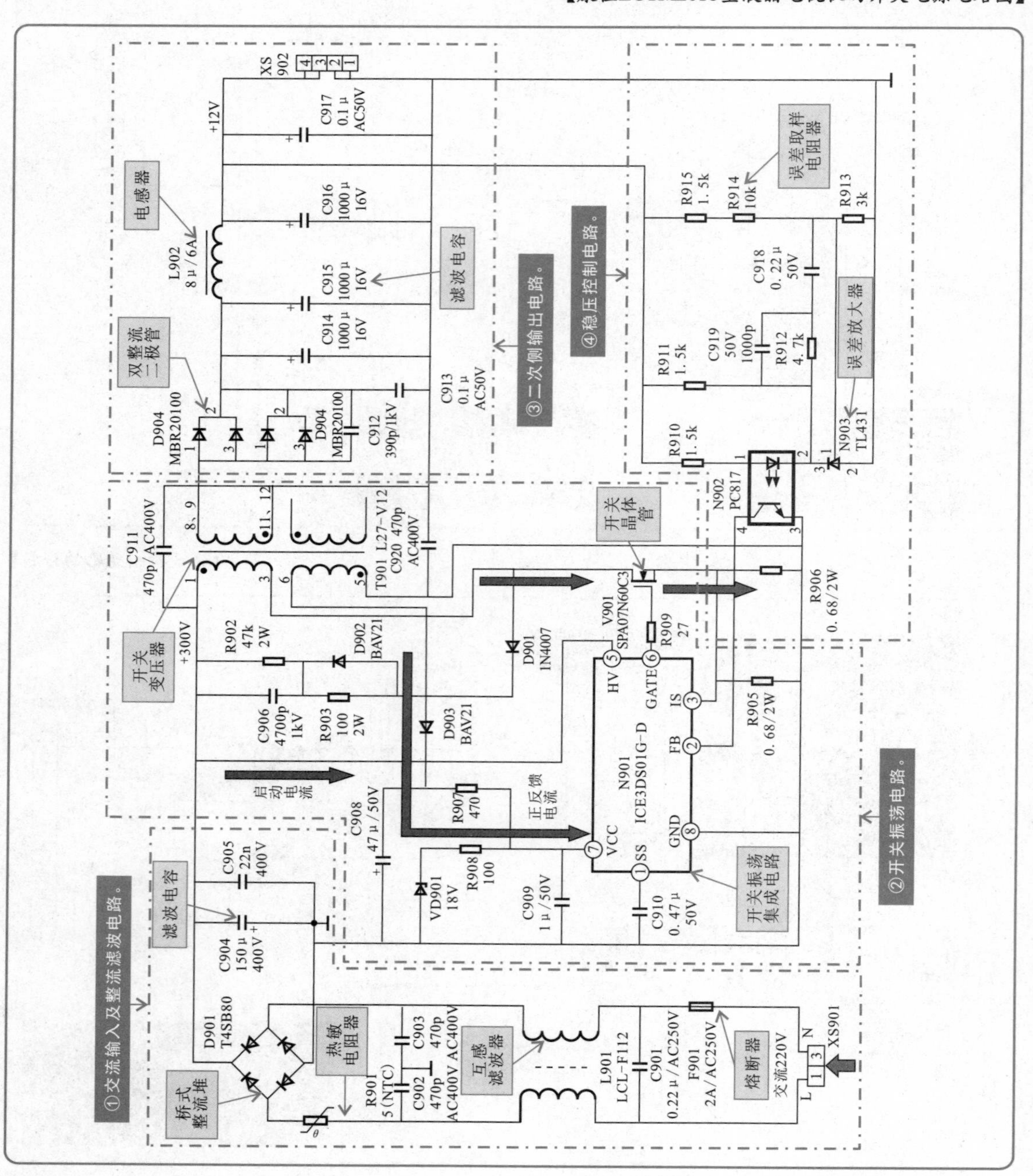

【交流输入及整流滤波电路的分析】

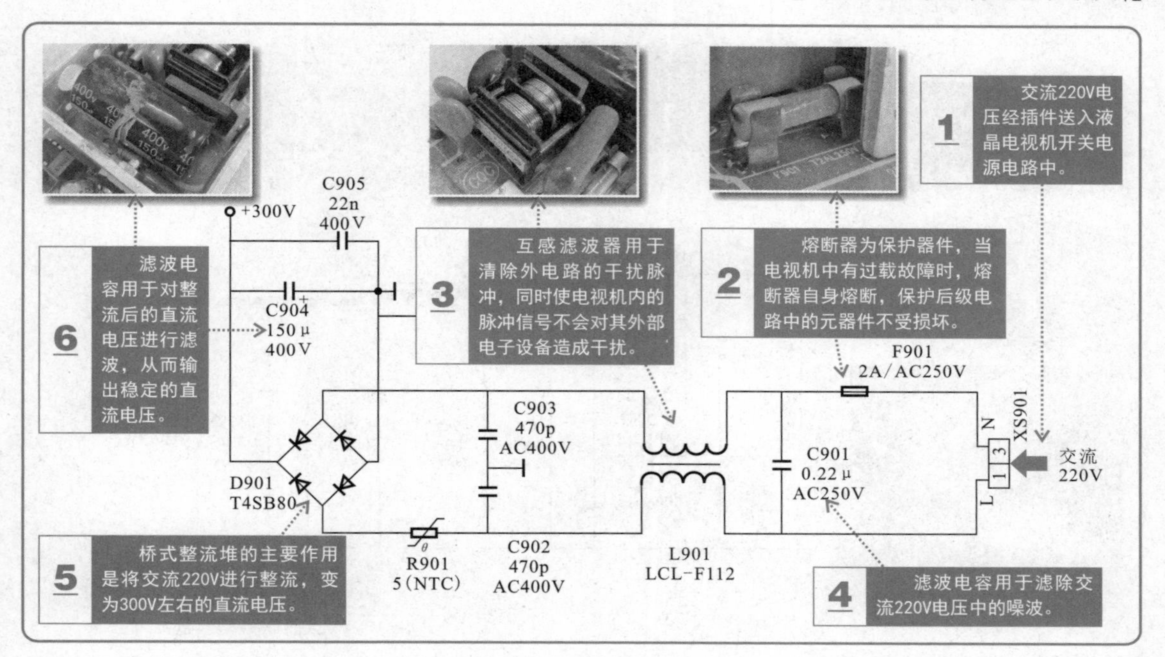

【开关振荡电路的分析】

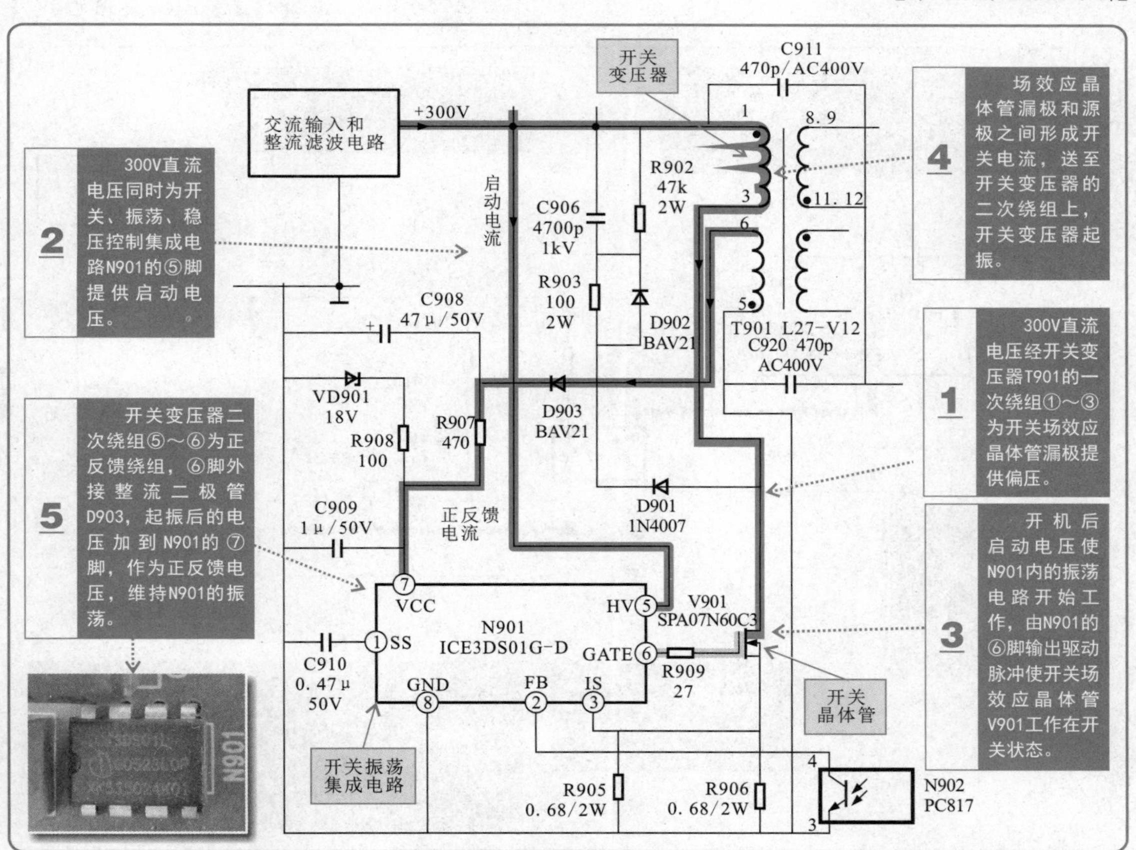

【二次侧输出电路的分析】

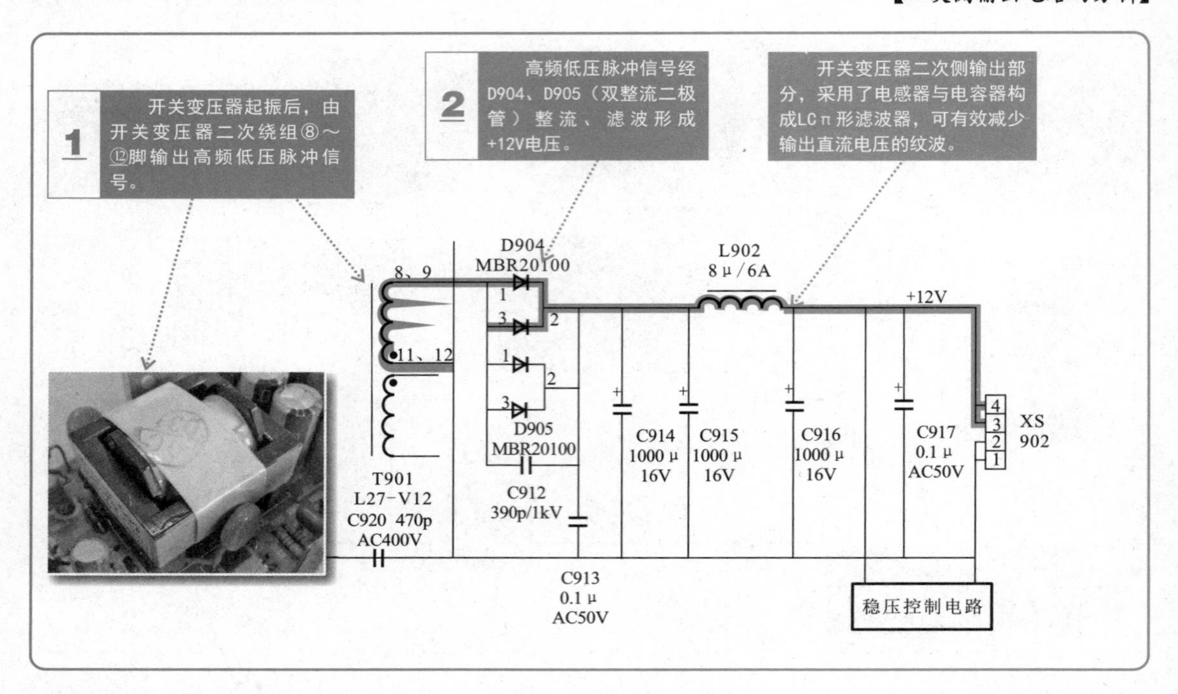

【稳压控制电路的分析】

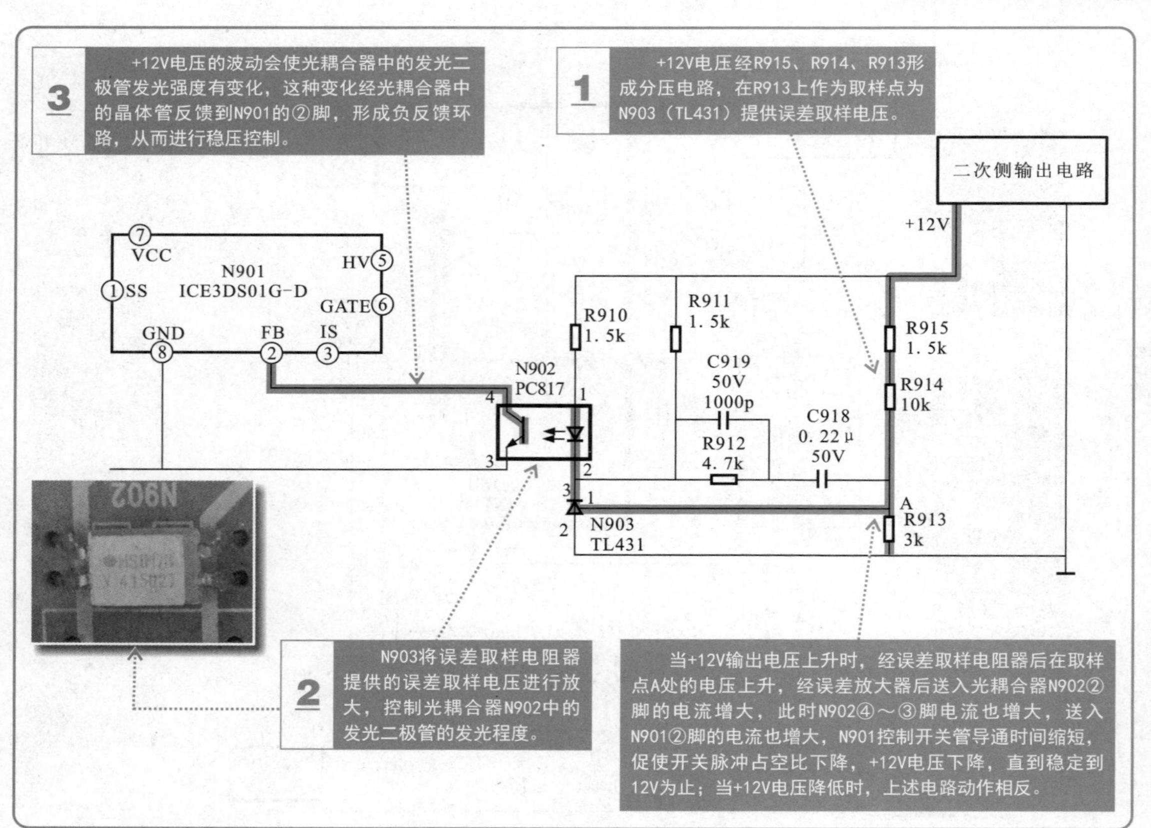

7.2 开关电源电路的检修方法

7.2.1 开关电源电路的检修指导

开关电源电路出现故障经常会引起液晶电视机出现花屏、黑屏、屏幕有杂波、通电无反应、指示灯不亮、无声音、无图像或无光栅等现象，对该电路进行检修时，可依据故障现象分析出引起故障的原因，并根据开关电源电路的信号流程对可能产生故障的部位逐一进行排查。

【开关电源电路的检修指导图】

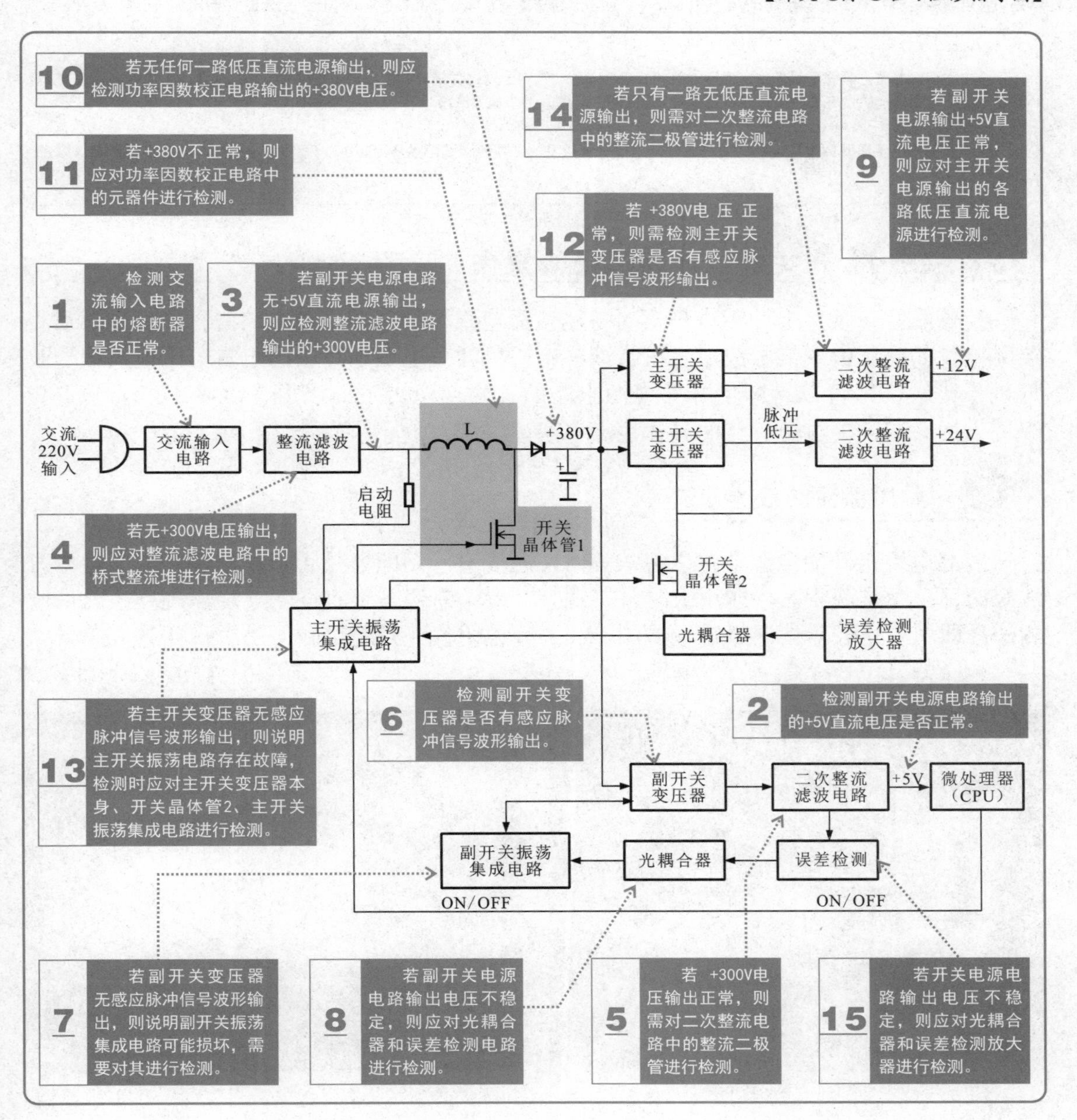

特别提醒

液晶电视机中的开关电源电路产生故障时，可先对主要元器件进行检查，看有无明显损坏的迹象，然后根据电视机的主要故障现象，如花屏、开机黑屏、白屏、屏幕上有杂波干扰、通电无反应等，有针对性地进行排查：

- 花屏

液晶电视机花屏的主要原因是：二次输出滤波电容漏电，造成主信号处理和控制电路板供电不足，供电电压低、电流小，主信号处理和控制电路板不能够正常工作，输出的信号不正常，最终造成图像还原不正常，引起花屏故障。

- 开机黑屏

① 指示灯不亮，有黑屏现象

出现这种故障，首先应检查有无脱焊、烧焦、接插件松动的现象，然后测量24V、12V及5V电压是否正常，如果不正常，可根据检修流程逐一排查。

② 指示灯亮，有黑屏现象

出现这种故障，首先应检测5V电压是否正常，因为主信号处理和控制电路板的工作电压是5V，所以查找不能开机的故障时，应先用万用表测量5V电压。接着检测24V电压是否正常，即检测逆变器电路部分是否有正常的电压，因为逆变器电路不正常，也会导致黑屏现象的出现。

- 屏幕上有杂波干扰

液晶显示器屏幕上满屏干扰条纹，但开机时间长后会有所改善。出现这种情况的主要原因是电源电路二次侧输出滤波电容失效。滤波电容不良会引起供给电压不足，也使主信号处理和控制电路板电压受到影响，最终导致屏幕上出现杂波干扰的现象。

- 通电无反应

通电无反应主要是开关电源电路方面的故障，出现这种情况的主要原因是熔丝烧断、300V滤波电容损坏、开关晶体管损坏以及开关集成电路烧坏。

7.2.2 开关电源电路的检修操作

检修时，可使用专业测试仪器对待测液晶电视机的开关电源电路进行检测，然后将实际检测的电压值或信号波形与正常液晶电视机开关电源电路中的正常电压值或信号波形进行比较，即可以判断出开关电源电路的故障部位。下面以厦华LC32U25型液晶电视机为例介绍开关电源电路的具体检测方法。

1. 熔断器的检测方法

液晶电视机开关电源电路出现故障时，应先查看熔断器是否损坏。熔断器的检修方法有两种：一是观察法，即用眼睛直接观察，看熔断器是否有烧断、烧焦迹象；二是检测法，即用万用表对熔断器进行检测，观察其电阻值，判断熔断器是否损坏。

【熔断器的检测方法】

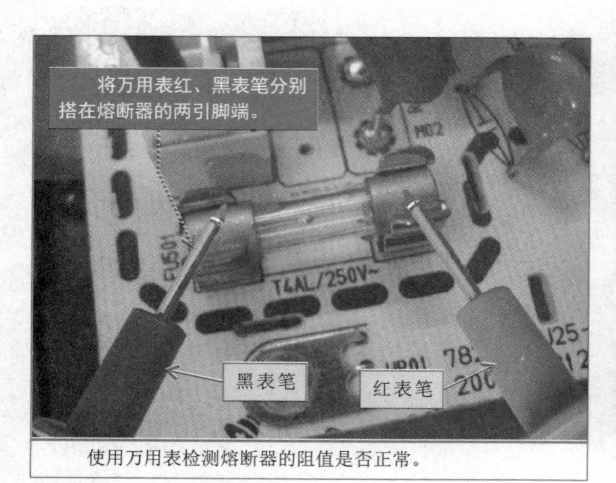

使用万用表检测熔断器的阻值是否正常。

正常情况下，万用表测得的阻值应趋于零欧姆。

特别提醒

判断熔断器是否正常时，还可以通过观察直接判断熔断器是否正常：如是否有污垢和断裂迹象；有无烧损迹象。

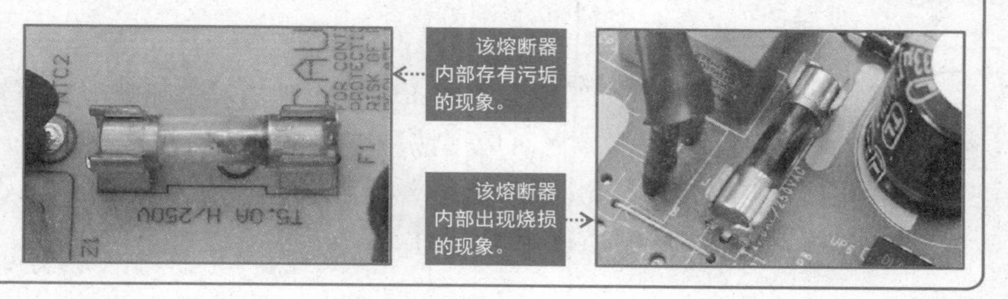

2. 副开关电源电路输出低压直流电压的检测方法

当液晶电视机开关电源电路出现故障时，在确保熔断器正常的情况下，应对副开关电源电路输出的低压直流电压进行检测。

若检测副开关电源电路输出的低压直流电压正常，则说明副开关电源电路正常；若检测的电压不正常，则说明该路前级电路可能出现故障，需要进行下一步的检修。

【输出低压直流电压的检测方法】

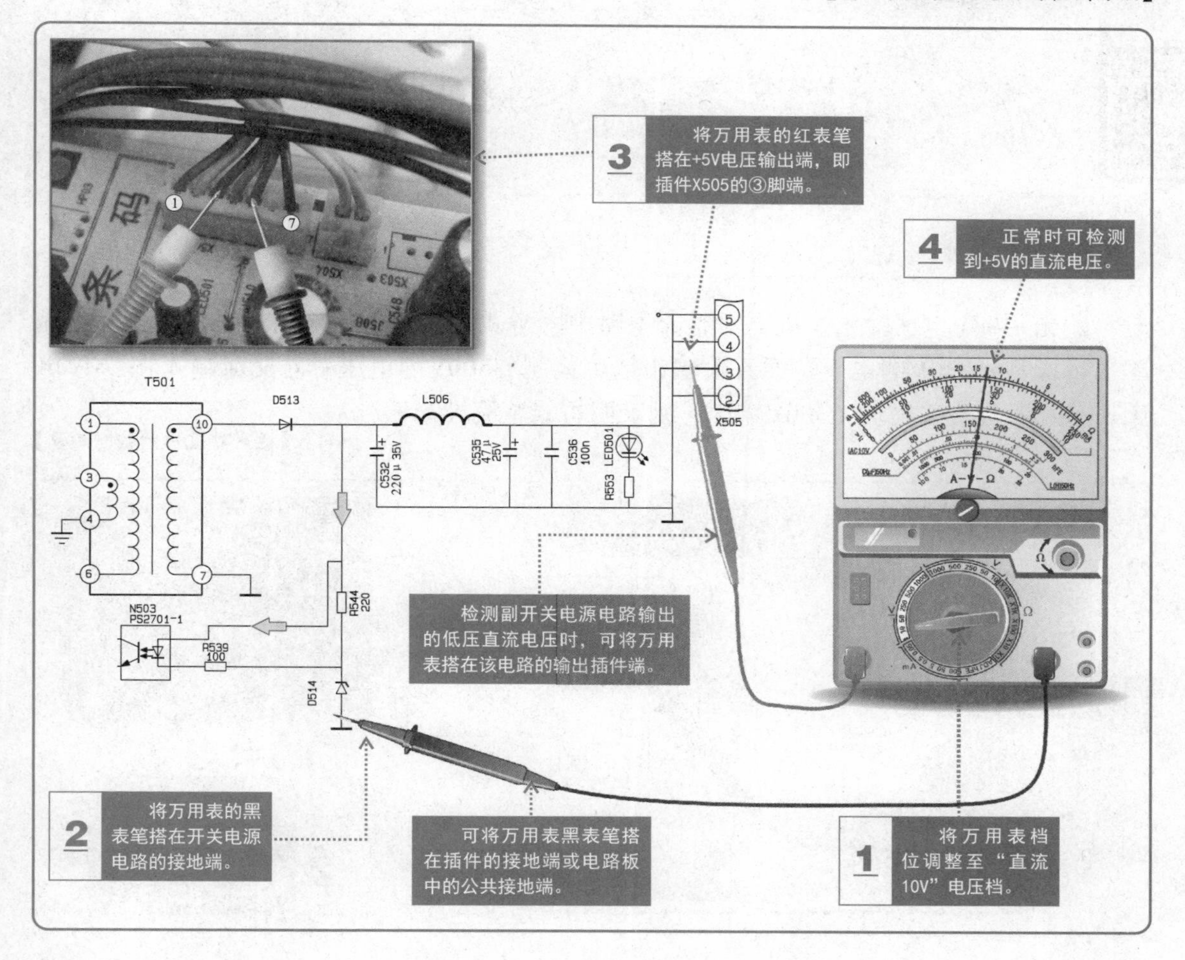

3. +300V直流电压的检测方法

若副开关电源电路没有低压直流电压输出，则需对整流滤波电路输出的+300V电压进行检测。检测+300V输出电压时应使液晶电视机处于待机状态，若开关电源电路输出的+300V电压正常，则说明交流输入和桥式整流电路正常；若检测不到+300V输出电压，则需要对桥式整流堆的输入电压进行检测。

【+300V直流电压的检测方法】

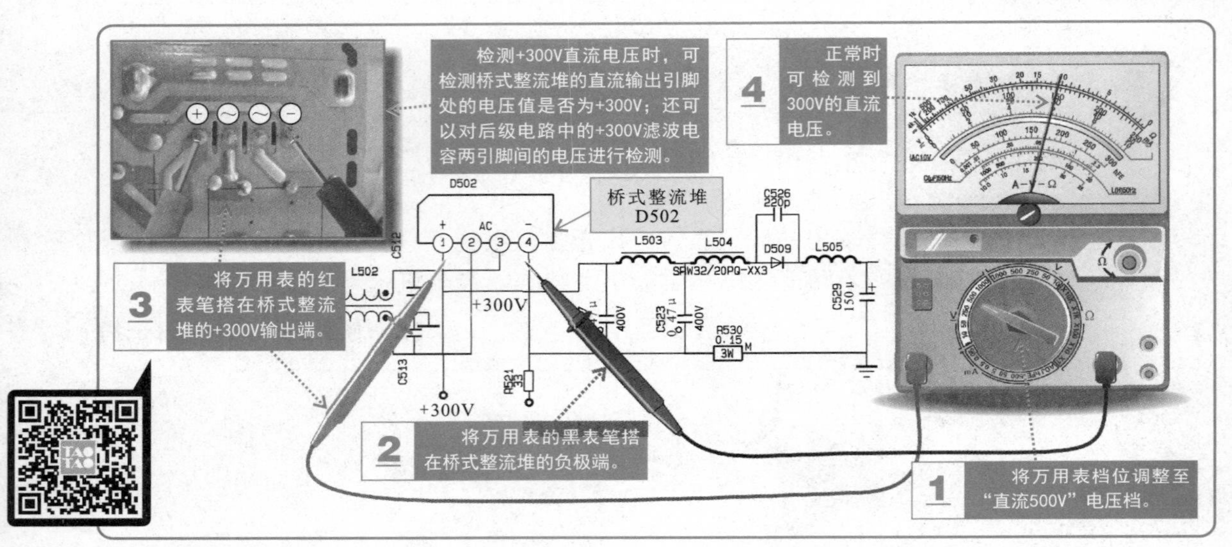

4. 桥式整流堆的检测方法

若无+300V电压输出，则需对整流电路中的桥式整流堆进行检测。正常时在交流输入端可检测到220V的电压，而直流输出端可检测到300V的电压；若交流输入端220V电压正常，而直流输出端无300V输出，则表明桥式整流堆损坏。

【桥式整流堆的检测方法】

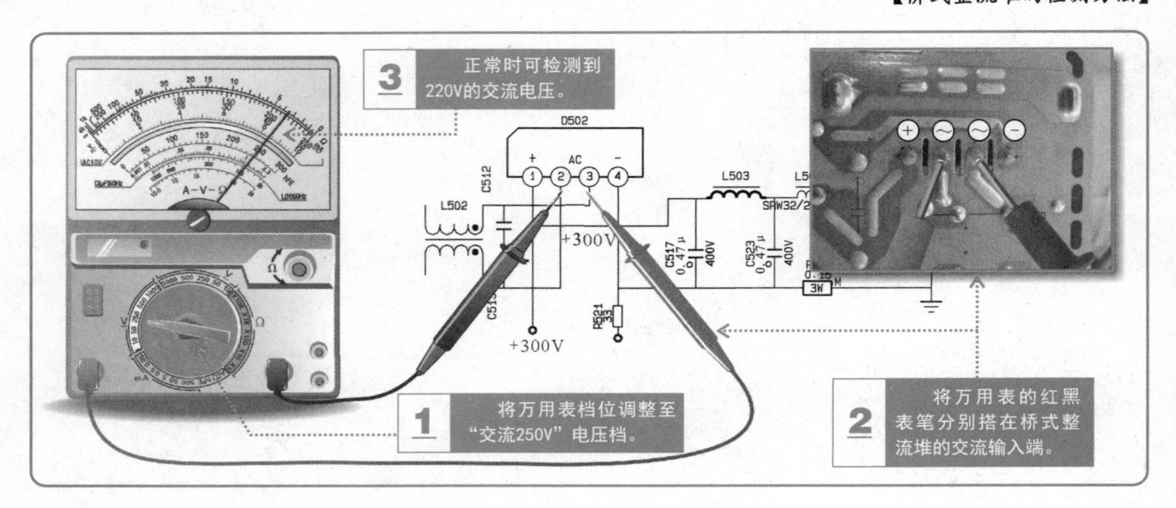

5. 整流二极管的检测方法

若整流滤波电路输出的+300V直流电压正常，而副开关电源电路无低压直流电压输出，则需对前级的二次侧整流输出电路中的整流二极管进行检测。

【整流二极管的检测方法】

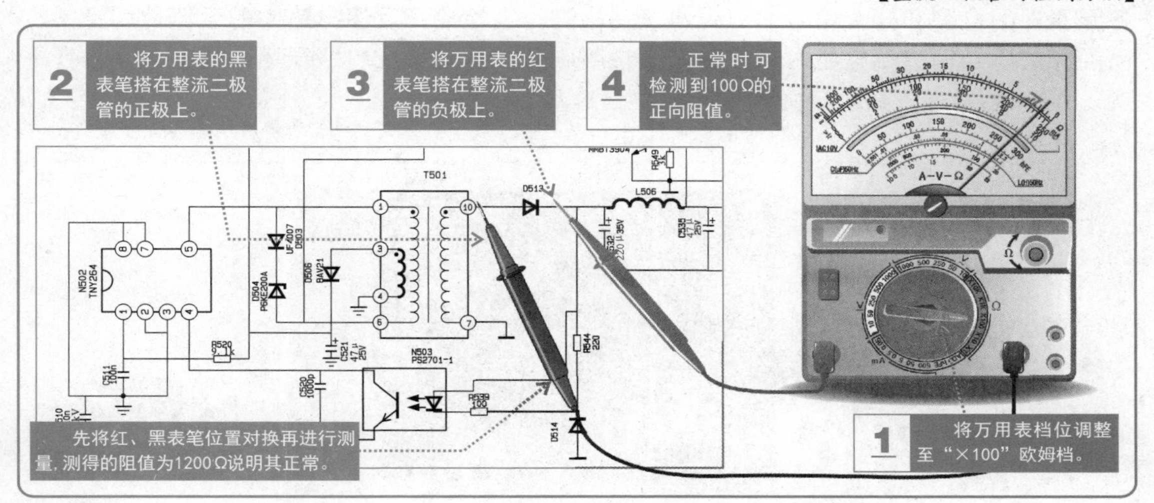

6. 开关变压器脉冲信号的检测方法

若副开关电源电路没有低压直流电压输出，且输出的+300V直流电压以及该路的整流二极管也正常，此时需要对副开关变压器的感应脉冲信号波形进行检测。

由于开关变压器一次振荡脉冲电压很高且与交流相线相连，不可使用示波器直接测量，因此用感应法判断开关变压器是否工作是目前普遍采用的一种简便方法。若检测时有感应脉冲信号，则说明开关变压器本身和开关振荡集成电路工作正常，否则说明开关变压器本身或开关振荡集成电路损坏。

【开关变压器脉冲信号的检测方法】

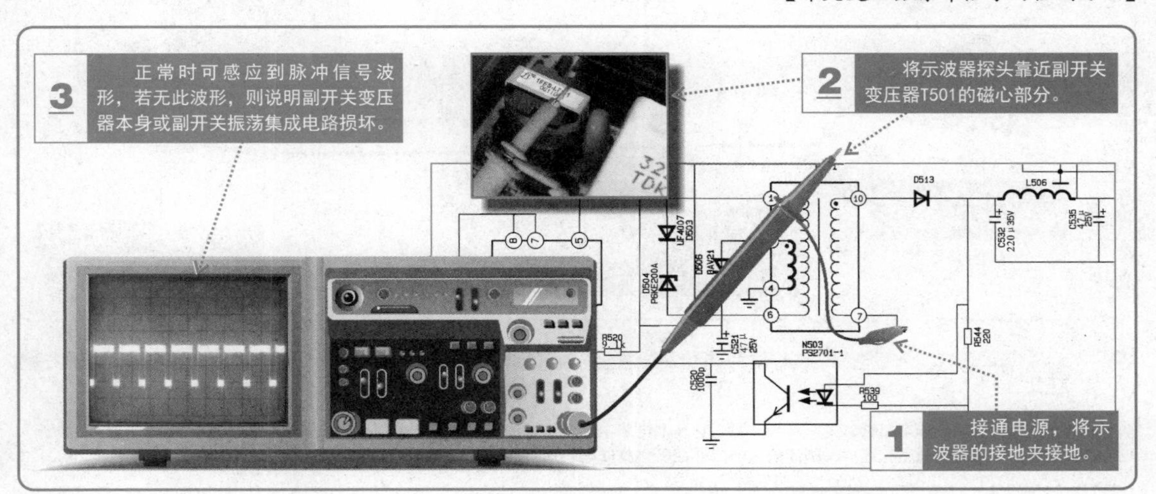

7. 开关振荡集成电路的检测方法

若副开关变压器无感应脉冲信号波形输出，且输出的+300V直流电压也正常，则说明副开关振荡集成电路可能损坏。

检测副开关振荡集成电路时可分两个步骤进行：副开关振荡集成电路正反馈电路中各元器件的检测和开关信号输出端电压的检测。当检测正反馈电路中的元器件均正常，而副开关信号输出端电压不正常时，则说明副开关振荡集成电路损坏，需要对其进行更换，排除故障。

【开关振荡集成电路的检测方法】

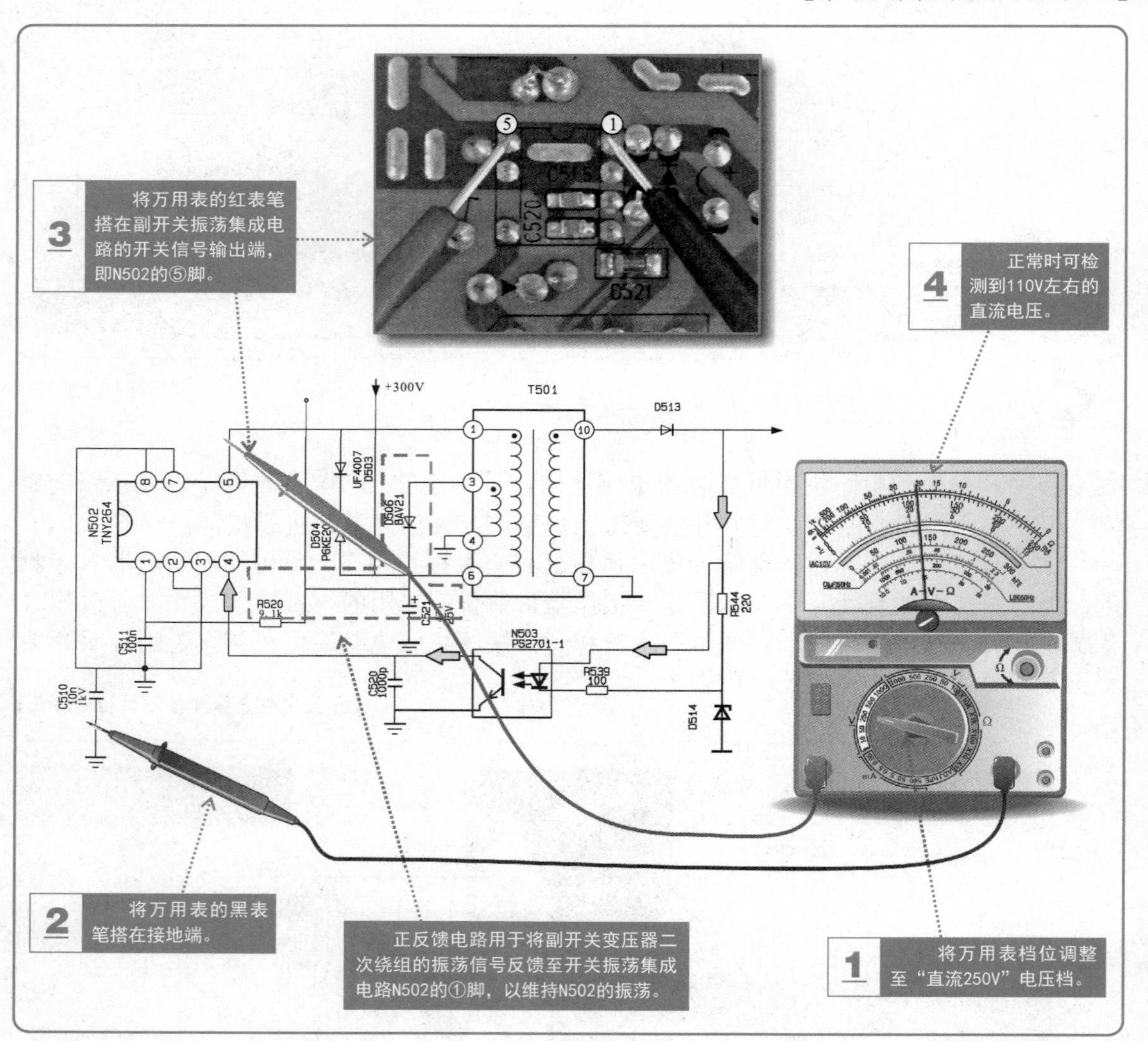

特别提醒

判断副开关振荡集成电路N502的好坏时，需对正反馈电路中的元器件进行检测，若发现故障元器件且将其更换后故障排除，则说明N502正常；若未发现故障元器件，则还需对N502开关振荡集成电路进行检测。

8. 光耦合器的检测方法

若副开关电源电路有低压直流电压输出，但输出电压不稳定，则应对光耦合器进行检测。

光耦合器内部是由一个发光二极管和一个光敏晶体管构成的，检测时需分别检测内部的发光二极管和光敏晶体管是否正常。

【光耦合器的检测方法】

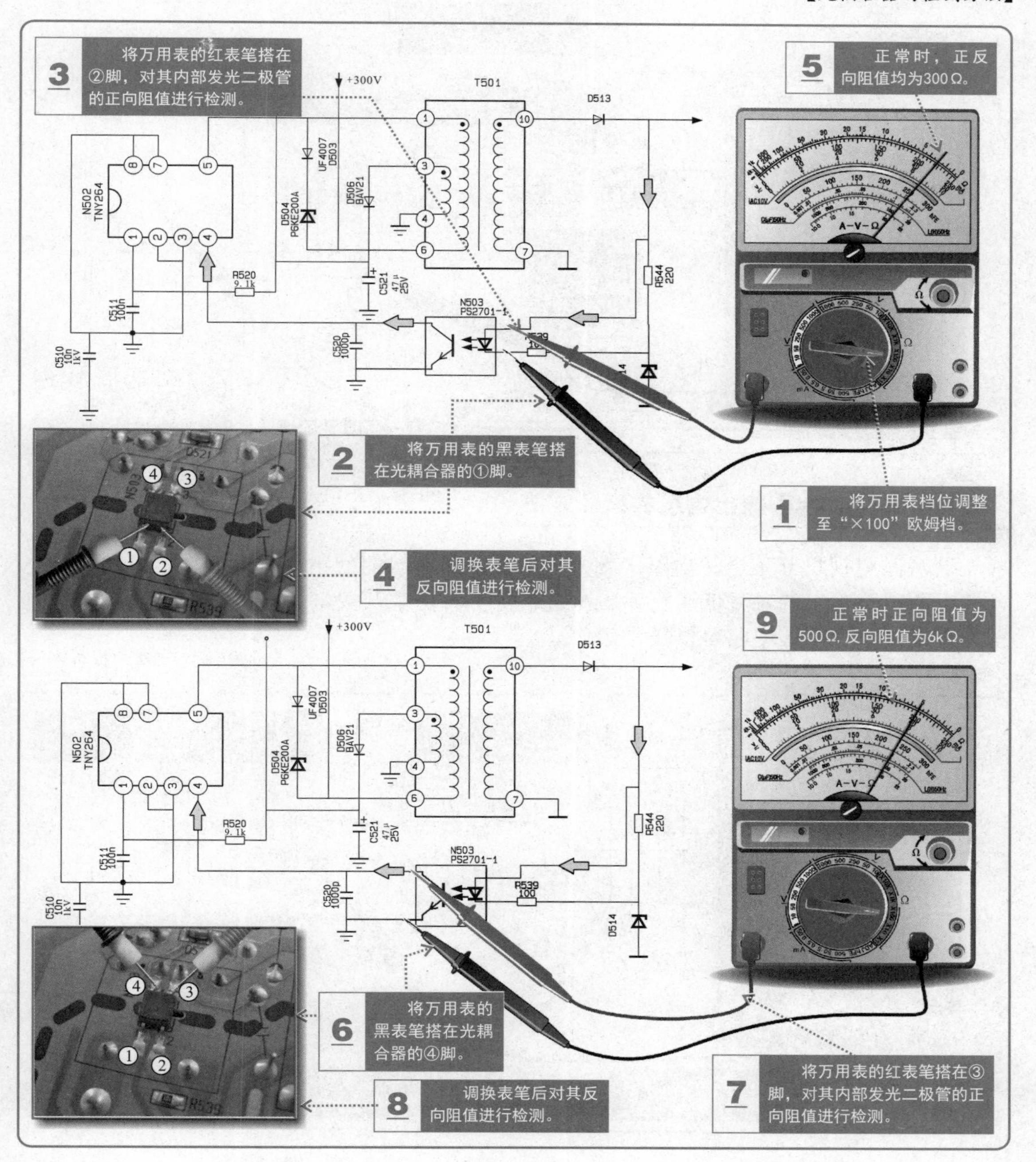

9. 主开关电源电路输出低压直流电压的检测方法

若液晶电视机开关电源电路中副开关电源电路输出的直流低压正常，则应对主开关电源电路输出的各种直流低压进行检测。若主开关电源电路输出的低压直流电压均正常，则表明该电路可以正常工作。

【主开关电源电路输出低压直流电压的检测方法】

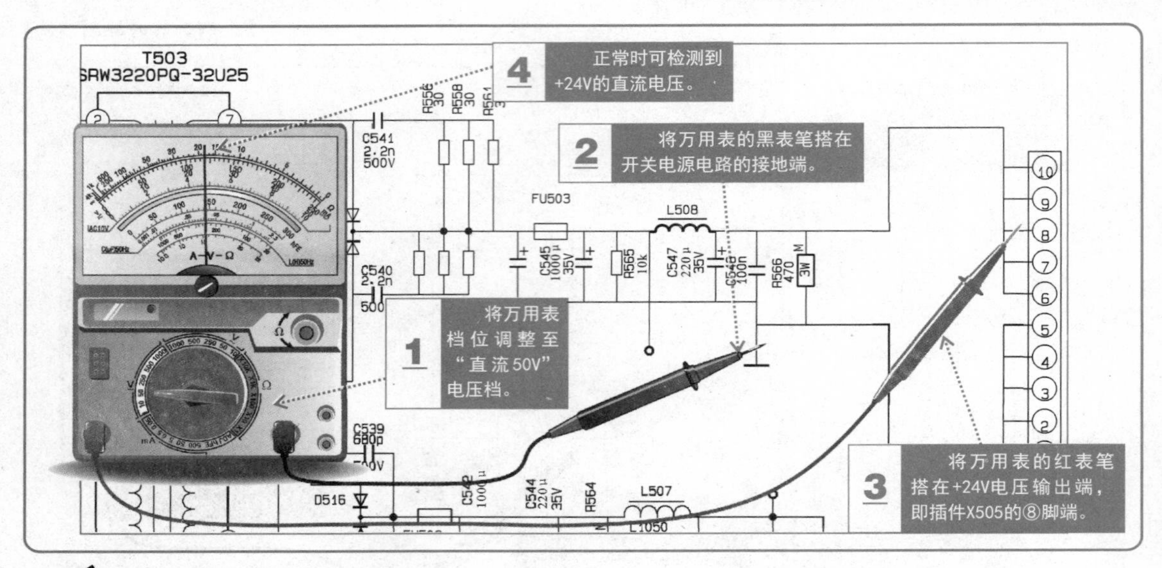

10. +380V输出电压的检测方法

若液晶电视机开关电源电路中副开关电源电路输出的低压直流电压正常，则应对主开关电源电路输出的各种低压直流电压进行检测。若主开关电源电路输出的低压直流电压均正常，则表明该电路可以正常工作。

【+380V输出电压的检测方法】

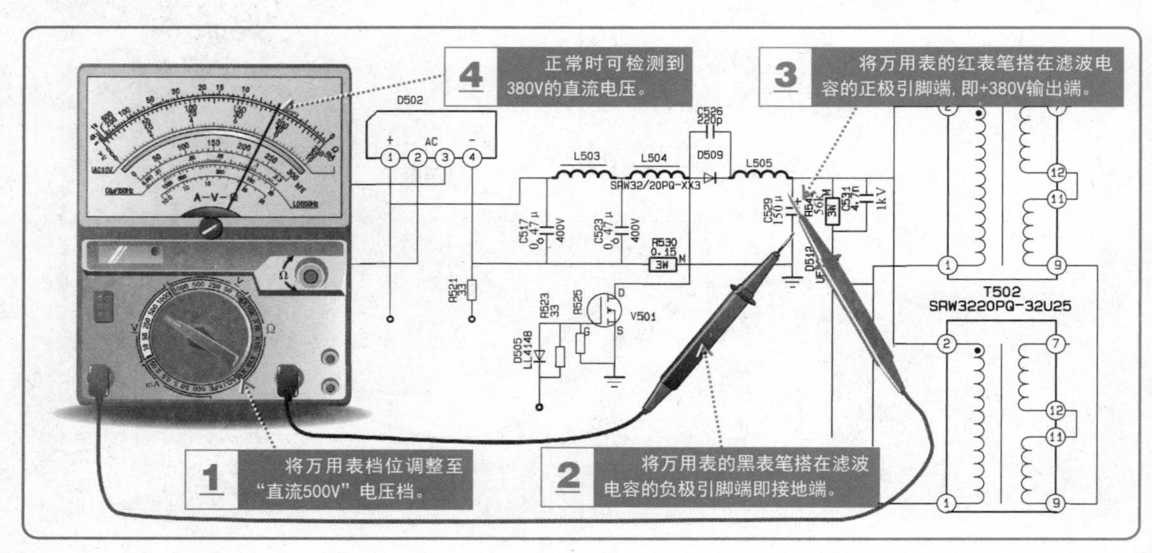

11. 功率因数校正电路的检测方法

若无+380V直流电压输出，则需对功率因数校正电路中的电感器、开关晶体管进行检测。若功率因数校正电路中的元器件不正常，则需要对损坏的元器件进行更换；若功率因数校正电路中的元器件正常，则需对主开关振荡部分进行检测。

【功率因数校正电路的检测方法】

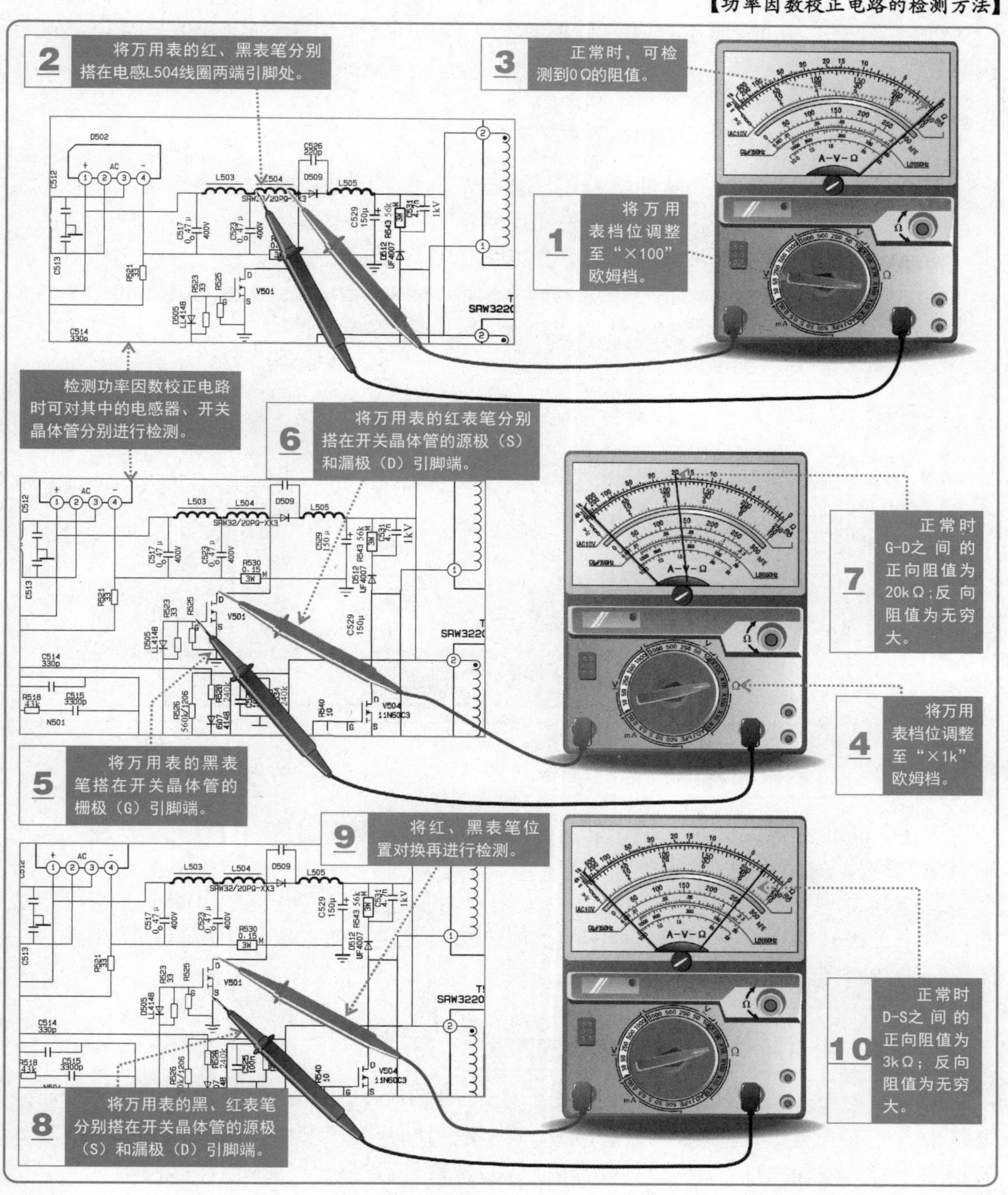

12. 主开关变压器的检测方法

若主开关电源电路的+380V直流电压正常，而主开关电源电路无任何直流低压输出，应进一步判断主开关变压器是否正常工作，对主开关变压器进行检测的方法与副开关变压器的检测方法相同。

若示波器可以检测到相应的信号波形，则表明主开关变压器可以正常工作；若不能检测到信号波形，则表明主开关变压器没有工作，此时，需要对主开关振荡电路进行检测。

13. 主开关振荡电路的检测方法

若主开关变压器无感应脉冲信号波形输出，且功率因数校正电路也正常，此时说明主开关振荡部分存在故障，需对主开关变压器本身、主开关振荡集成电路、开关晶体管进行检测，具体检测的方法与副开关电源电路中的检测方法相同。

特别提醒

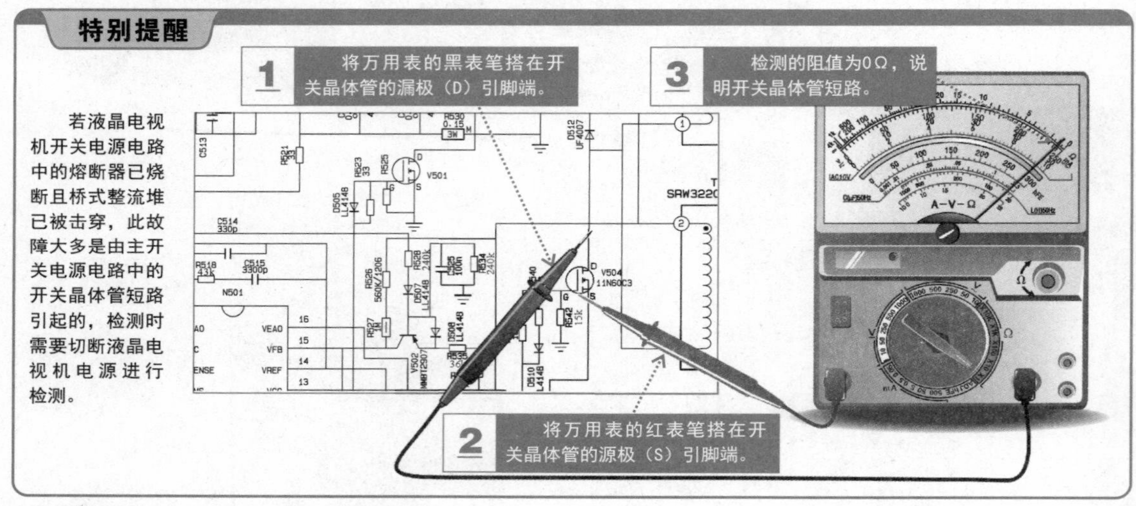

若液晶电视机开关电源电路中的熔断器已烧断且桥式整流堆已被击穿，此故障大多是由主开关电源电路中的开关晶体管短路引起的，检测时需要切断液晶电视机电源进行检测。

14. 主电源中双二极管的检测方法

若主开关电源电路的某一路无低压直流电压输出，则需对该路前级的二次整流输出电路中的整流二极管进行检测。

在该液晶电视机主开关电源电路中采用双二极管，双二极管是由两个二极管组成的，两个二极管共用一个负极。具体的检测方法与普通整流二极管的检测方法相同，在此需分别对两个二极管进行检测。

15. 主电源中光耦合器的检测方法

若主开关电源电路输出的低压直流电压中，其中一路电压不稳，则需要对误差检测电路中的光耦合器进行检测，该器件的检测方法与副开关电源电路中光耦合器的检测方法相同，若该器件损坏，则需要使用同型号的光耦合器进行代换，以排除故障。

第8章

液晶电视机逆变器电路的检修方法

8.1 逆变器电路的结构和工作原理

在液晶电视机中，逆变器电路位于液晶电视机主电路的两侧，是液晶电视机中十分关键的单元电路。

在学习逆变器电路检修之初，首先要对逆变器电路的安装位置、结构和工作特点有一定的了解，要能够根据逆变器电路的结构特点在液晶电视机中准确地找到逆变器电路。

8.1.1 逆变器电路的结构

液晶电视机中的逆变器电路主要为液晶屏背光灯供电。逆变器电路通常全部设计在一块独立的电路板上，通过接口与显示屏组件中的多个背光灯连接，根据这一特点，初学者可以很轻松地从液晶电视机中圈定出逆变器电路的范围。

【逆变器电路的结构】

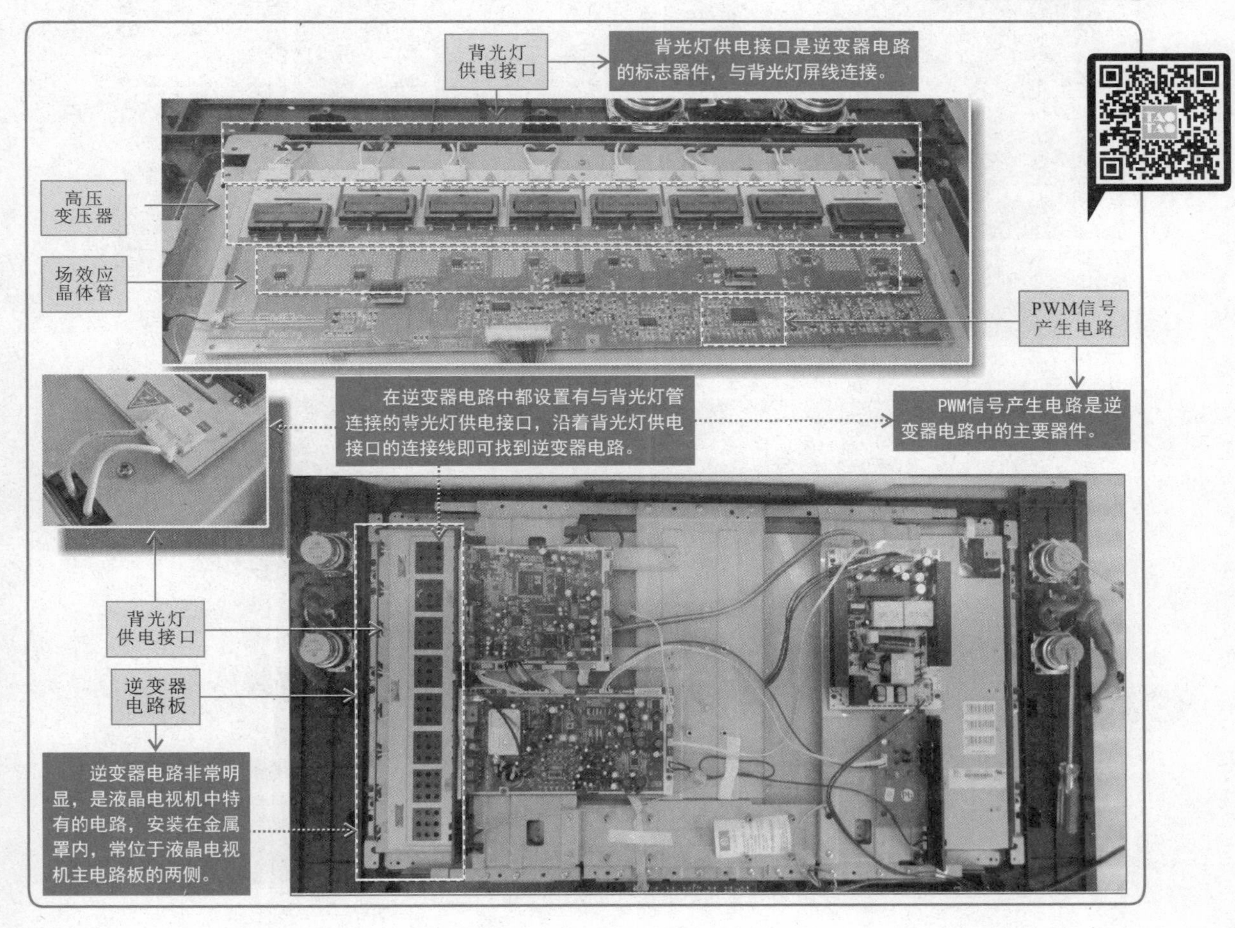

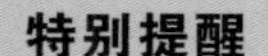

特别提醒

逆变器电路的核心部件主要有PWM信号产生电路、双场效应晶体管、高压变压器、背光灯供电接口等，对于初学者来说，当确定了逆变器电路的大体位置后，可通过从逆变器电路中的关键部件入手，找到该电路中的主要元器件，然后再圈定出音频信号处理电路。不同品牌、不同型号的液晶电视机中，逆变器电路的安装位置基本相同，但具体到结构细节并不完全相同。下图为不同品牌、型号液晶电视机中逆变器电路的结构特征。

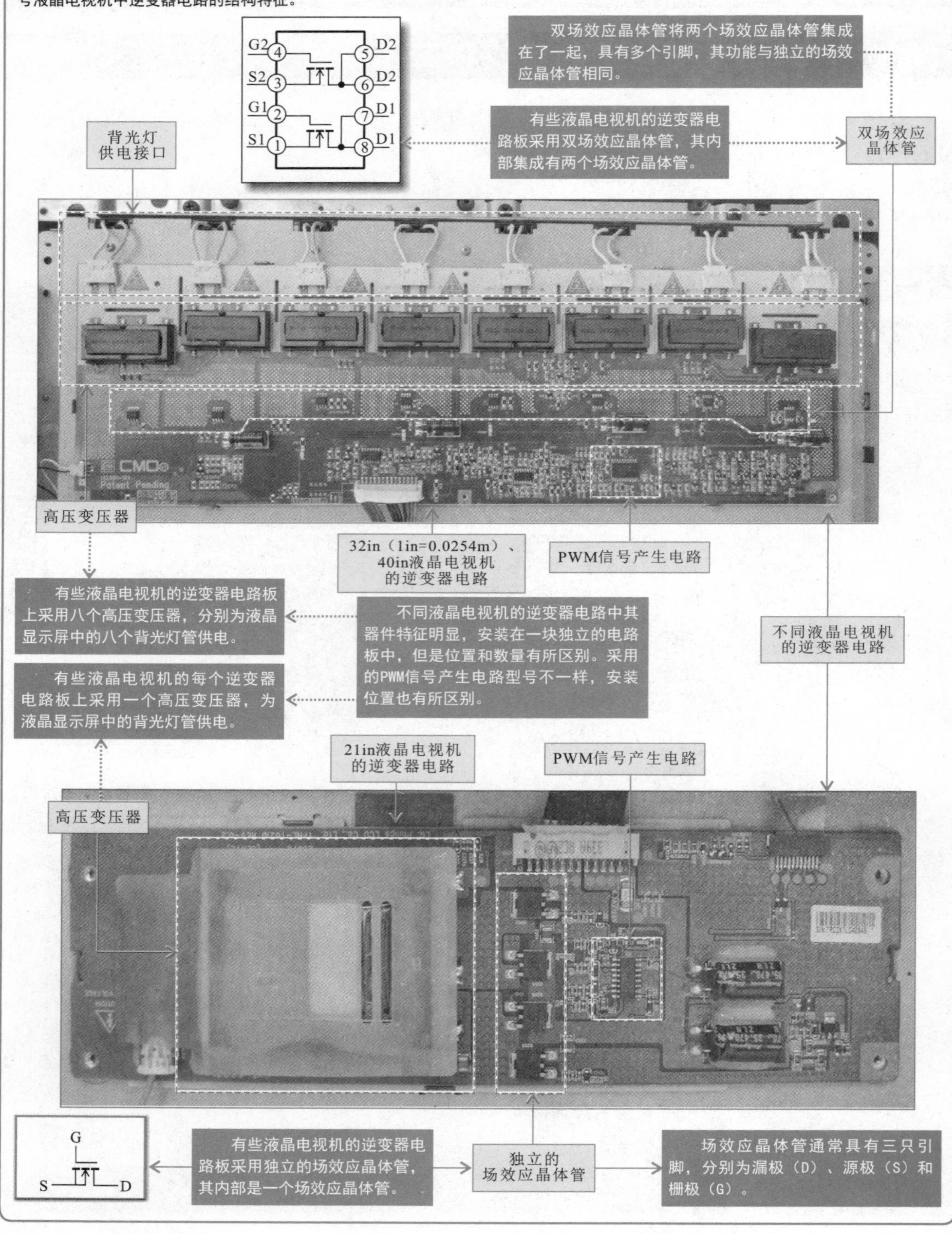

一般来说，液晶电视机的逆变器电路主要是由PWM信号产生电路、场效应晶体管、高压变压器、背光灯供电接口以及外围元器件等组成的。在液晶电视机中找到逆变器电路之后，就需要对逆变器电路的结构进行深入的了解，掌握逆变器电路中各组成部件的功能特点和相互关系。

【典型液晶电视机的逆变器电路部分（厦华LC32U25型液晶电视机）】

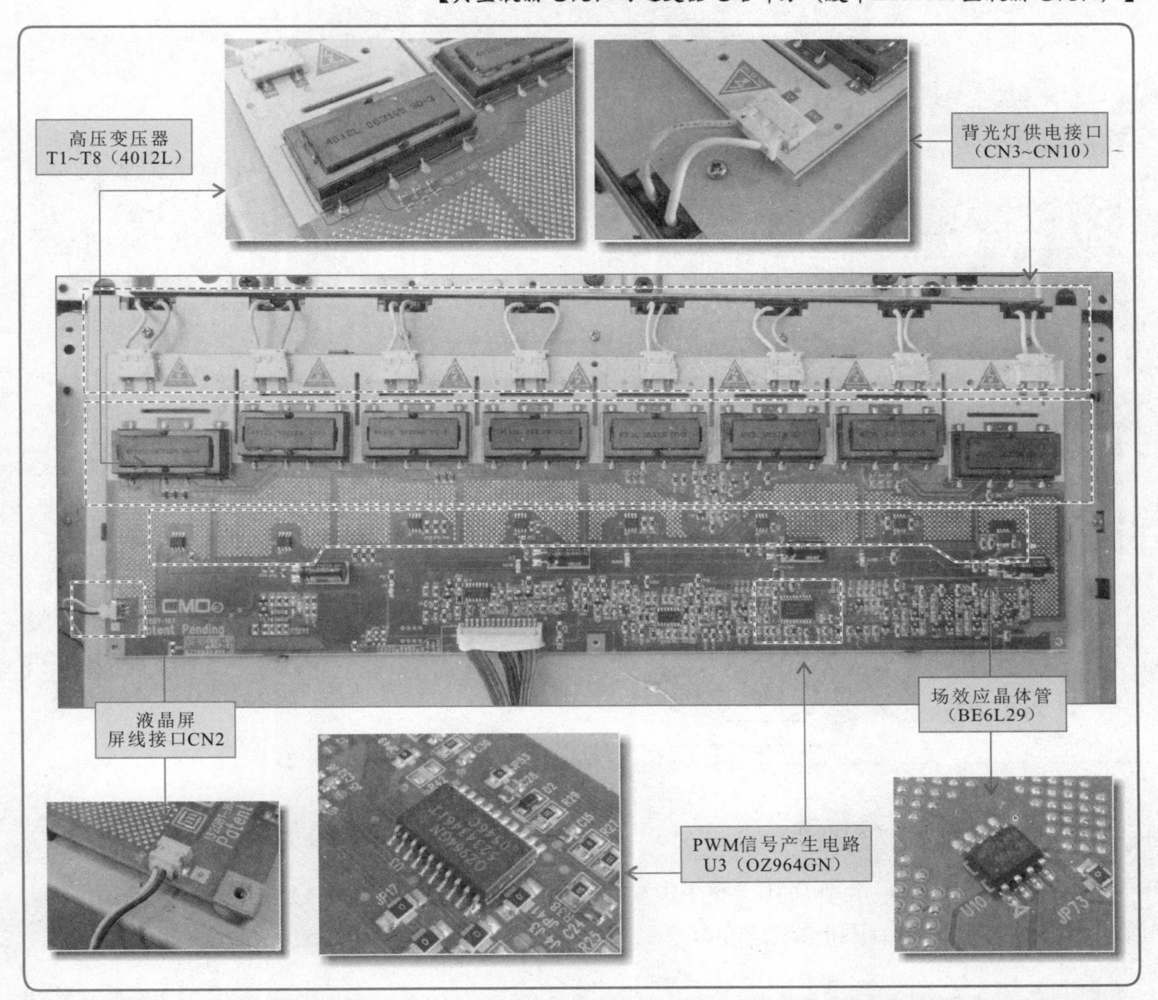

特别提醒

厦华LC32U25型液晶电视机的逆变器电路部分主要位于主电路板的两侧。经仔细观察电路元器件和查询集成电路手册可知，该逆变器电路主要是由PWM信号产生电路U3（OZ964GN）、场效应晶体管（BE6L29）、高压变压器T1～T8（4012L）、背光灯供电接口（CN3～CN10）、液晶屏屏线接口CN2等组成的。

1. PWM信号产生电路

液晶电视机的背光灯需要700～900V的交流供电电压，因而在电路板上都设有逆变器电路为背光灯供电。该电路中PWM信号产生电路的主要作用是产生PWM驱动信号，该信号经场效应晶体管放大后，再去驱动高压变压器产生背光灯所需的交流高压。

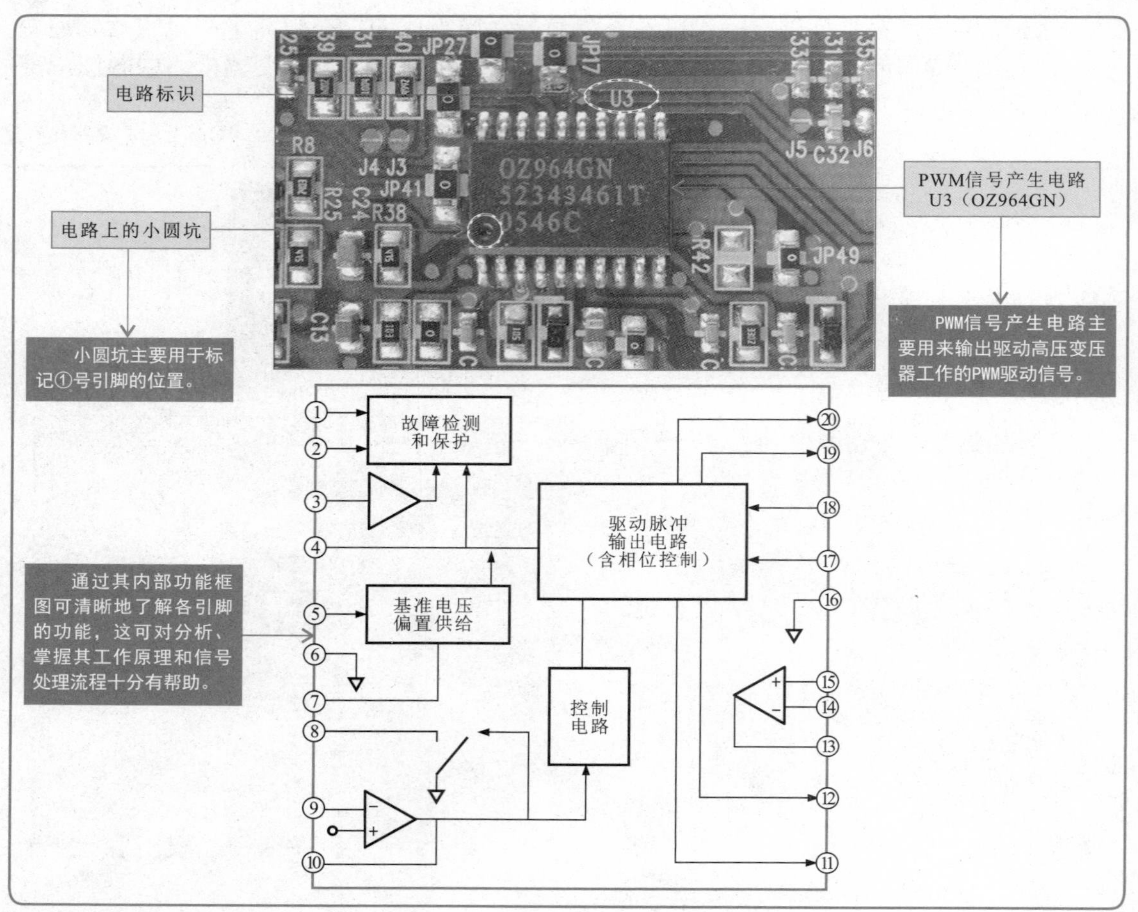

2. 场效应晶体管

场效应晶体管的主要作用是将PWM信号产生电路产生的PWM驱动信号进行放大后输出，为高压变压器提供驱动脉冲信号，它是逆变器电路中不可缺少的器件之一。

【场效应晶体管】

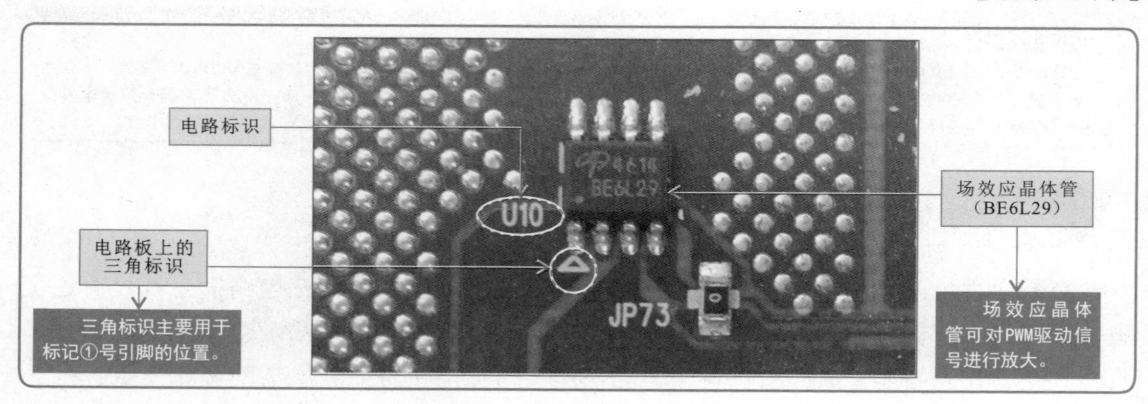

3. 高压变压器

高压变压器是逆变器电路中的重要部件，它在PWM信号的驱动下对振荡信号电压进行提升，来达到背光灯所需要的电压。

【高压变压器】

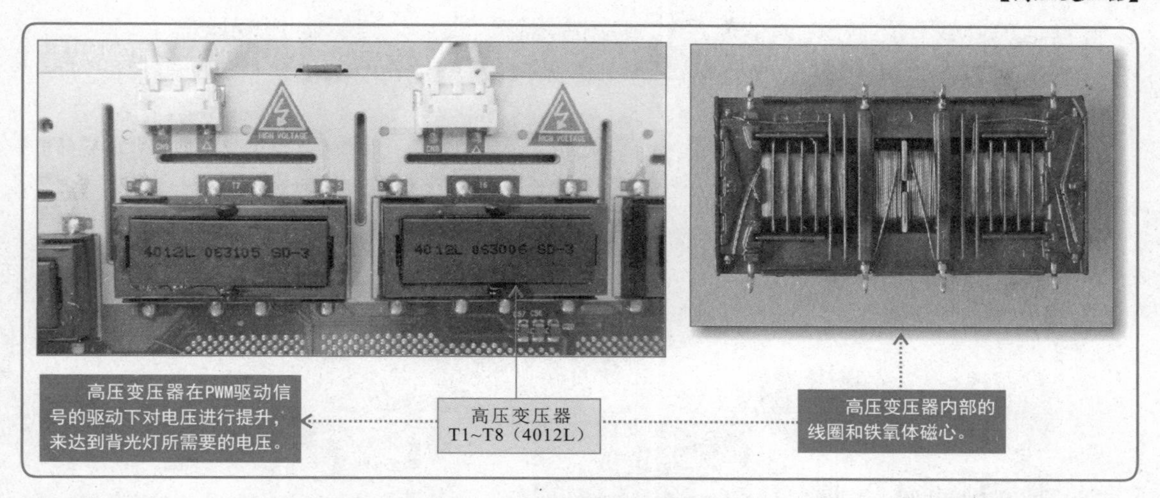

特别提醒

在液晶电视机逆变器电路中，高压变压器的个数是由背光灯的数量决定的。通常20in的液晶电视机中最少设有两个背光灯，那么它至少需要两个高压变压器为其供电。

4. 背光灯供电接口

背光灯供电接口用于将逆变器电路输出的高压信号输入到背光灯中，为背光灯供电。不同液晶电视机背光灯的数量不同，因此其背光灯供电接口也有所不同。

【背光灯供电接口】

8.1.2 逆变器电路的工作原理

液晶电视机的显示屏本身不发光，在工作状态下，由逆变器电路为背光灯灯管供电，灯管发光作为显示屏的背光源。液晶电视机开机的瞬间，CPU会向逆变器电路输送启动信号，使逆变器控制芯片开始工作。PWM信号产生电路工作后，开始向场效应晶体管输送PWM驱动信号，该信号经场效应晶体管放大后，送入高压变压器中，与高压变压器形成振荡，然后高压变压器就会向背光灯输送约700V的交流高压，为背光灯管供电。

【典型逆变器电路的信号流程框图】

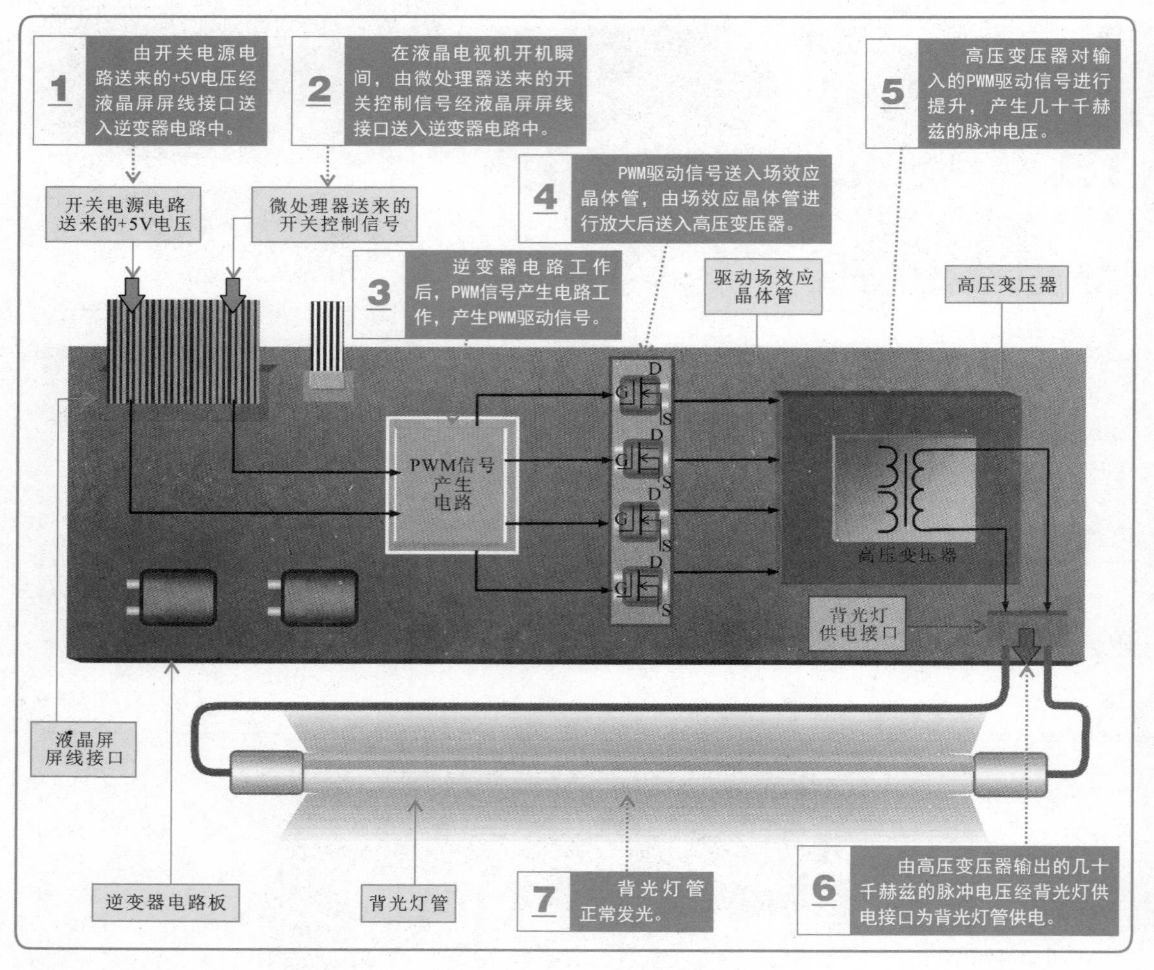

1. 创维19S19IW型液晶电视机逆变器电路

创维19S19IW型液晶电视机逆变器电路主要是由PWM信号产生电路IC801（OZ9938GN），场效应晶体管VT805、VT806（AM4502C-T1-PF），高压变压器（POWER XFMR），背光灯供电接口CN801～CN804及外部元器件构成的。

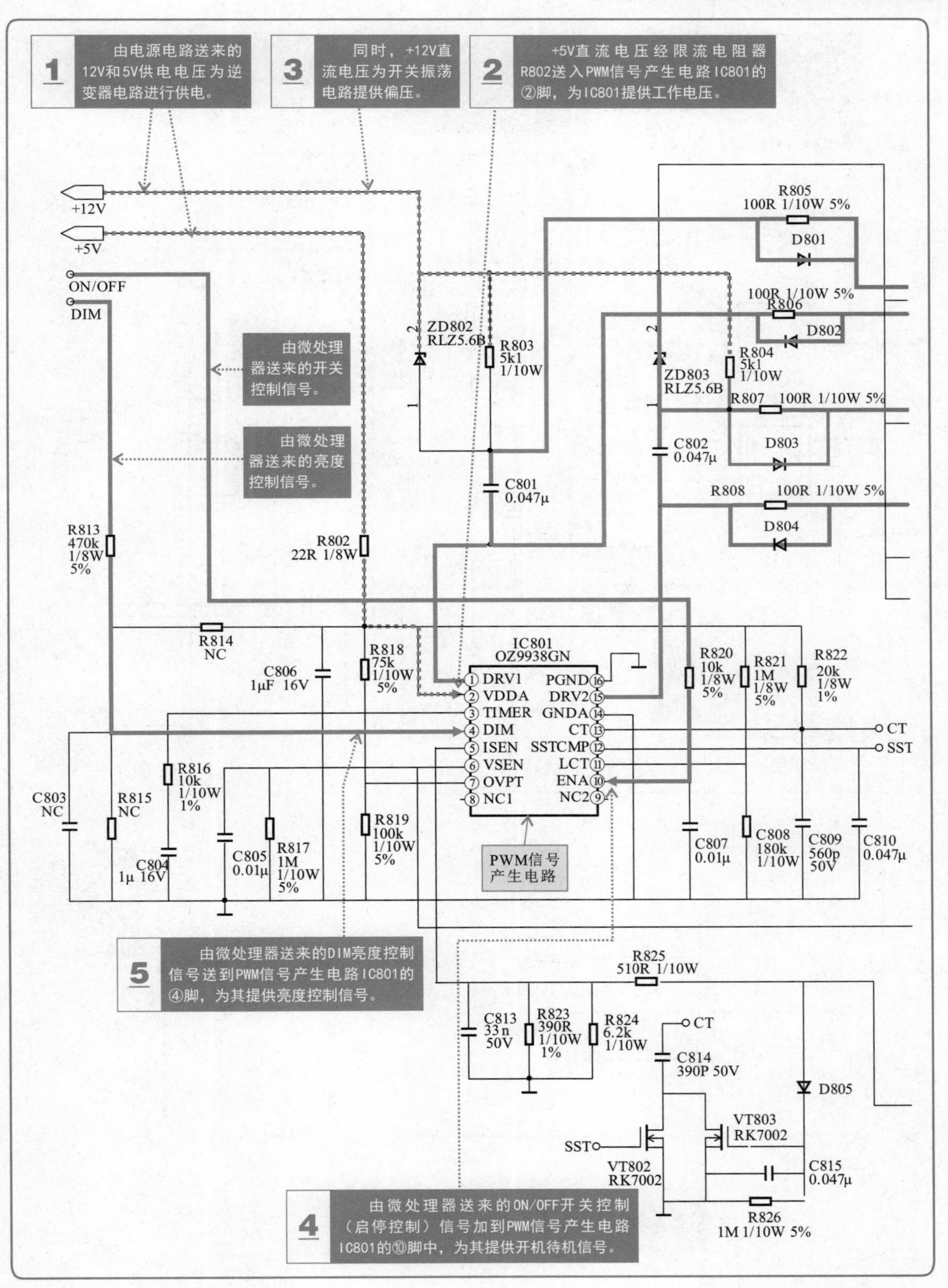
1 由电源电路送来的12V和5V供电电压为逆变器电路进行供电。
3 同时，+12V直流电压为开关振荡电路提供偏压。
2 +5V直流电压经限流电阻器R802送入PWM信号产生电路IC801的②脚，为IC801提供工作电压。
由微处理器送来的开关控制信号。
由微处理器送来的亮度控制信号。
PWM信号产生电路
5 由微处理器送来的DIM亮度控制信号送到PWM信号产生电路IC801的④脚，为其提供亮度控制信号。
4 由微处理器送来的ON/OFF开关控制（启停控制）信号加到PWM信号产生电路IC801的⑩脚中，为其提供开机待机信号。
+12V
+5V
ON/OFF
DIM
IC801
OZ9938GN
DRV1
VDDA
TIMER
DIM
ISEN
VSEN
OVPT
NC1
PGND
DRV2
GNDA
CT
SSTCMP
LCT
ENA
NC2
ZD802 RLZ5.6B
ZD803 RLZ5.6B
R803 5k1 1/10W
R804 5k1 1/10W
R805 100R 1/10W 5%
R806 100R 1/10W 5%
R807 100R 1/10W 5%
R808 100R 1/10W 5%
D801
D802
D803
D804
D805
C801 0.047μ
C802 0.047μ
R802 22R 1/8W
R813 470k 1/8W 5%
R814 NC
C806 1μF 16V
R818 75k 1/10W 5%
R820 10k 1/8W 5%
R821 1M 1/8W 5%
R822 20k 1/8W 1%
CT
SST
R816 10k 1/10W 1%
C803 NC
R815 NC
C804 1μ 16V
C805 0.01μ
R817 1M 1/10W 5%
R819 100k 1/10W 5%
C807 0.01μ
C808 180k 1/10W
C809 560p 50V
C810 0.047μ
R825 510R 1/10W
C813 33n 50V
R823 390R 1/10W 1%
R824 6.2k 1/10W
C814 390P 50V
VT803 RK7002
VT802 RK7002
SST
C815 0.047μ
R826 1M 1/10W 5%

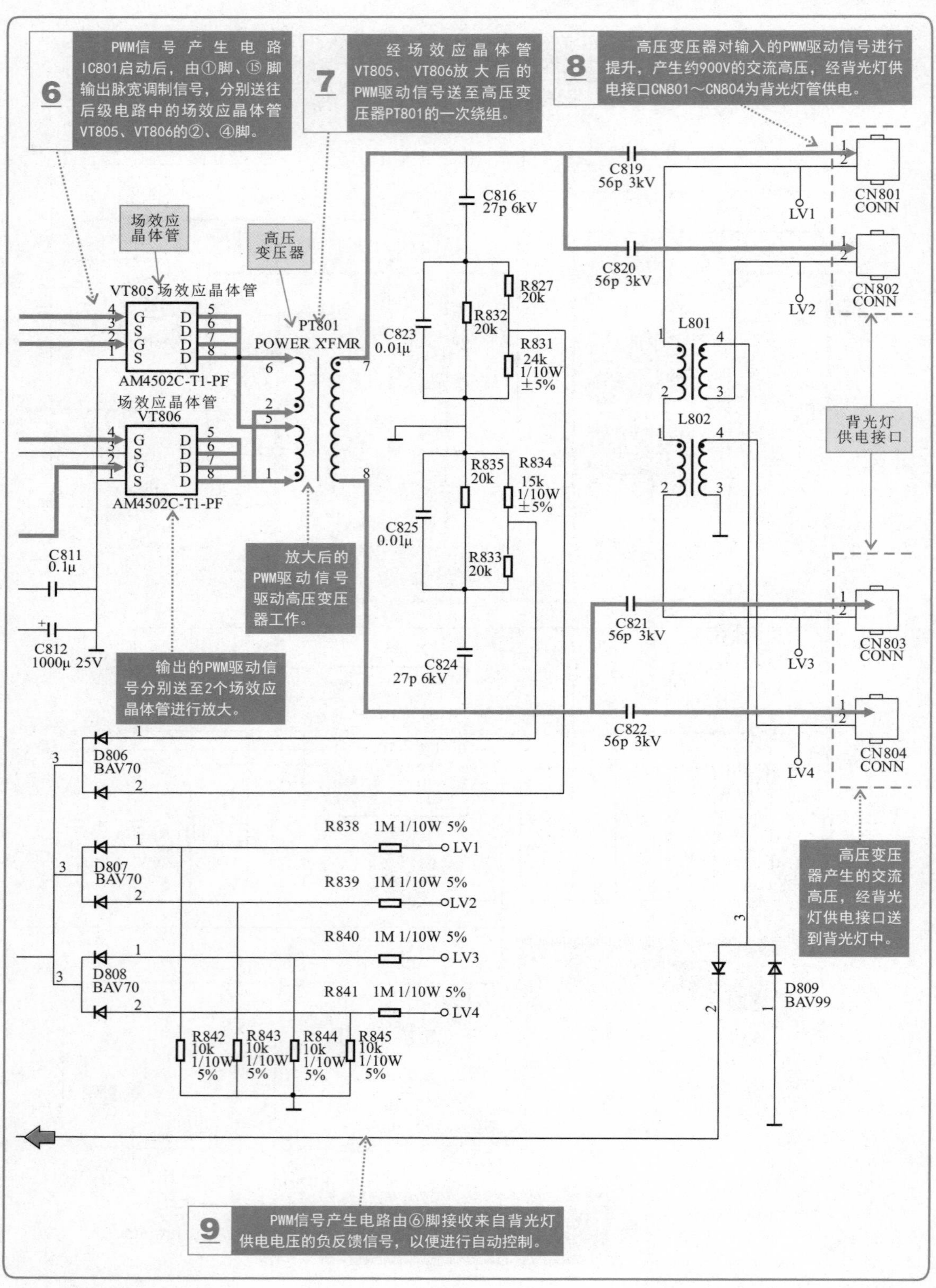
6
PWM信号产生电路IC801启动后，由①脚、⑮脚输出脉宽调制信号，分别送往后级电路中的场效应晶体管VT805、VT806的②、④脚。
7
经场效应晶体管VT805、VT806放大后的PWM驱动信号送至高压变压器PT801的一次绕组。
8
高压变压器对输入的PWM驱动信号进行提升，产生约900V的交流高压，经背光灯供电接口CN801～CN804为背光灯管供电。
场效应晶体管
高压变压器
VT805 场效应晶体管
AM4502C-T1-PF
场效应晶体管
VT806
AM4502C-T1-PF
PT801
POWER XFMR
C811 0.1μ
C812 1000μ 25V
C816 27p 6kV
C819 56p 3kV
C820 56p 3kV
C821 56p 3kV
C822 56p 3kV
C823 0.01μ
C824 27p 6kV
C825 0.01μ
R827 20k
R832 20k
R831 24k 1/10W ±5%
R835 20k
R834 15k 1/10W ±5%
R833 20k
L801
L802
CN801 CONN
CN802 CONN
CN803 CONN
CN804 CONN
LV1
LV2
LV3
LV4
背光灯供电接口
放大后的PWM驱动信号驱动高压变压器工作。
输出的PWM驱动信号分别送至2个场效应晶体管进行放大。
D806 BAV70
D807 BAV70
D808 BAV70
R838 1M 1/10W 5%
R839 1M 1/10W 5%
R840 1M 1/10W 5%
R841 1M 1/10W 5%
R842 10k 1/10W 5%
R843 10k 1/10W 5%
R844 10k 1/10W 5%
R845 10k 1/10W 5%
D809 BAV99
高压变压器产生的交流高压，经背光灯供电接口送到背光灯中。
9
PWM信号产生电路由⑥脚接收来自背光灯供电电压的负反馈信号，以便进行自动控制。

【PWM信号产生电路OZ9938GN的内部结构框图】

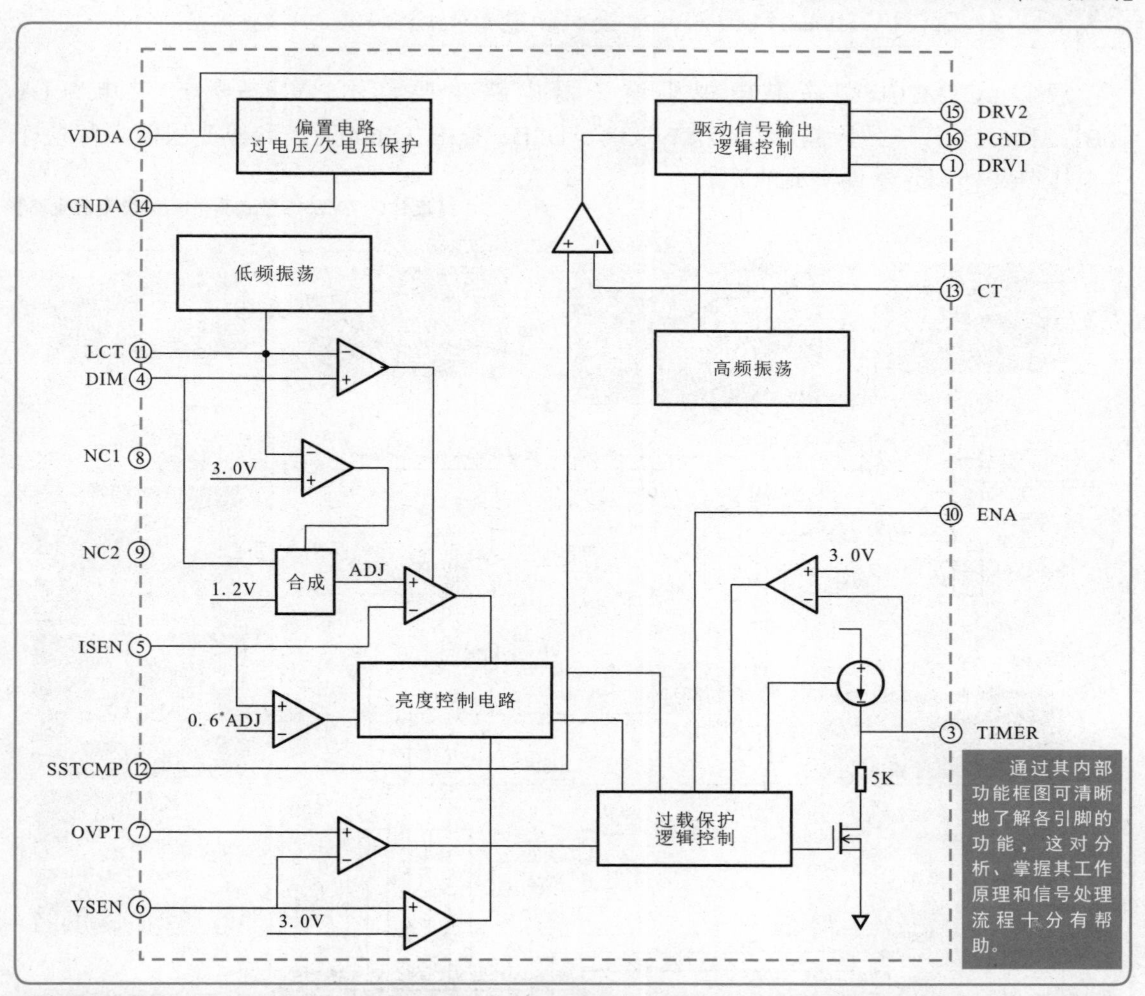

通过其内部功能框图可清晰地了解各引脚的功能，这对分析、掌握其工作原理和信号处理流程十分有帮助。

特别提醒

下表列出了PWM信号产生电路OZ9938GN各引脚的名称，根据该表可以快速、准确地了解到该型号PWM信号产生电路的具体功能，为进一步分析电路或进行检修做好准备。

引脚号	名称	引脚功能	引脚号	名称	引脚功能
①	DRV1	驱动输出端1	⑨	NC2	空脚
②	VDDA	电源供电端	⑩	ENA	使能端
③	TIMER	定时器设定	⑪	LCT	调光模式选择
④	DIM	亮度控制端	⑫	SSTCMP	软启动时间设定和环路补偿
⑤	ISEN	灯管电流检测	⑬	CT	运行频率外设定时电阻和电容
⑥	VSEN	反馈电压检测	⑭	GNDA	接地
⑦	OVPT	过电流、过电压保护值设定	⑮	DRV2	驱动输出端2
⑧	NC1	空脚	⑯	PGND	接地

2. 康佳LCTM2018型液晶电视机逆变器电路

康佳LCTM2018型液晶电视机逆变器电路主要是由PWM信号产生电路U1（BIT3106A），场效应晶体管U2A、U3A、U2B、U3B（4600），高压变压器，背光灯供电接口及外部元器件构成的。

【康佳LCTM2018型液晶电视机逆变器电路】

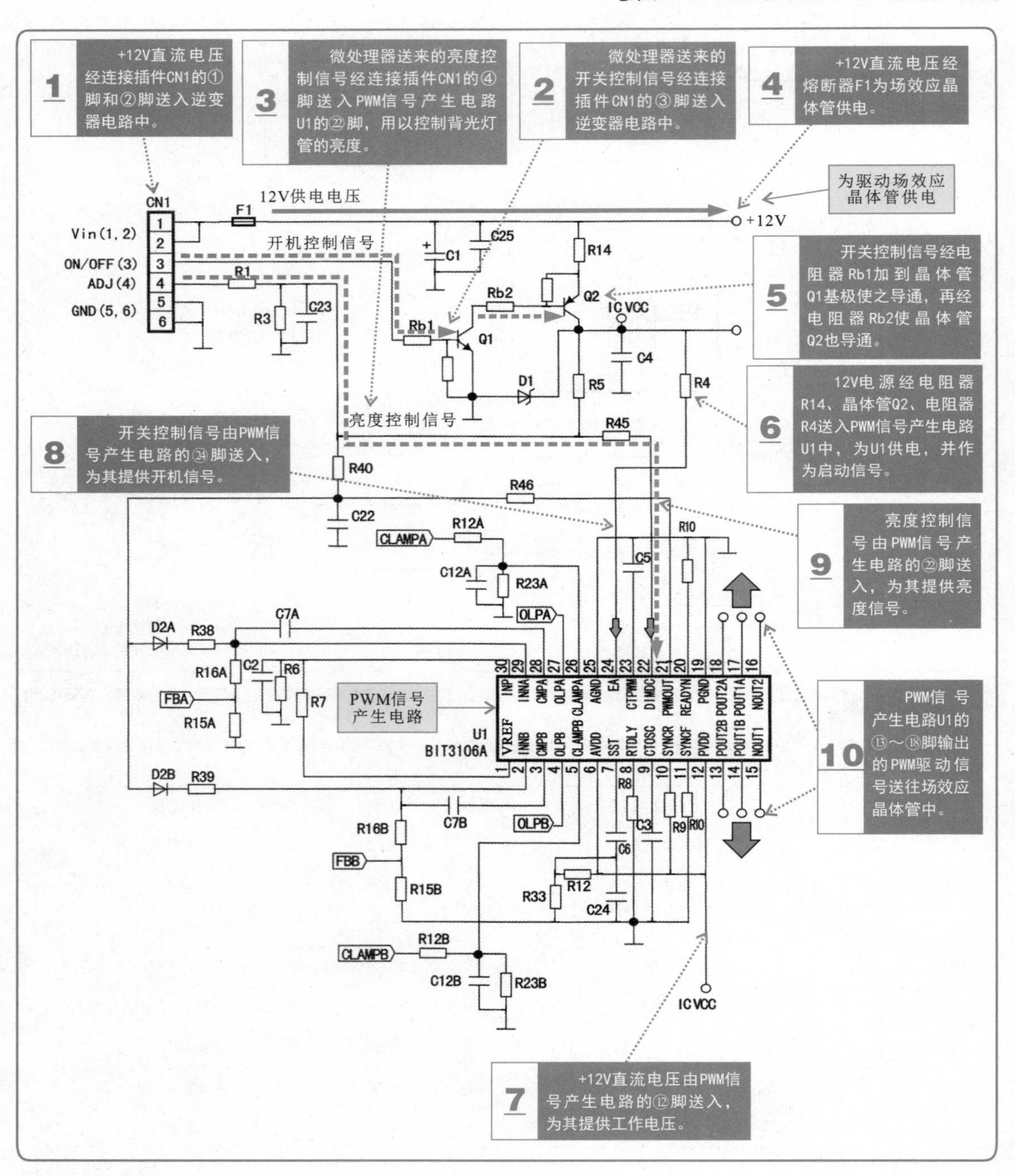

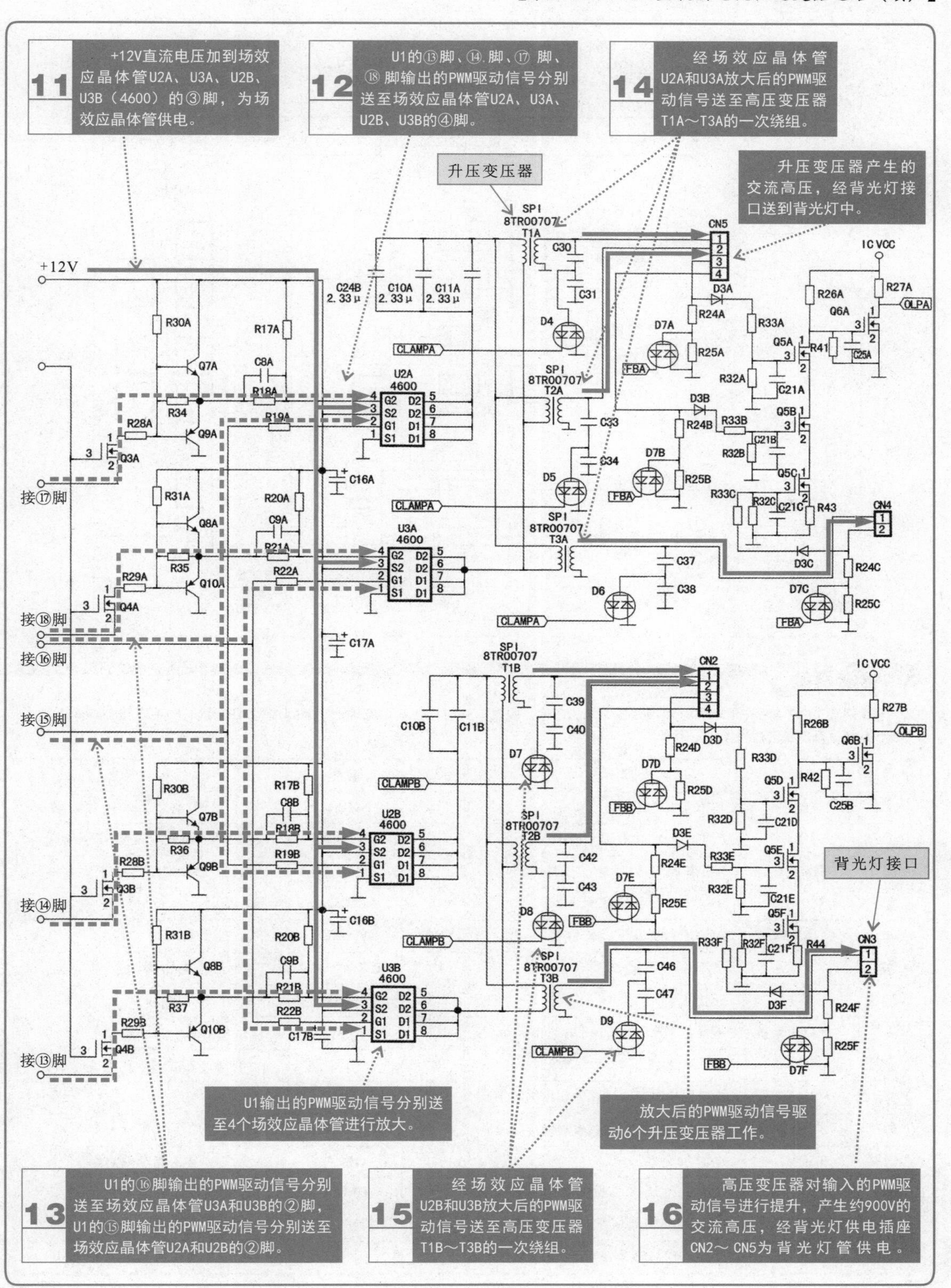
11
+12V直流电压加到场效应晶体管U2A、U3A、U2B、U3B（4600）的③脚，为场效应晶体管供电。
12
U1的⑬脚、⑭.脚、⑰ 脚、⑱ 脚输出的PWM驱动信号分别送至场效应晶体管U2A、U3A、U2B、U3B的④脚。
14
经场效应晶体管U2A和U3A放大后的PWM驱动信号送至高压变压器T1A～T3A的一次绕组。
升压变压器
升压变压器产生的交流高压，经背光灯接口送到背光灯中。
+12V
接⑰脚
接⑱脚
接⑯脚
接⑮脚
接⑭脚
接⑬脚
背光灯接口
U1输出的PWM驱动信号分别送至4个场效应晶体管进行放大。
放大后的PWM驱动信号驱动6个升压变压器工作。
13
U1的⑯脚输出的PWM驱动信号分别送至场效应晶体管U3A和U3B的②脚，U1的⑮脚输出的PWM驱动信号分别送至场效应晶体管U2A和U2B的②脚。
15
经场效应晶体管U2B和U3B放大后的PWM驱动信号送至高压变压器T1B～T3B的一次绕组。
16
高压变压器对输入的PWM驱动信号进行提升，产生约900V的交流高压，经背光灯供电插座CN2～CN5为背光灯管供电。

【PWM信号产生电路BIT3106A的内部结构框图】

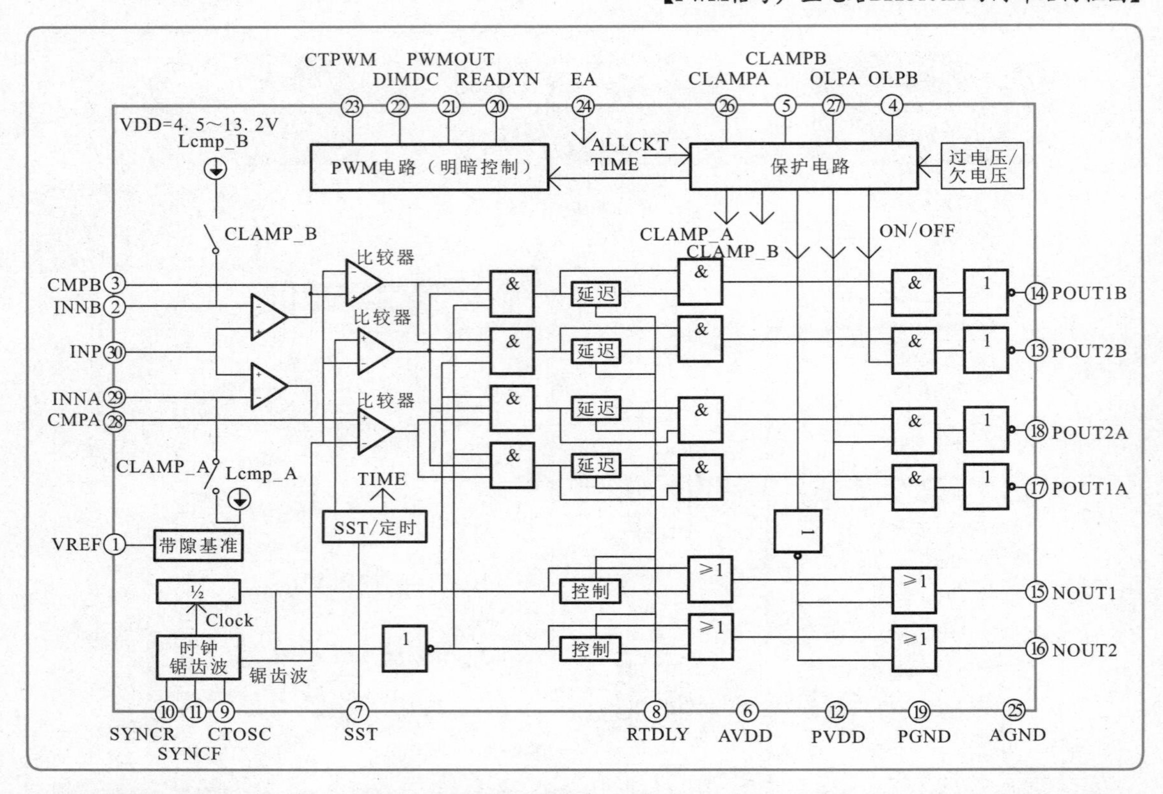

特别提醒

下表列出了PWM信号产生电路BIT3106A各引脚的名称，根据该表可以快速、准确地了解到该型号PWM信号产生电路的具体功能，为进一步分析电路或进行检修做好准备。

引脚号	名称	引脚功能	引脚号	名称	引脚功能
①	VREF	基准电压输出	⑯	NOUT2	AB信道第2场效应晶体管驱动端
②	INNB	B通道误差放大器反相输入端	⑰	POUT1A	A信道第1场效应晶体管驱动端
③	CMPB	B通道误差放大器输出端	⑱	POUT2A	A信道第2场效应晶体管驱动端
④	OLPB	B通道过电流检测输入端	⑲	PGND	地
⑤	CLAMPB	B通道过电压钳位信号输出端	⑳	READYN	接下拉电阻
⑥	AVDD	电源端（模拟）	㉑	PWMOUT	PWM信号输出端
⑦	SST	外接电容端	㉒	DIMDC	PWM信号控制端（亮度控制）
⑧	RTDLY	基准电流设置端	㉓	CTPWM	外接电容端
⑨	CTOSC	外接电容端（时间常数）	㉔	EA	开机/待机控制端
⑩	SYNCR	外接同步电阻端（频率和相位同步）	㉕	AGND	地
⑪	SYNCF	外接电阻到地端（频率和相位同步）	㉖	CLAMPA	A通道过电压钳位信号输出端
⑫	PVDD	电源供电端	㉗	OLPA	A通道过电流检测输入端
⑬	POUT2B	B信道第2场效应晶体管驱动端	㉘	CMPA	A通道误差放大器输出端
⑭	POUT1B	B信道第1场效应晶体管驱动端	㉙	INNA	A通道误差放大器反相输入端
⑮	NOUT1	AB信道第1场效应晶体管驱动端	㉚	INP	A通道误差放大器同相输入端

8.2 逆变器电路的检修方法

8.2.1 逆变器电路的检修指导

逆变器电路是液晶电视机中的关键电路，若该电路出现故障，会影响液晶屏的图像显示。常见的故障现象主要有黑屏、屏幕闪烁、有干扰波纹等。对该电路进行检修时，可依据故障现象分析出产生故障的原因，并根据逆变器电路的信号流程对可能产生故障的部件逐一进行排查。

当怀疑液晶电视机逆变器电路出现故障时，可首先采用观察法检查逆变器电路的主要元器件有无明显损坏迹象，如PWM信号产生电路、场效应晶体管、高压变压器有无明显的虚焊或脱焊迹象，连接插件有无松动迹象，背光灯管有无断裂迹象。若出现上述情况则应立即更换损坏的元器件。若从表面无法观测到故障点，一般可逆其信号流程从输出部分作为入手点逐级向前进行检测，信号消失的地方即可作为关键的故障点，再以此为基础对相关范围内的工作条件、关键信号进行检测，排除故障。

【典型液晶电视机逆变器电路的检修指导图】

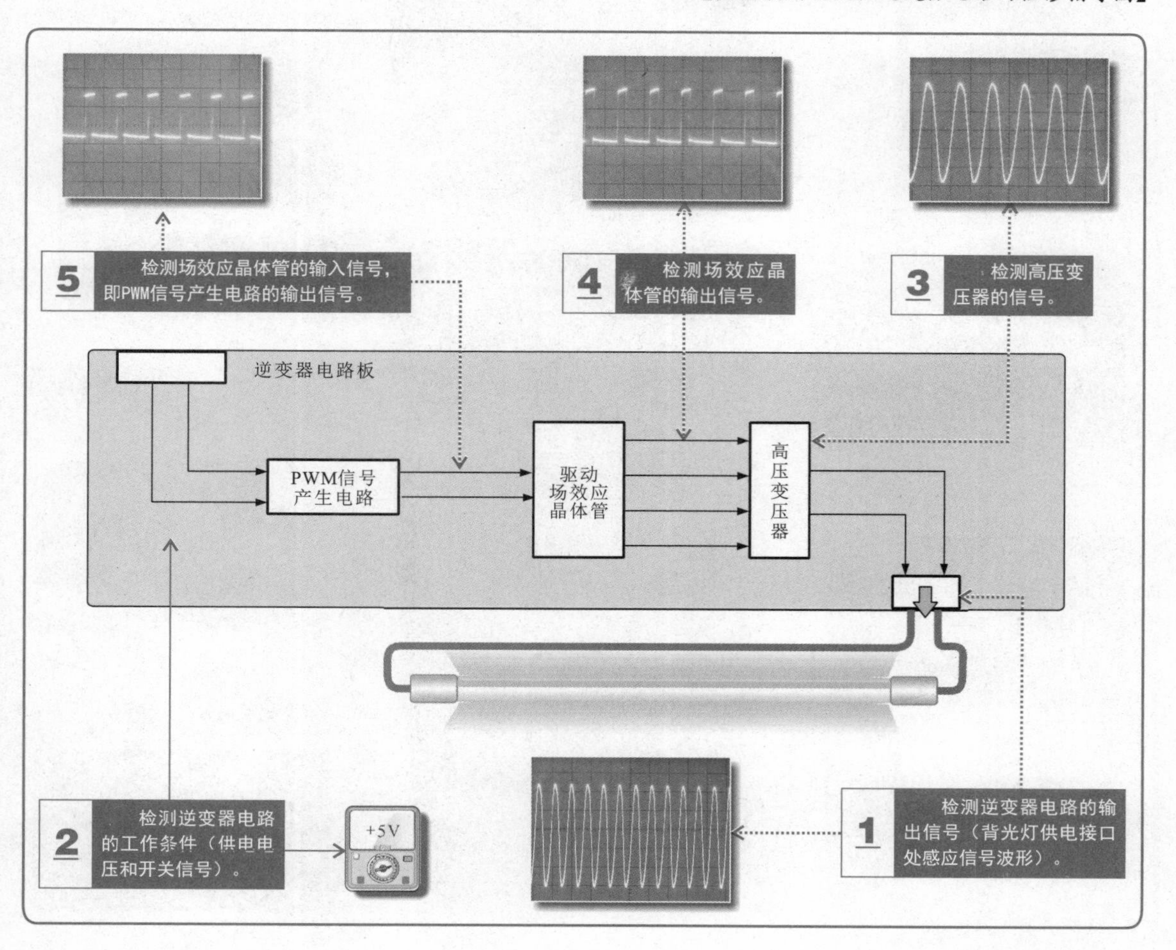

特别提醒

因逆变器电路本身具有独特特点，其电路的故障也具有较明显的特征。因此，在维修过程中，应注意积累经验，根据具体故障现象即可大致判断故障部位或故障元器件，有助于提高维修效率和维修技能水平。下图为逆变器中各关键部件的故障特点。

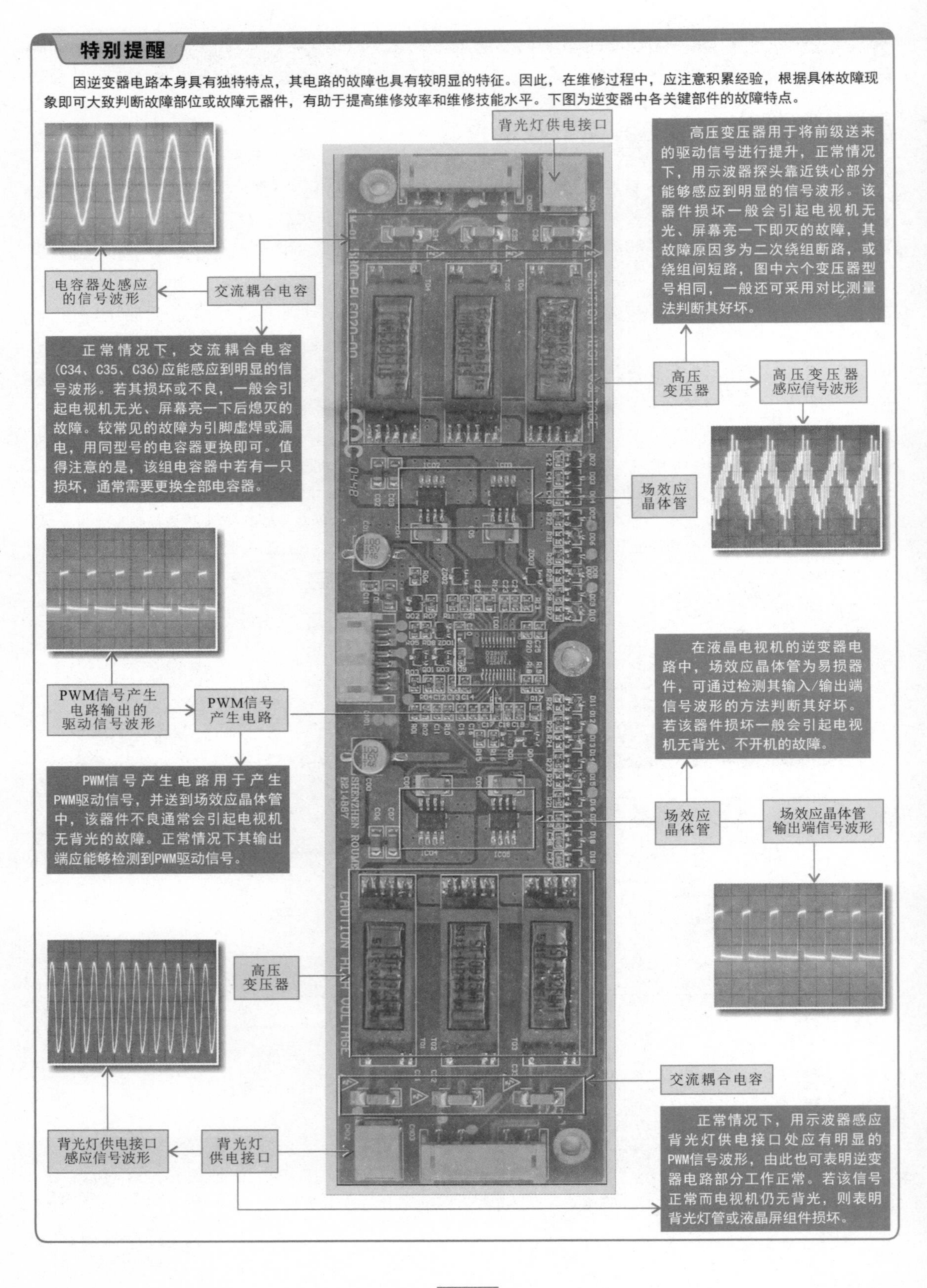

 8.2.2 逆变器电路的检修操作

检修时，可使用万用表或示波器测量待测液晶电视机的逆变器电路，然后将实测电压值或波形与正常的电压值或波形进行比较，即可判断出逆变器电路的故障部位。

不同液晶电视机的逆变器电路的检修方法基本相同，下面以创维19S19IW型液晶电视机为例介绍逆变器电路的具体检修方法。

1. 逆变器电路输出信号的检测

当逆变器电路出现故障时，应首先判断该电路有无输出，即在通电开机的状态下，对逆变器电路输出的信号波形进行检测，该信号波形可在背光灯供电接口处测得。

若逆变器电路输出的信号正常，则说明逆变器电路基本正常；若无信号输出，则说明该电路可能出现故障，需要进行下一步的检测。

【逆变器电路输出信号的检测】

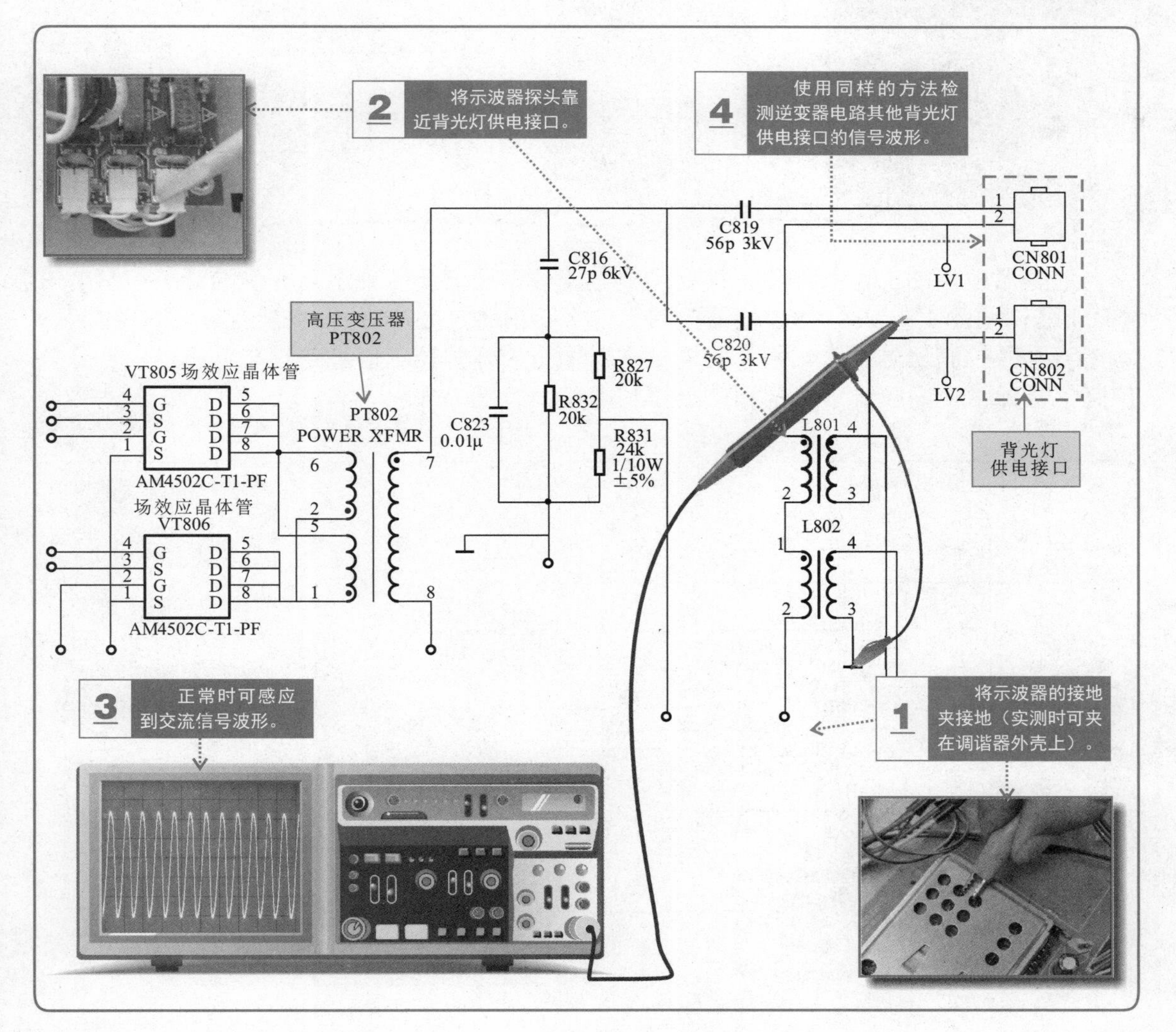

2. 逆变器电路工作条件的检测

若逆变器电路中任何一个背光灯供电接口处均检测不到信号波形，此时需要对逆变器电路的工作条件（供电电压、开关控制信号）进行检测。

直流供电电压是逆变器电路正常工作的最基本条件。若经检测逆变器电路的直流供电电压正常，则表明前级供电电路部分正常，应进一步检测逆变器电路的其他工作条件；若经检测无直流供电或直流供电异常，则应对前级供电电路中的相关部件进行检查，排除故障。

【逆变器电路供电电压的检测方法】

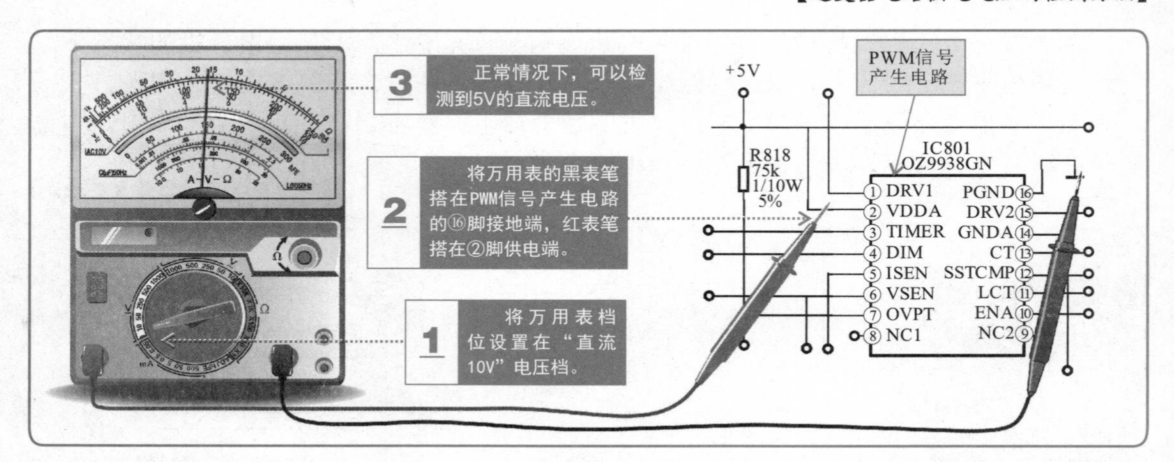

逆变器电路的工作条件除了需要供电电压外，还需要微处理器提供的开关控制信号才可以正常工作，因此，当逆变器电路无信号输出时，还应对开关控制信号进行检测。

若开关控制信号正常，则表明微处理器输出的开关控制信号条件能够满足。若开关控制信号异常，则应进一步检测前级控制电路。

【逆变器电路开关控制信号的检测方法】

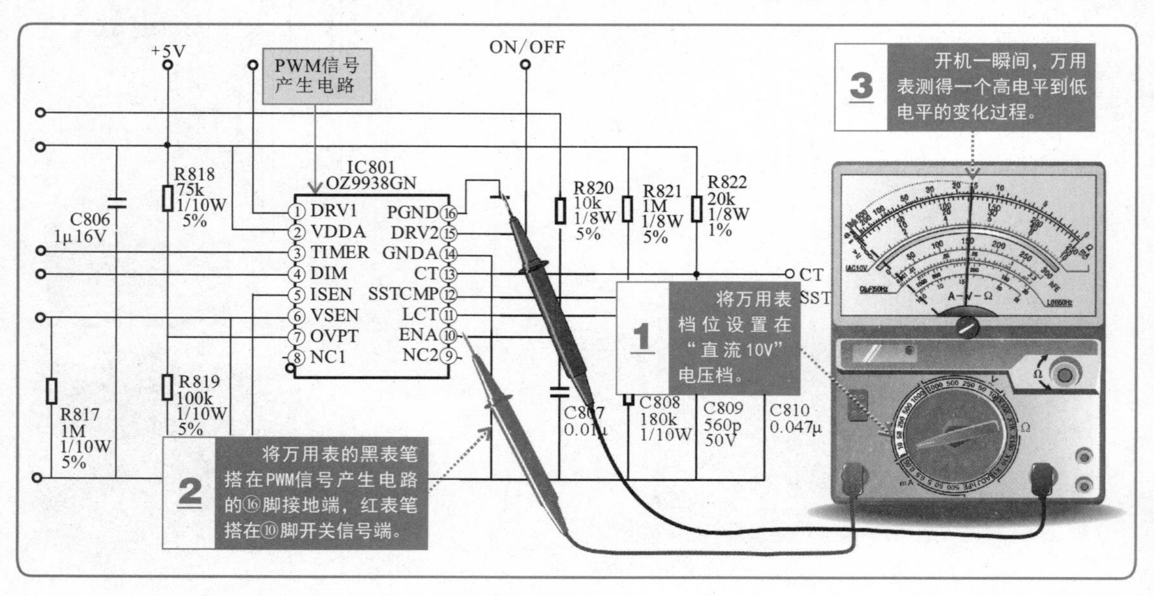

3. 高压变压器信号的检测

若逆变器电路的供电电压、开关控制信号均正常，而背光灯供电接口处仍无信号，则应继续对高压变压器的信号波形进行检测。

若高压变压器的信号波形正常，则说明背光灯供电接口可能损坏；若无法感应到高压变压器的信号波形，则应继续对其前级电路进行检测。

【高压变压器信号波形的检测】

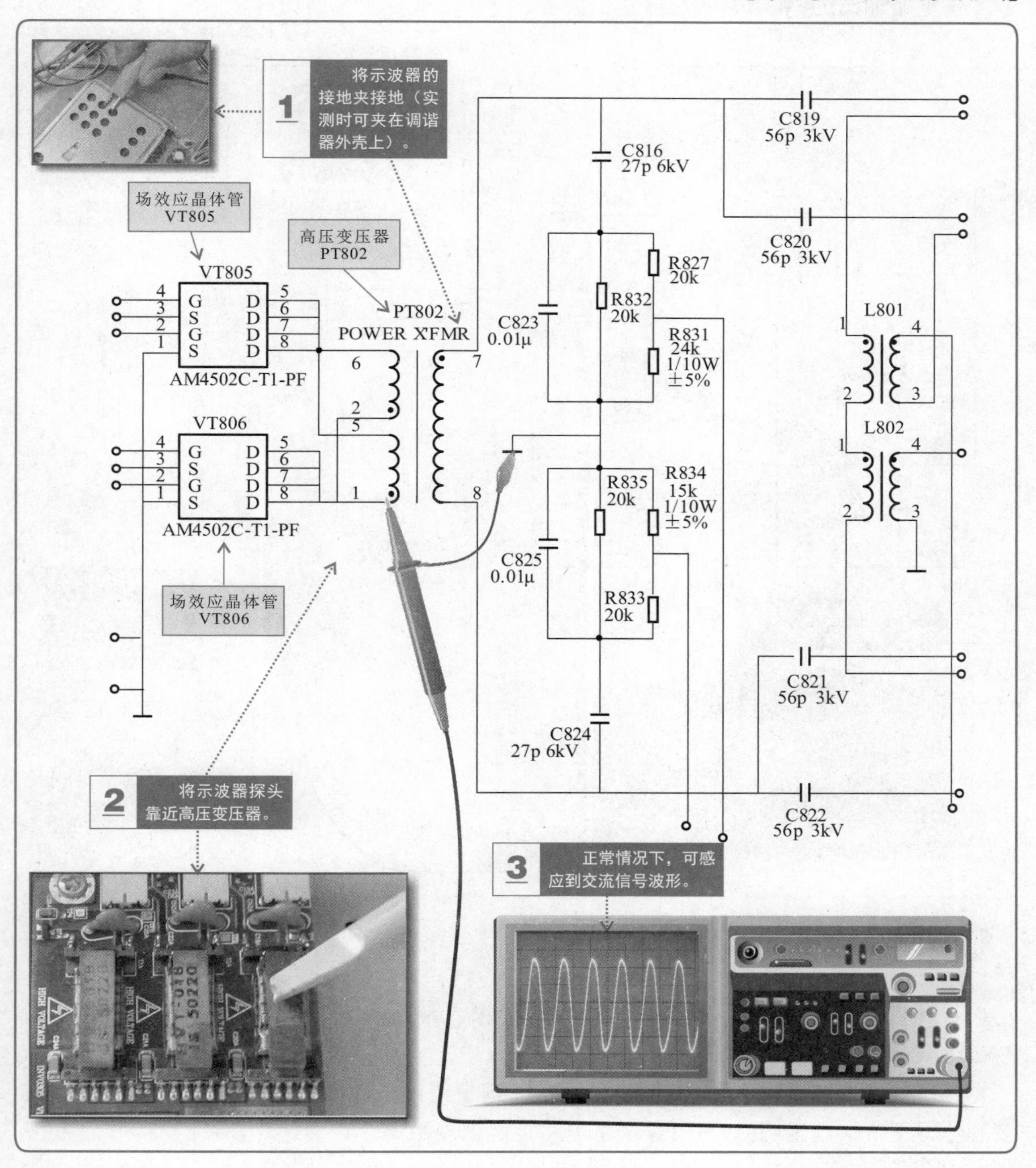

4. 场效应晶体管输出信号的检测

若经检测无法感应到高压变压器的信号波形，则接下来应对前级场效应晶体管输出的PWM驱动信号进行检测。

若场效应晶体管输出的PWM驱动信号正常，则表明高压变压器本身可能损坏；若场效应晶体管无PWM驱动信号输出，则应检测其场效应晶体管的输入信号，即PWM信号产生电路输出的PWM驱动信号是否正常。

【场效应晶体管输出信号的检测】

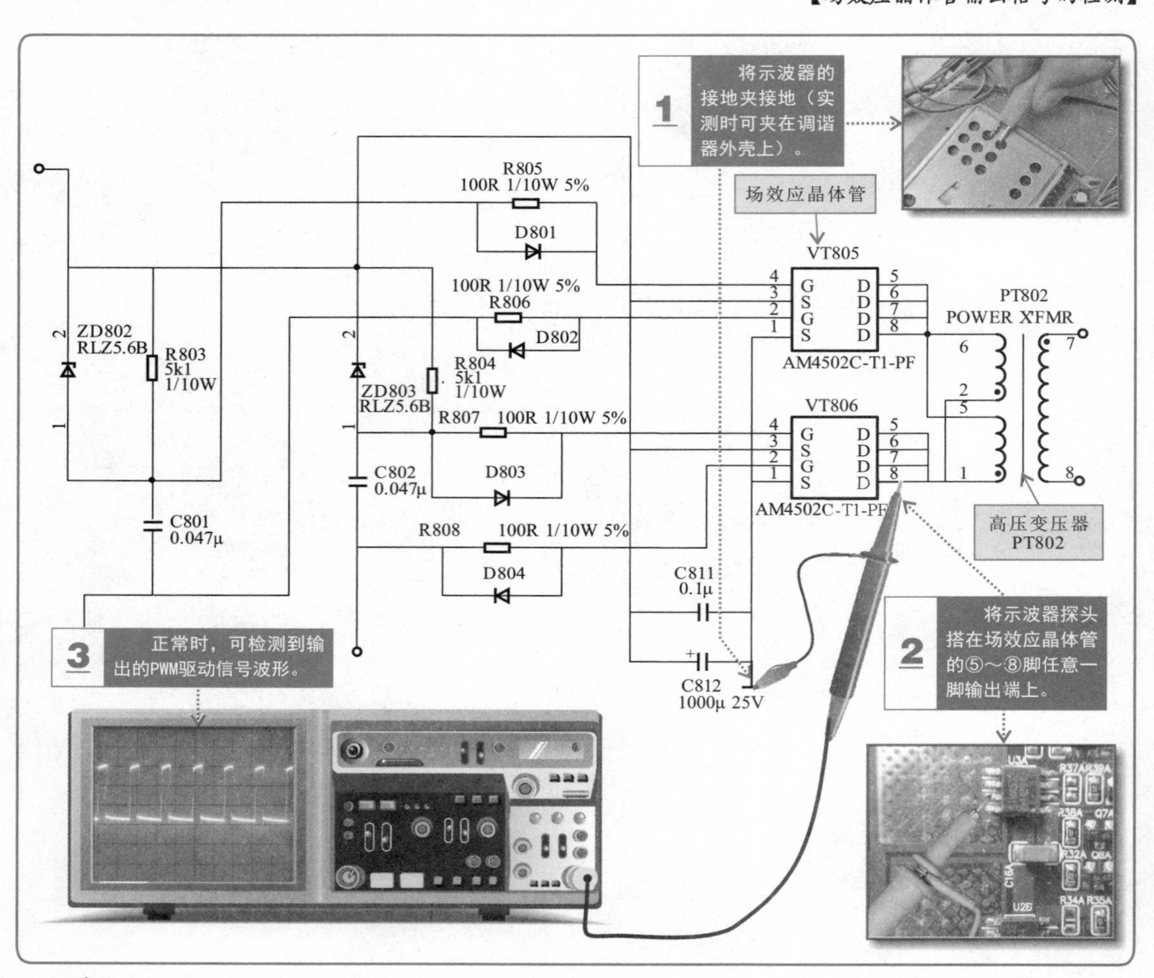

5. 场效应晶体管输入信号的检测

若场效应晶体管无信号输出，则应对其输入端输入的PWM信号进行检测，即对PWM信号产生电路输出的PWM信号进行检测。

若场效应晶体管输入的PWM信号正常，则表明PWM信号产生电路能正常工作；若该信号不正常，则说明PWM信号产生电路可能出现故障，需要进一步进行检测。

【场效应晶体管输入信号的检测】

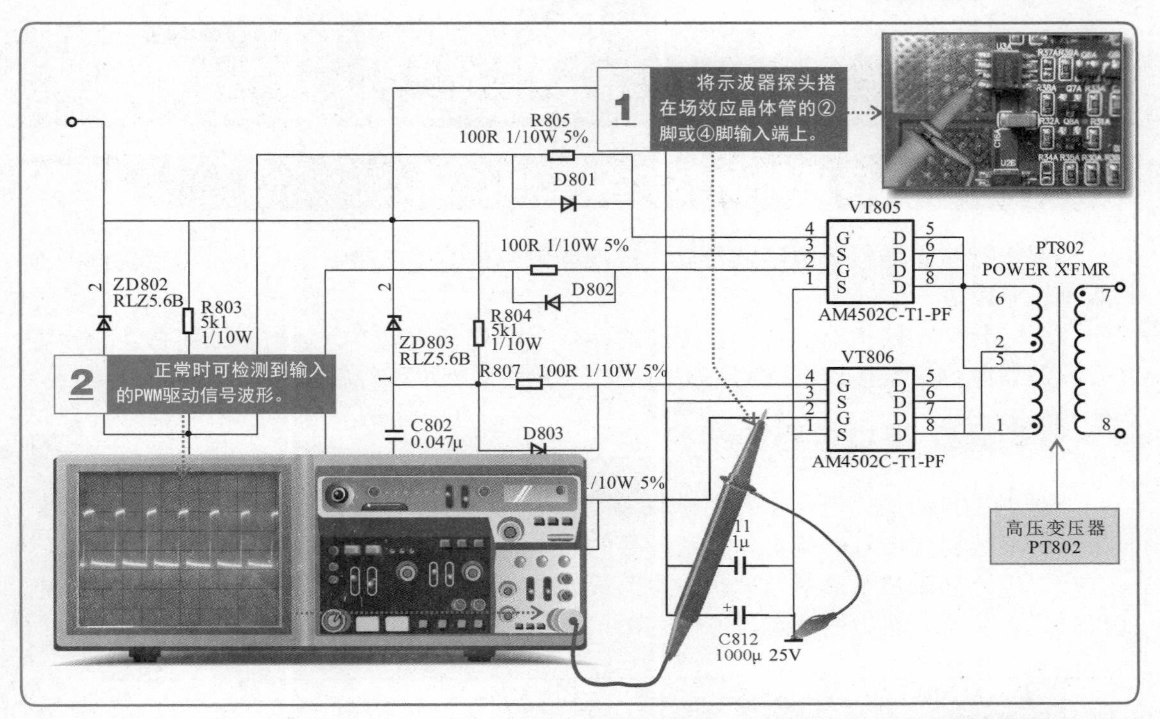

【在PWM信号产生电路输出端检测场效应晶体管输入信号】

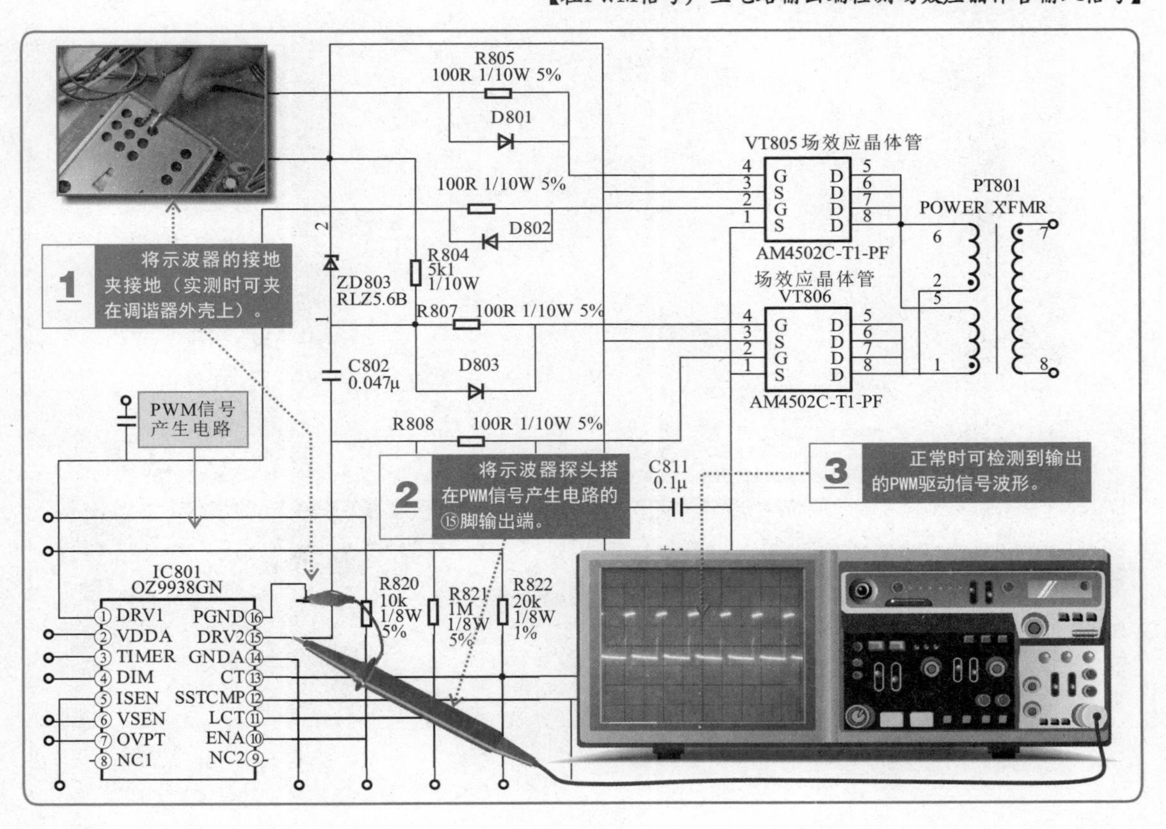

第9章

液晶电视机接口电路的检修方法

9.1 接口电路的结构和工作原理

液晶电视机中的接口电路通常集成在液晶电视机的主电路板中，是液晶电视机中的基本单元电路之一。

在学习接口电路检修之初，首先要对接口电路的安装位置、结构和工作特点有一定的了解，要能够根据接口电路的结构特点在主电路板中准确地找到接口电路。

9.1.1 接口电路的结构

液晶电视机的接口电路主要用于将液晶电视机与各种外部设备或信号进行连接，是一个以实现数据或信号的接收和发送为目的的电路单元。

接口电路通常位于液晶电视机主电路板的边缘部分，各输入、输出接口通过液晶电视机机壳上预留的缺口处露出，方便连接。

【接口电路的位置图】

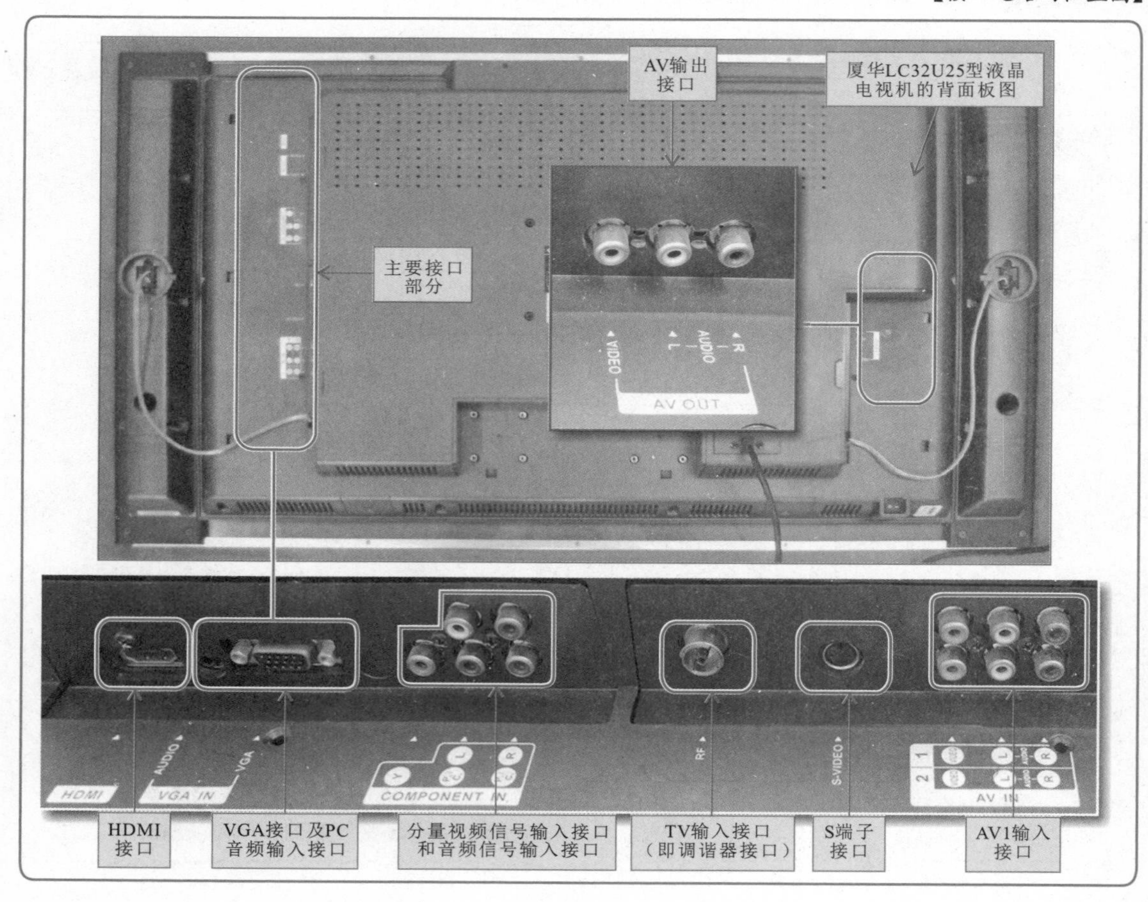

液晶电视机中包含的接口类型较多，且不同接口的外形特征比较明显，找到相应的接口电路比较简单。拆开液晶电视机外壳即可看到，液晶电视机各接口直接焊接在内部电路板上，与接口相关的外围电路则安装在电路板上靠近接口的位置上。

【典型液晶电视机的接口电路部分（厦华LC32U25型液晶电视机）】

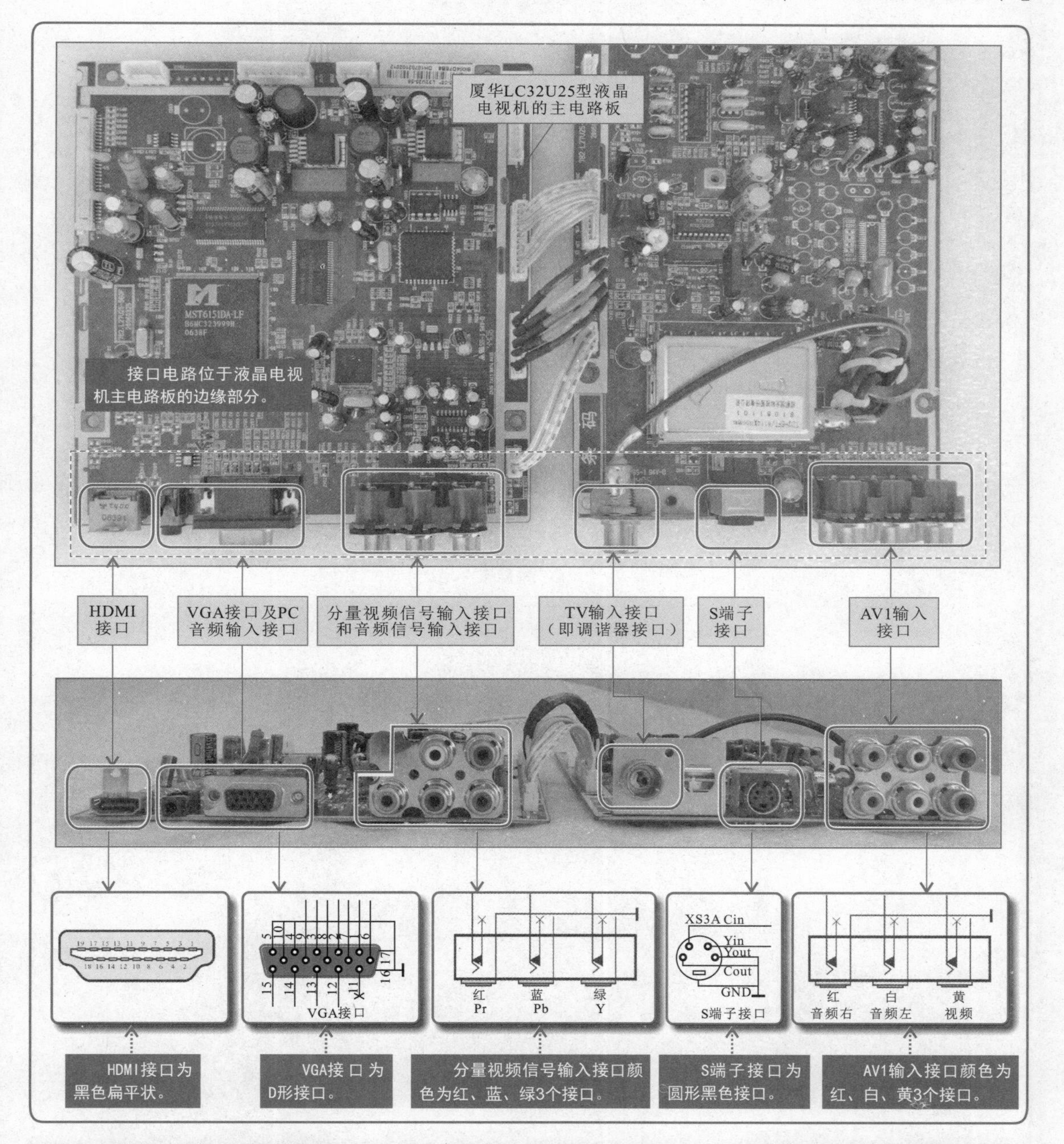

特别提醒

可以看到，液晶电视机中的接口较多，主要包括TV输入接口（调谐器接口）、AV输入接口、AV输出接口、S端子接口、分量视频信号输入接口、VGA接口等，有些还设有DVI（或HDMI）数字高清接口。不同接口具有不同的外形特征或特点，辨别比较方便。

接口电路实际上是由各种输入、输出接口及相关外围电路等构成的数据传输电路。由于不同品牌液晶电视机的具体功能或配置不同，所设计接口的数量和种类也不同。

【不同品牌、型号液晶电视机中接口电路的结构特征】

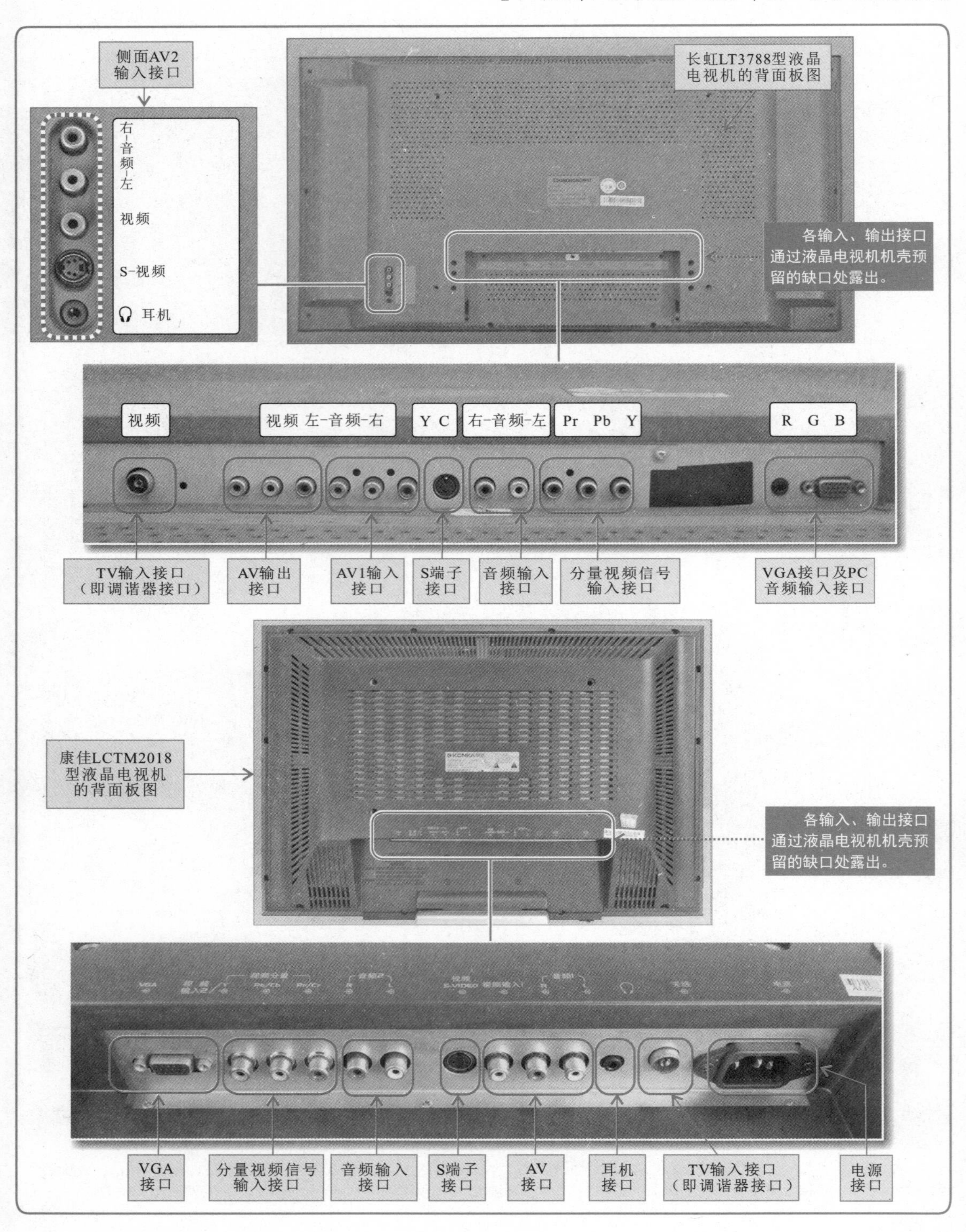

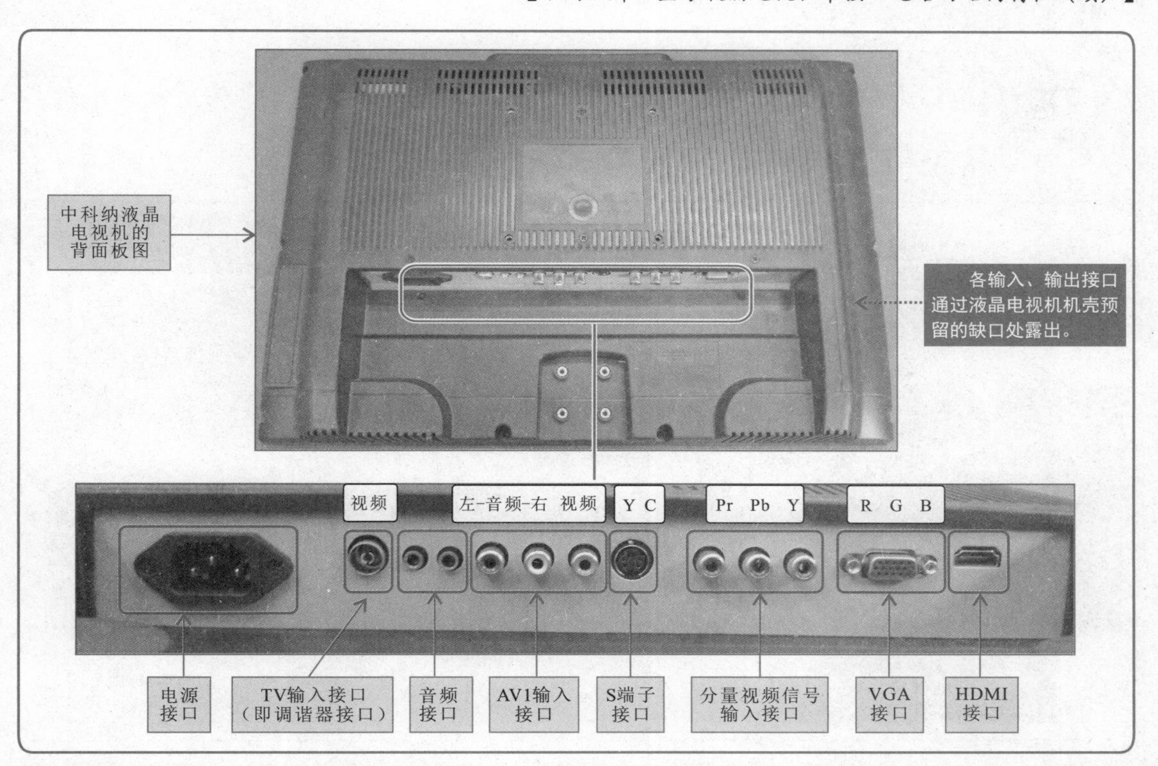

特别提醒

液晶电视机中的接口电路主要用于连接外部设备，将信号通过接口输送到各个电路中，在维修时，尤其需要检测电路板中信号波形时，需要使用接口将标准信号输送到电路中，然后再用检测仪表进行检测。

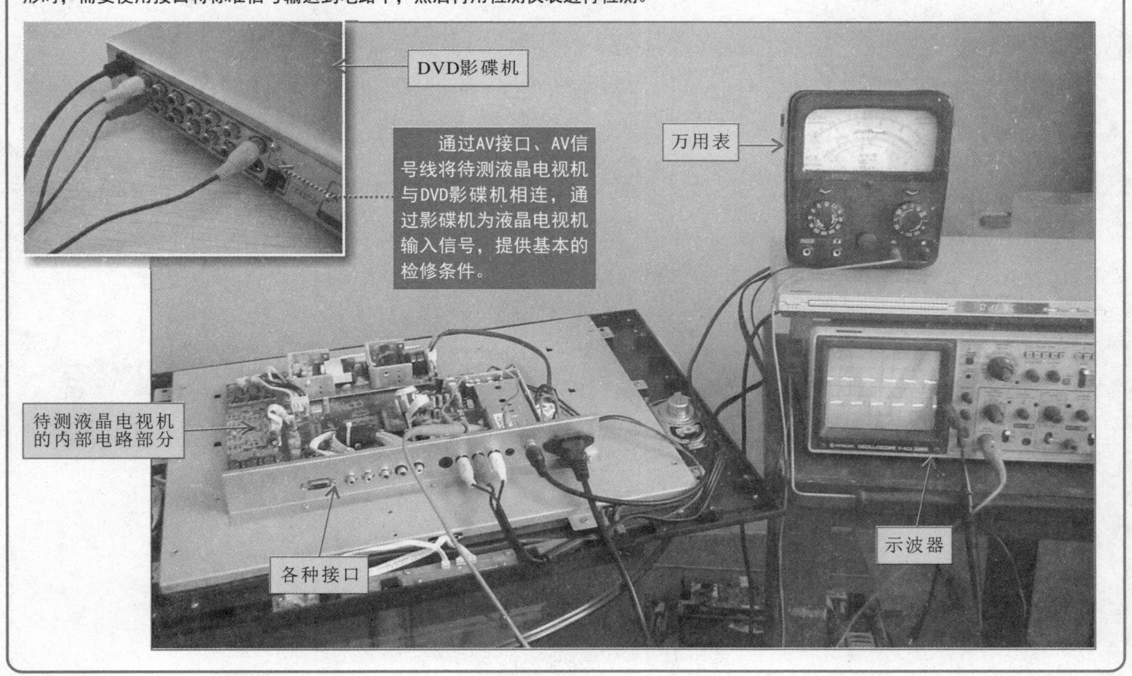

1. TV输入接口

TV接口也称为RF射频输入接口（RF IN），是电视机中最基本的信号输入接口。由电视天线所接收的信号及有线电视信号均通过该接口送入电视机中。

【TV输入接口图】

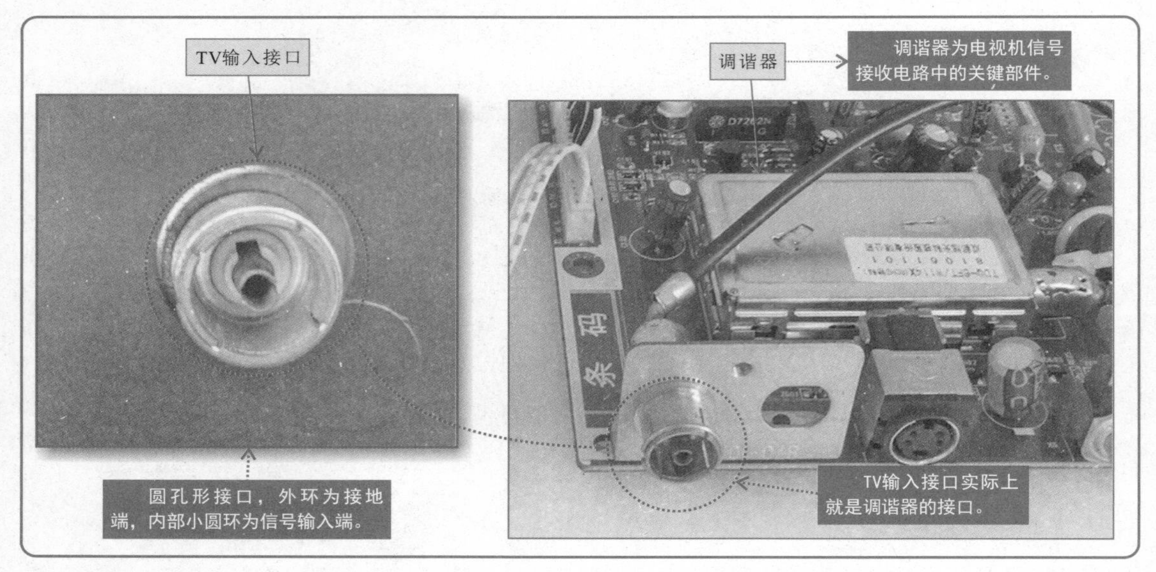

2. AV输入、输出接口

AV输入、输出接口是实现普通模拟音频和视频信号输入或输出的接口，是每台电视机必备的接口之一，用于与DVD影碟机等视频设备连接。

其中，AV输入接口一般有3个输入端，分别为音频接口（红色与白色为左右声道输入端）和视频接口（黄色输入端）；AV输出接口与之相同，只是信号方向为输出。

【AV输入、输出接口图】

特别提醒

当使用液晶电视机的AV输入、输出接口与DVD影碟机连接时，通过AV信号线与外部设备相连，连接时信号线三根插头的颜色分别对应接口颜色即可，如下图所示。AV输入或输出接口电路中的视频图像信号是将亮度与色度复合的视频图像信号，所以需要借助液晶电视机中的视频图像信号处理通道（数字信号处理电路）进行亮度和色度分离，再进行解码、图像处理和图像显示。由于亮度和色度信号的分离不完整，在一定程度上会影响图像的清晰度。

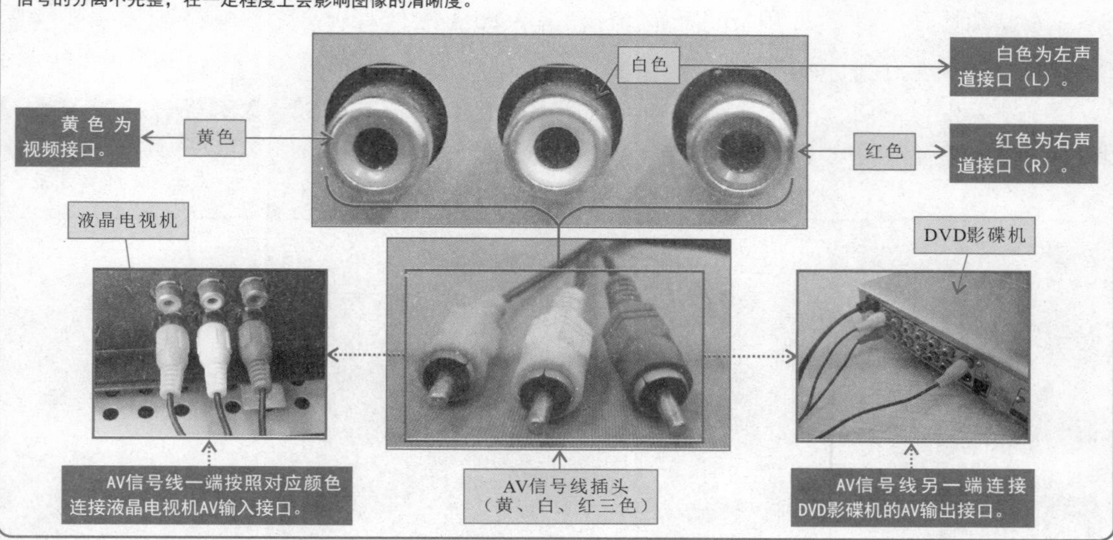

3. S端子接口

S视频（S-VIDEO）接口是一种视频的专业标准接口，简称S端子接口，与音频无关，也是电视机中比较常见的一种连接端子。液晶电视机可以通过S端子接口与带有该接口的DVD、PS2、XBOX、NGC等视频和游戏设备进行相互连接。

【S端子接口图】

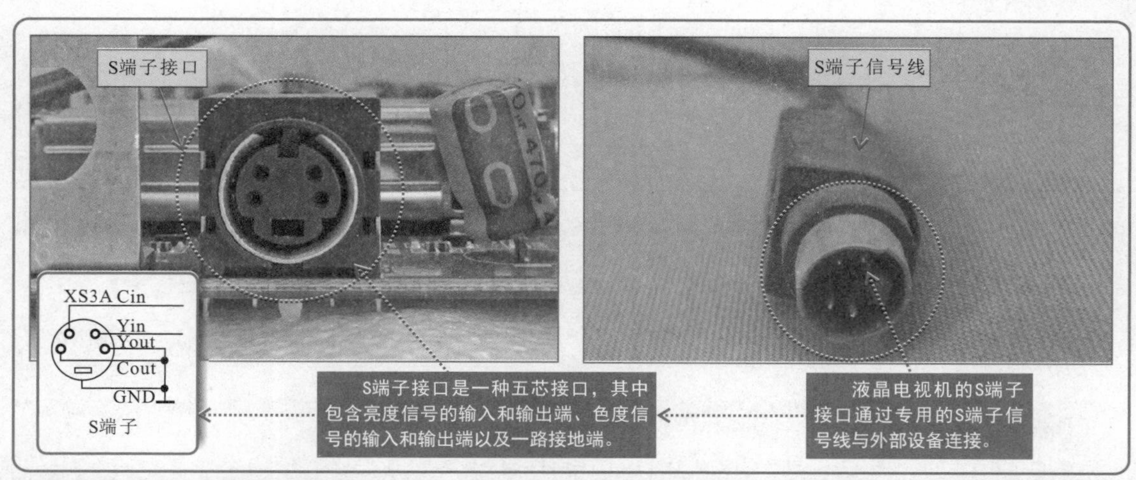

特别提醒

S端子接口的全称是Separate Video。S指的是“Separate（分离）”，它将亮度和色度分离输出。与AV接口相比较，S端子在信号传输方面不再将色度与亮度混合输出，而是分别进行信号传输，在很大程度上避免了亮度和色度信号之间的干扰，能够有效地提高图像的清晰度。

4. 分量视频信号接口

液晶电视机的分量视频信号接口用于为液晶电视机输入高清视频图像信号，也称其为分量视频接口，该接口用3个通道进行传输，即亮度信号（Y）、Pr/Cr色差信号（R-Y）和Pb/Cb色差信号（B-Y）。

液晶电视机通过分量视频接口可与带有该接口的DVD、PS2、XBOX、NGC等视频和游戏设备进行连接，其画质较S端子输入方式要好。

【分量视频信号接口】

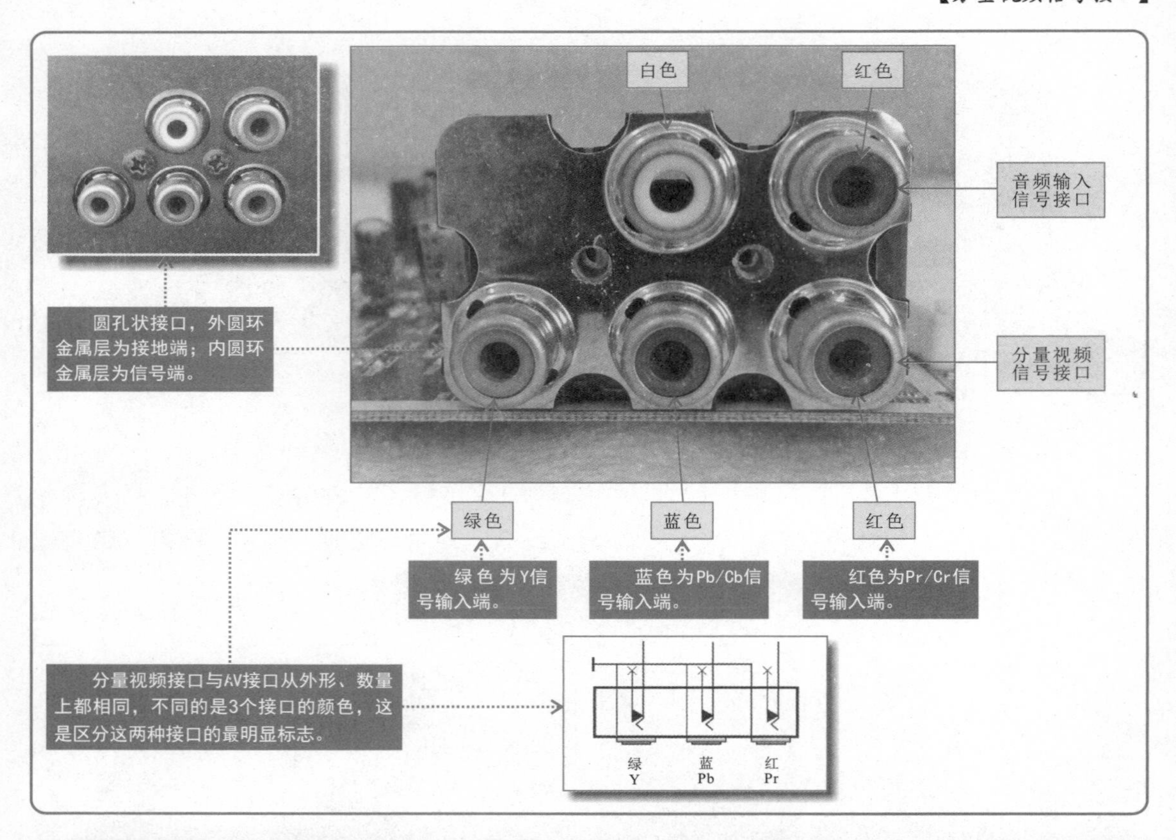

特别提醒

分量视频信号接口外形与AV接口基本相同，只是颜色上有所区分。AV接口3个信号通道的颜色分别为黄色、白色、红色，对应视频信号输入端、左声道音频信号输入端、右声道音频信号输入端。

分量视频信号接口3个信号通道的颜色分别为红色、蓝色、绿色，分别对应Pr/Cr信号输入端、Pb/Cb信号输入端和Y信号输入端。

特别提醒

● 电视信号的扫描和显示分为逐行扫描和隔行扫描方式，一般来说分量接口上面都会有几个字母来表示是逐行还是隔行，YCbCr表示隔行，YPbPr表示逐行。如果电视机只有YCbCr分量端子标识，则说明电视机不能支持逐行分量；若用YPbPr标识，则说明支持逐行和隔行两种形式。

● 在彩色电视机中通常用YUV来表示其视频中的亮度和色度信号，其中“Y”代表亮度，“U”和“V”代表色度。也可用“C”来表示信号的图像色调及饱和度，分别用Cr和Cb表示。其中，Cr反映了红色部分与亮度值之间的差值，而Cb反映的是蓝色部分与亮度值之间的差值，此即所谓的色差信号，也就是人们常说的分量信号（Y、R-Y、B-Y）。

5. VGA接口

目前，很多液晶电视机也可以作为计算机显示器使用，由此通常设有可以与计算机主机直接连接的VGA接口。

【VGA接口】

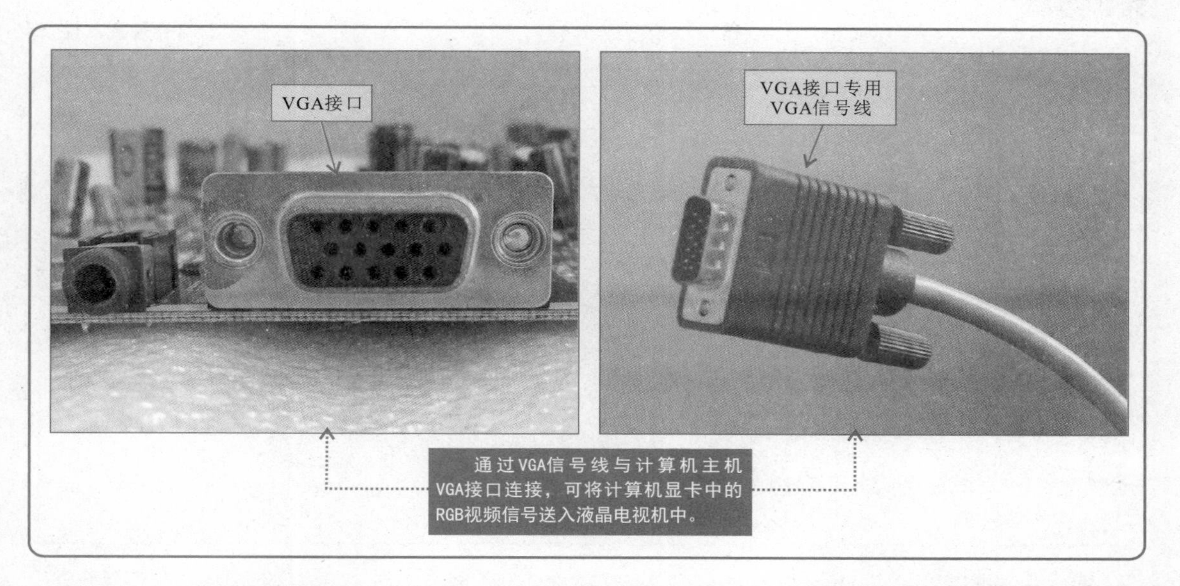

通过VGA信号线与计算机主机VGA接口连接，可将计算机显卡中的RGB视频信号送入液晶电视机中。

特别提醒

VGA接口又称为D-Sub接口，是一种用于传输模拟视频信号的接口，它是一种D形接口，多用于连接计算机主机。该接口共15针，其各针脚功能可见下表所列。

VGA接口	针脚	功能	针脚	功能
5 1 10 6 15 11	①R	视频－红色	⑨DDV +5V	供电端
	②G	视频－绿色	⑩GND	接地
	③B	视频－蓝色	⑪GND	接地
	④NC	空脚	⑫SDA	I^2C总线数据
	⑤GND	接地	⑬ HS	行同步信号
	⑥R GND	红一接地	⑭ VS	场同步信号
	⑦G GND	绿一接地	⑮SCL	I^2C总线数据
	⑧B GND	蓝一接地		

6. PC音频输入接口

液晶电视机中的VGA接口只用于输入模拟视频信号，其音频信号还需要另外的接口输入，因此通常设有与计算机主机连接的PC（Personal Computer，个人计算机）音频输入接口。

【PC音频输入接口】

7. HDMI接口

HDMI（High Definition Multimedia Interface）即高清晰度多媒体接口，是一种全数字化视频和音频传送接口，可以传送无压缩的数字音频信号及视频信号。

液晶电视机中的HDMI接口一般可用于与带有HDMI接口的数字机顶盒、DVD播放机、计算机、电视游戏机、数码音响等设备进行连接。

【HDMI接口】

特别提醒

HDMI可以同时传送音频和视频信号，且音频和视频信号采用同一条电缆即可进行传输。HDMI不仅可以满足目前最高画质1080P的分辨率，还能支持DVD Audio等最先进的数字音频格式，支持八声道96kHz或立体声192kHz数码音频传送。

在HDMI之前，很多液晶电视机或液晶显示器中采用DVI接口传输数字信号。HDMI在引脚上和DVI（一种典型的数字视频接口）兼容，只是采用了不同的封装。与DVI接口相比，HDMI可以传输数字音频信号。HDMI接口引脚端子定义及其与DVI接口端子的对应关系见下表所列。

HDMI接口引脚号	DVI接口引脚号	引脚名称	HDMI接口引脚号	DVI接口引脚号	引脚名称
H1	D2	TMDS DATA2+	H11	D22	TMDS DATA CLOCK屏蔽
H2	D3	TMDS DATA2屏蔽	H12	D24	TMDS DATA CLOCK-
H3	D1	TMDS DATA2-	H13	——	CEC
H4	D10	TMDS DATA1+	H14	——	Reserved（保留N.C）
H5	D11	TMDS DATA1屏蔽	H15	D6	SCL（DDC时钟线）
H6	D9	TMDS DATA1-	H16	D7	SDA（DDC数据线）
H7	D18	TMDS DATA0+	H17	D15	DDC/CEC GND
H8	D19	TMDS DATA0屏蔽	H18	D14	+5 V电源线
H9	D17	TMDS DATA0-	H19	D16	热插拔检测
H10	D23	TMDS DATA CLOCK+			

特别提醒

上述几种接口电路均属于液晶电视机的外部接口电路，在液晶电视机内部，电路与电路之间通常也通过接口进行关联，如逆变器电路与主电路板之间的连接接口、主电路板与液晶显示屏驱动电路之间的连接接口、开关电源电路的电压输出接口、扬声器连接接口等，如下图所示。这些接口称为液晶电视机的内部接口电路，其相关功能特点和结构原理在介绍相应功能电路时进行了介绍，这里不再重复。

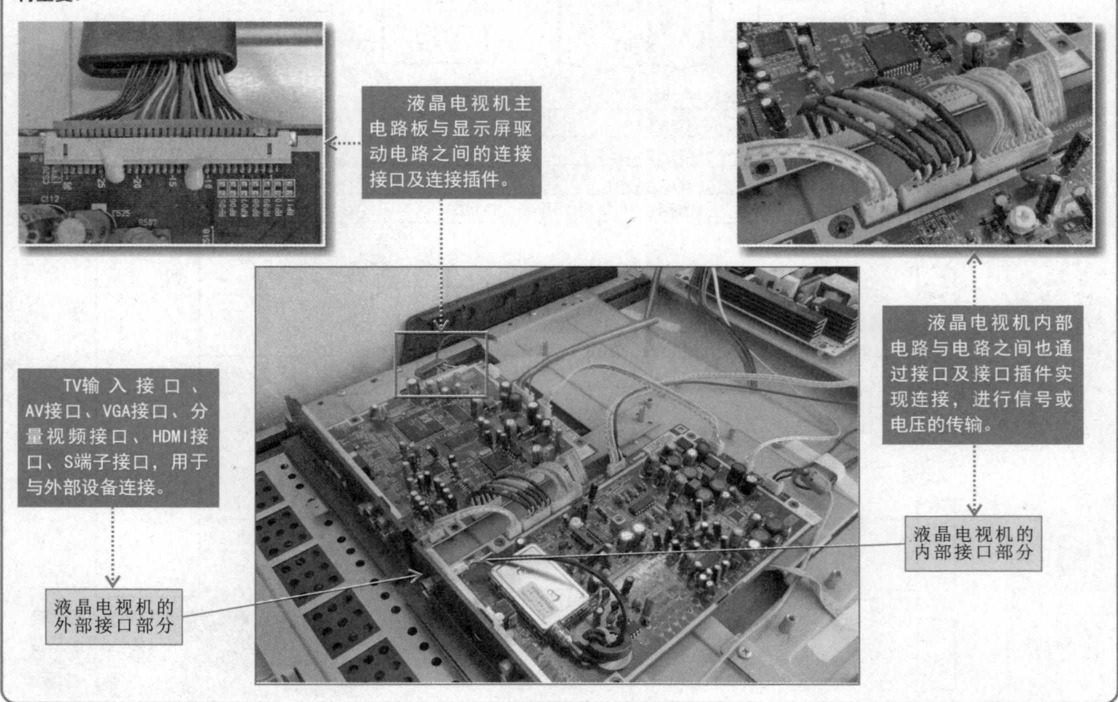

9.1.2 接口电路的工作原理

接口电路主要的工作是完成液晶电视机与所连接设备之间的信号传输，即实现数据或信号的接收和发送。不同接口构成的接口电路中，所传送信号或数据的类型不同，因此，具体工作时信号传输的过程也有所区别。

【典型接口电路的信号流程框图】

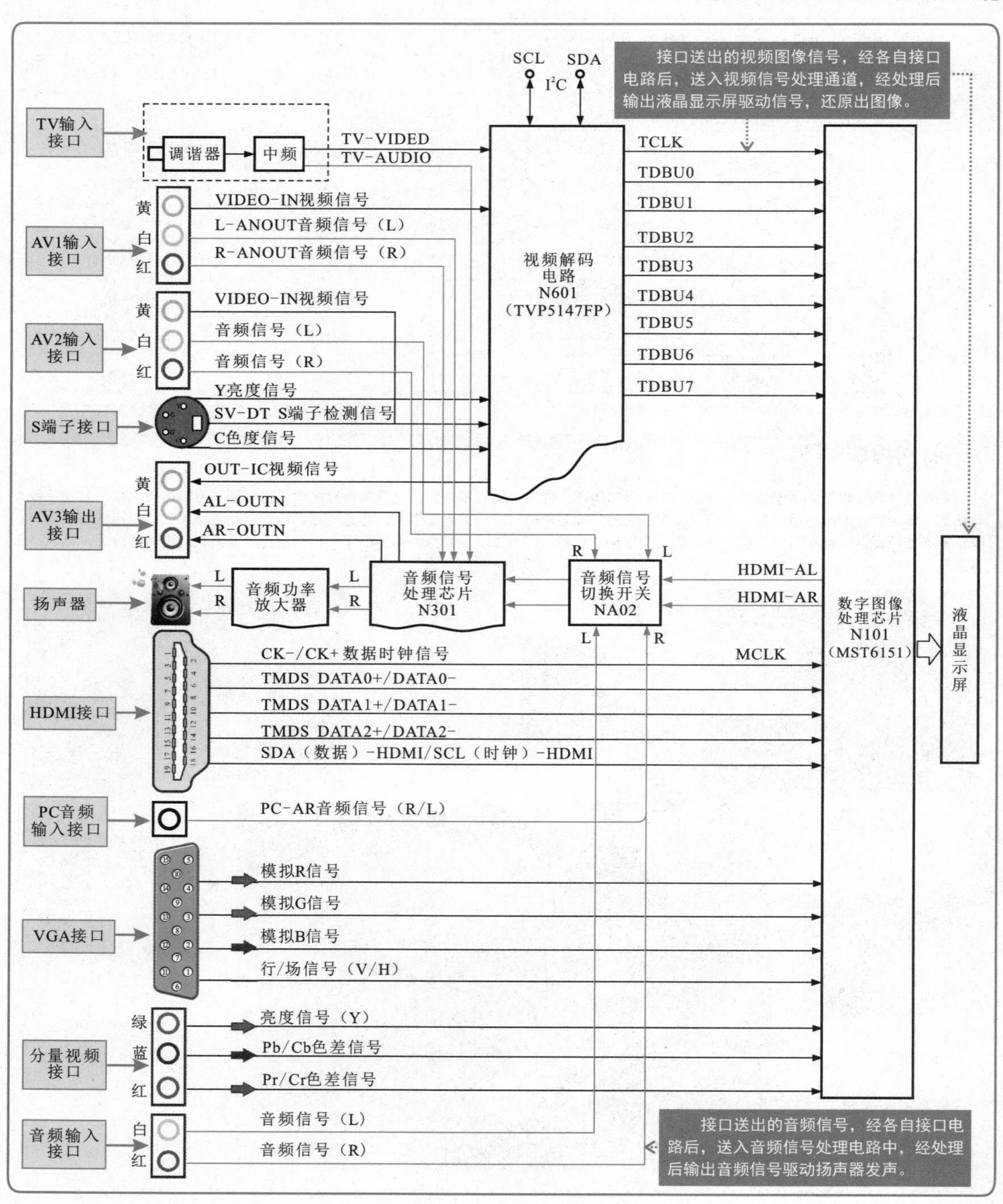

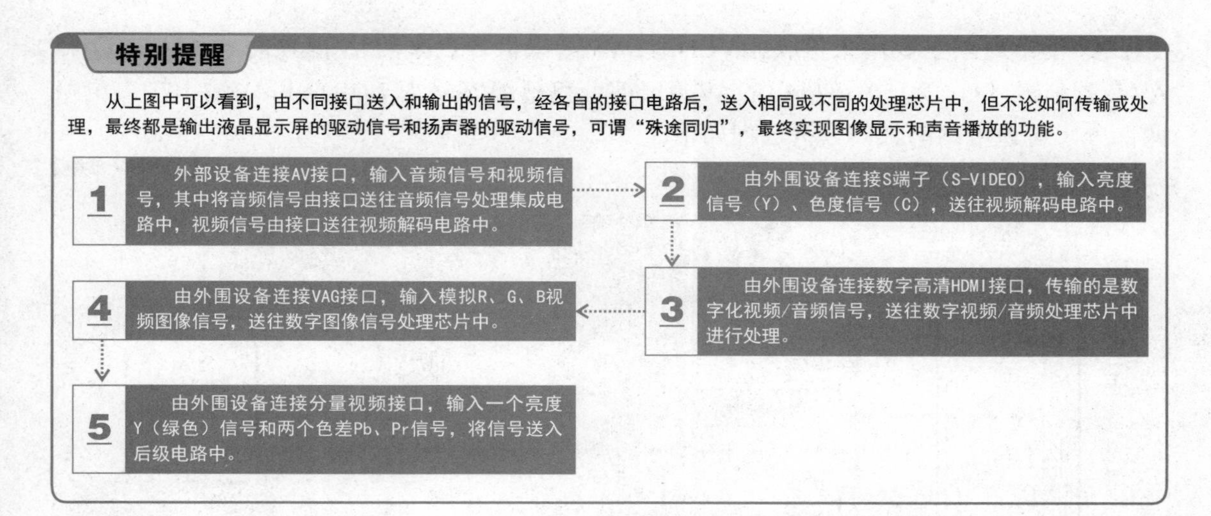

下面我们以厦华LC32U25型液晶电视机的各种接口电路原理图为例，来具体了解一下接口电路的基本工作过程和信号流程。其中，TV输入接口电路即为液晶电视机的调谐器接口电路，该部分电路属于电视信号接收电路中的重要组成部分，相关电路分析参见第3章，这里重点介绍其他几种接口电路。

S端子接口电路主要用于向液晶电视机中直接输入亮度信号（Y）和色度信号（C）。

【S端子接口电路】

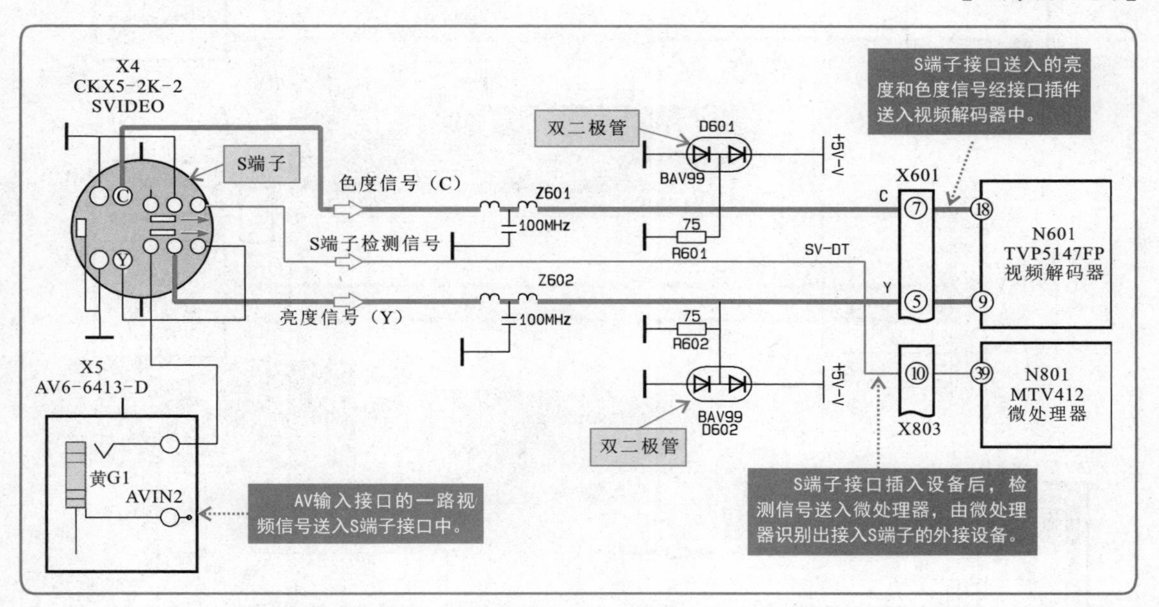

特别提醒

● 当液晶电视机的S端子接口接入设备后，其检测端输出SV-DT信号，经接口插件X803后送入微处理器中，微处理器识别到该信号后，进行相应的切换控制。

● 在微处理器控制下，外部设备中的亮度信号（Y）和色度信号（C）分别经LC滤波器Z601、Z602后，经插件X601送入视频解码器中。

AV接口电路主要用来接收由VCD或DVD影碟机等送来的AV视频信号（VIDEO)和AV音频信号（L、R）。该机中的AV接口部分包括AV输入接口电路和AV输出接口电路两部分，对该电路的具体分析过程如下。

【AV接口电路】

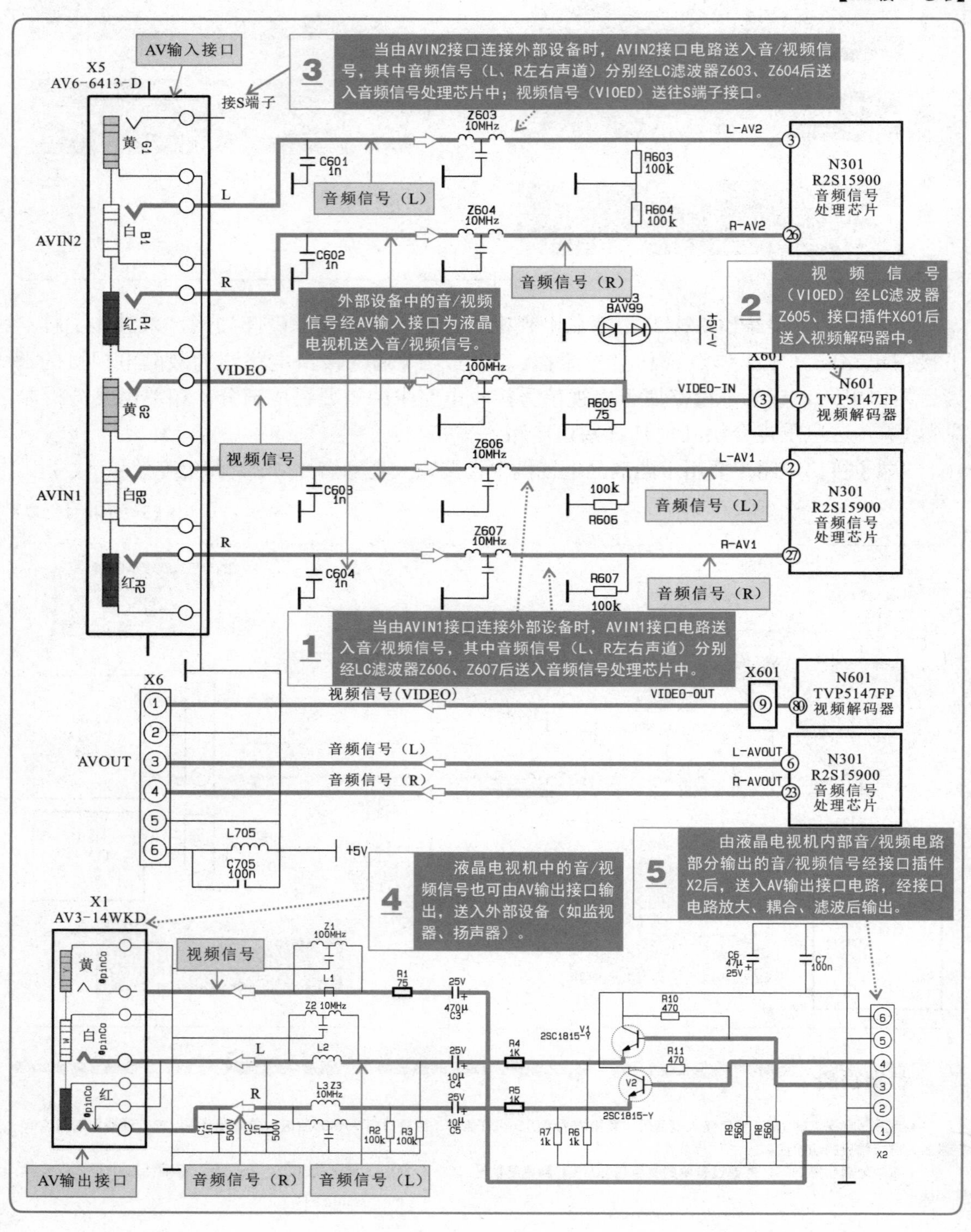

分量视频接口电路将外部设备输入的分量视频信号传送到液晶电视机中的电路单元。

【分量视频接口电路】

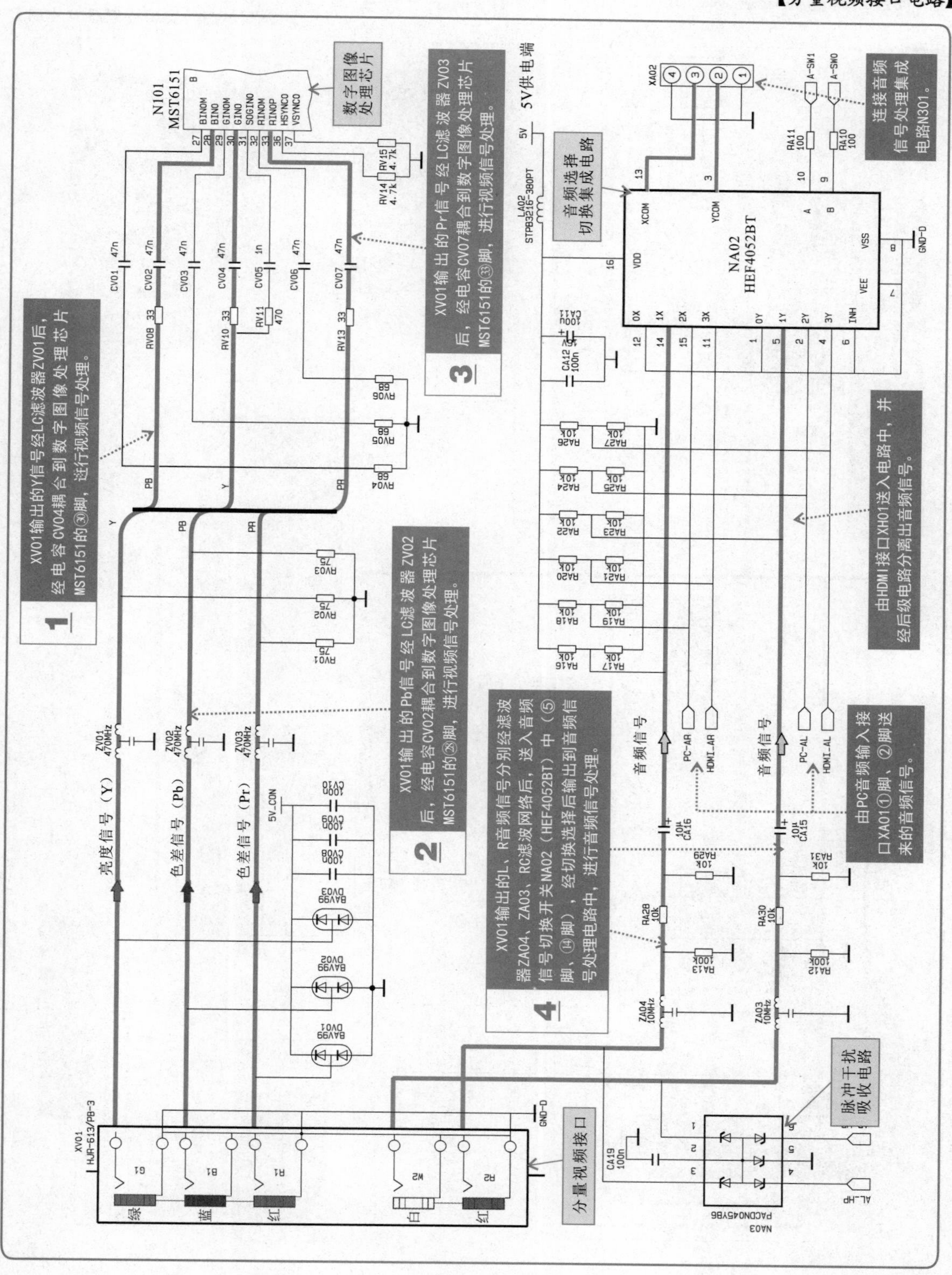

VGA接口及PC音频接口电路是液晶电视机中专用于连接计算机主机的接口部分，可向液晶电视机中送入RGB视频信号和计算机主机输出的音频信号。

【VGA接口及PC音频接口电路】

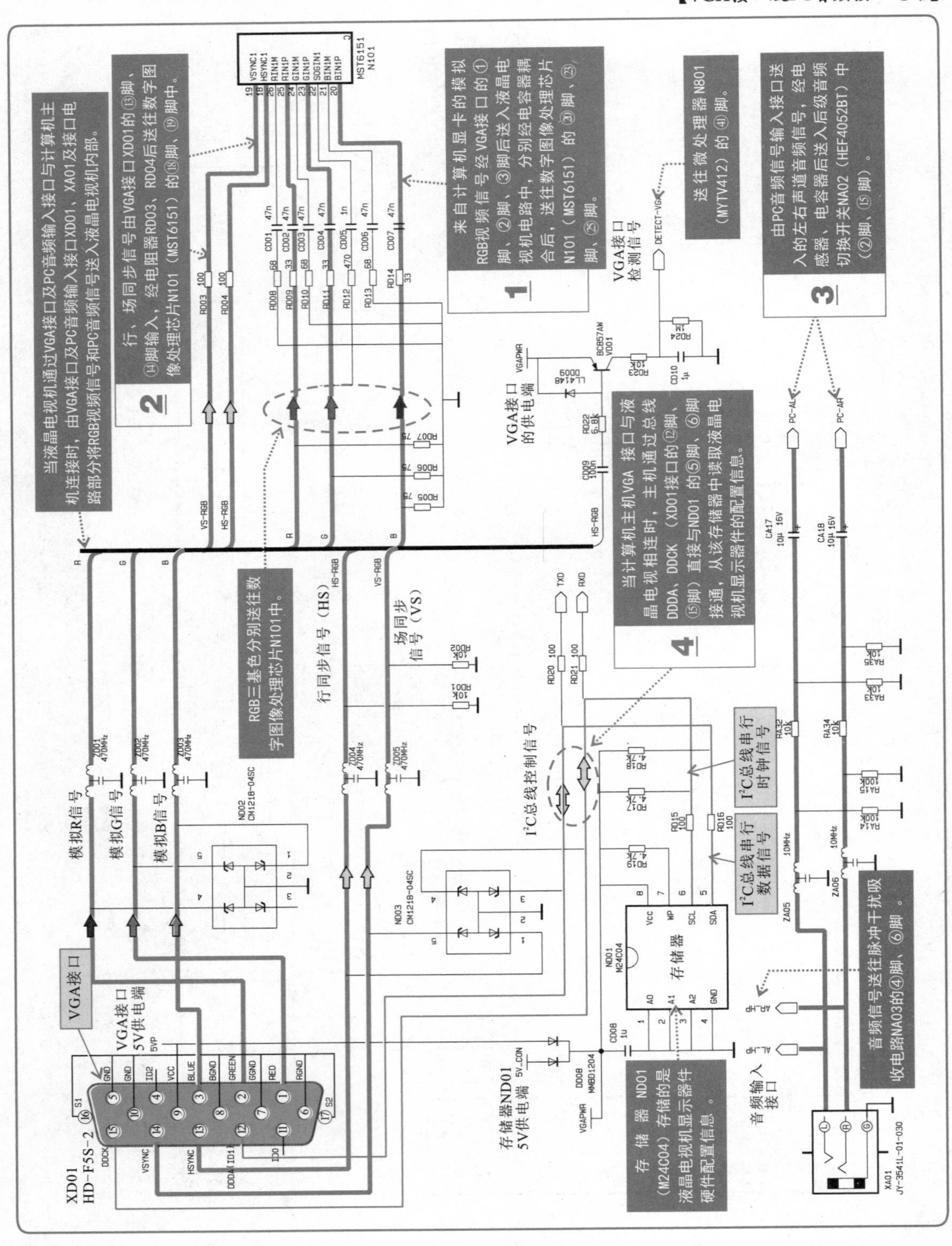

HDMI接口电路主要是将外部高清设备送来的音/视频信号送入液晶电视机中。

【HDMI接口电路】

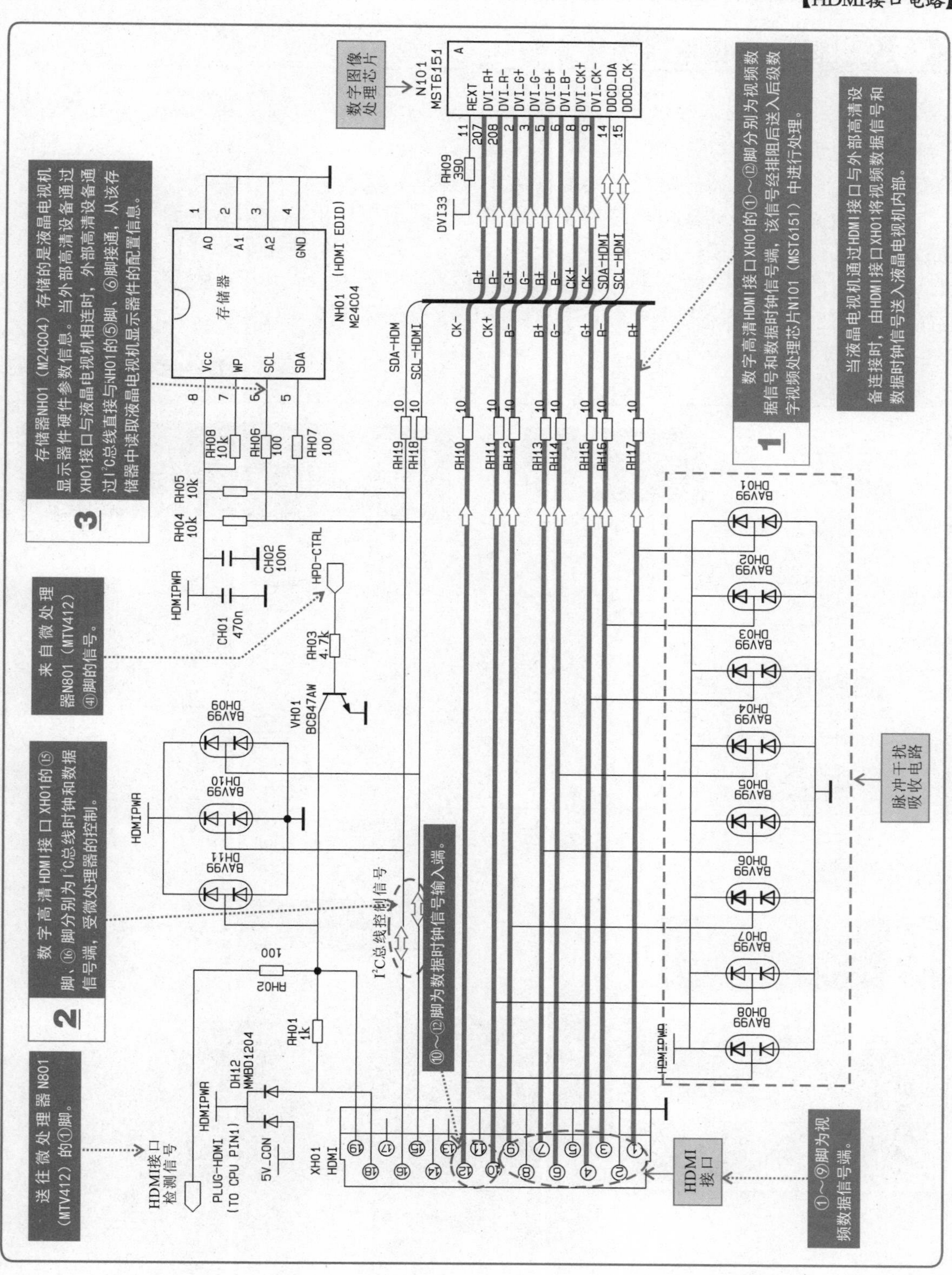

9.2 接口电路的检修方法

9.2.1 接口电路的检修指导

接口电路是液晶电视机中的重要功能电路，它是液晶电视机与外部设备或信号源（有线电视机末端接口）产生关联的“桥梁”，若该电路不正常，将直接导致信号传输功能失常，进而决定液晶电视机的影音输出功能能否实现。

虽然液晶电视机的接口电路较多，但由于不同的接口出现故障后的表现具有明显的特征，即哪一部分的接口电路损坏，使用该接口的外部设备将出现无法连接或信号异常的现象。由此可依据故障现象，结合具体的电路结构和关系，分析产生故障的原因，整理出基本的检修方案，根据检修方案对电路进行检测和排查，最终排除故障。

【接口电路的检修指导图】

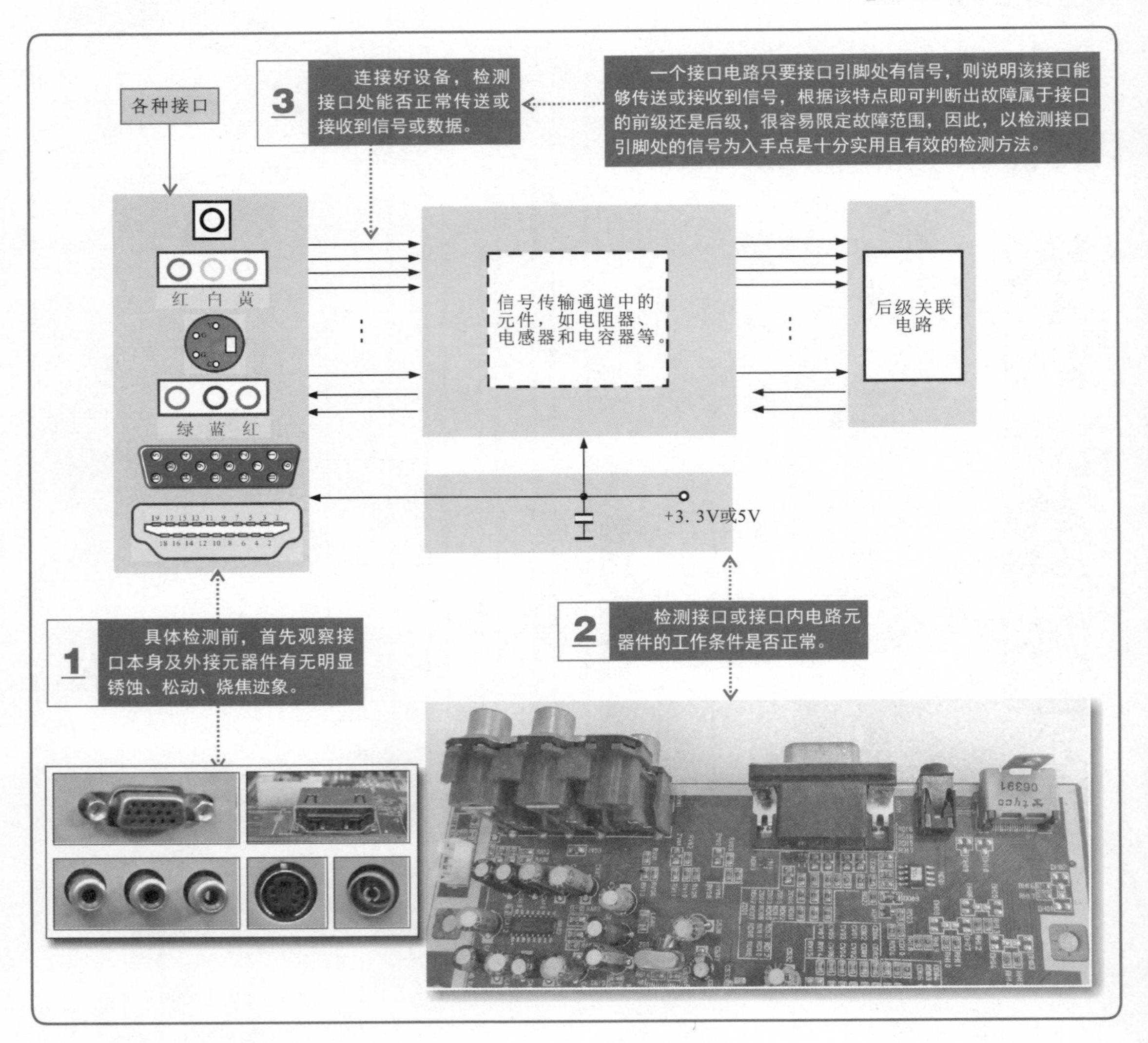

特别提醒

不同接口电路的功能原理十分相似，因此其检修的基本方案也大致相同。当怀疑接口电路出现故障时，可首先采用观察法检查接口电路中的主要元器件或部件有无明显损坏迹象，如观察接口外观有无明显损坏现象，接口引脚有无腐蚀氧化、虚焊、脱焊现象，接口电路的元器件有无明显烧焦、击穿现象。

若从表面无法观测到故障部位，可借助万用表或示波器逐级检测接口电路信号传输电路中的各元器件输入和输出端的信号，信号异常的部位即为主要的故障点。

需要注意的是，当怀疑接口电路异常时，不可盲目拆机检测，首先应检查液晶电视机的模式设置、信号线连接是否正常，排除外部因素后，再对接口及接口电路中的主要元器件进行检测。

对接口电路故障进行检修时，可尝试用不同的接口为液晶电视机输入信号，根据不同接口的工作状态，判断故障的大体范围是十分有效、快捷的方法，例如：

当怀疑AV输入接口电路故障时，可使用TV输入接口为液晶电视机送入信号，若TV输入接口送入信号时，液晶电视机工作正常，而使用AV输入接口送入信号时，液晶电视机声音或图像异常，则多为AV输入接口电路出现故障，直接针对AV输入接口相关电路进行检修即可；若使用TV、AV输入或其他接口为液晶电视机送入信号时均不正常，则多为信号处理公共通道异常，可初步排除接口部分的问题，由此很容易缩小故障范围，提高维修效率。

9.2.2 接口电路的检修操作

不同液晶电视机接口电路的检修方法基本相同，下面仍以厦华LC32U25型液晶电视机为例讲述接口电路的具体检修方法。

1. 接口本身的检查

接口是液晶电视机接口电路中故障率较高的部件，特别是插接操作频繁、操作不规范的情况下，接口引脚锈蚀、断裂、松脱的情况较常见，因此对接口本身进行检查是接口电路测试中的重要环节。

【接口本身的检查】

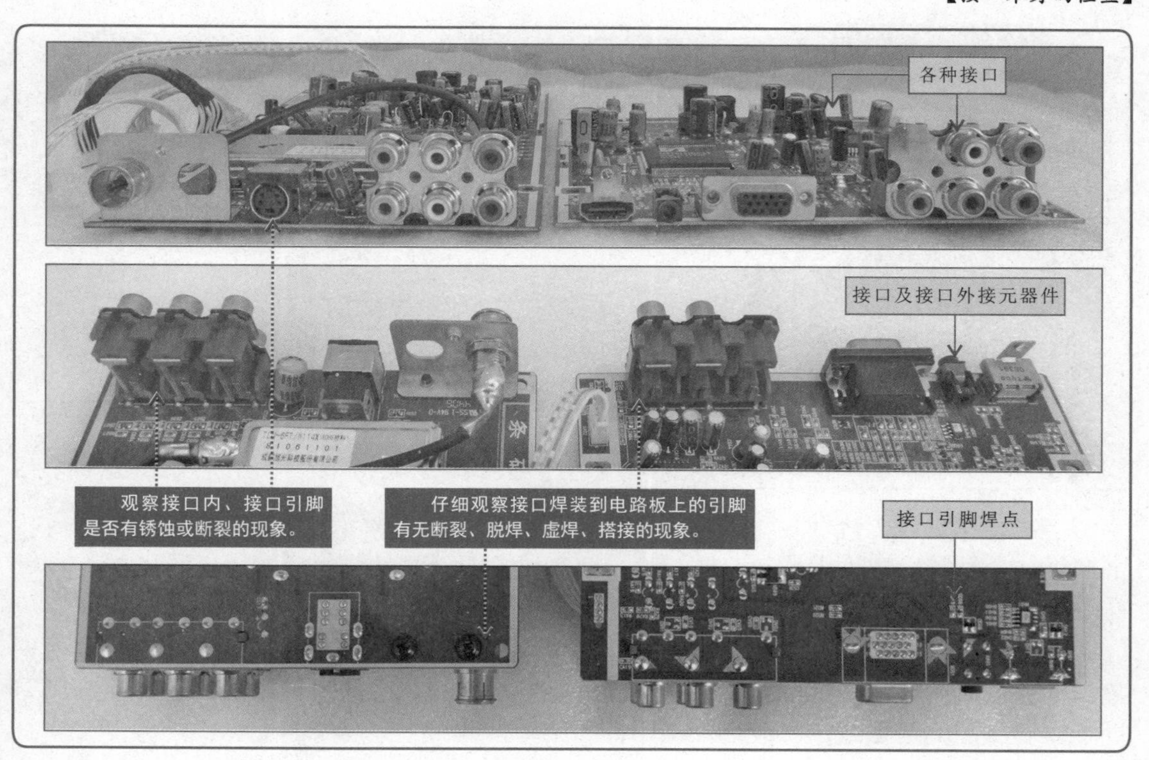

2. 接口供电电压的检测

各种接口工作都需要满足其工作条件的正常，否则即使接口本身正常，也无法正常工作。因此，检测接口电路时，测量其工作条件是十分重要的环节。

一般情况下，当接口部分的直流供电电压正常时，即可满足其基本工作的条件；若实测接口处的直流供电电压正常，而接口仍无法工作，则应进一步检测接口本身是否正常；若无电压或电压异常，应进一步检测该供电电路中的相关元器件。

【接口供电电压的检测】

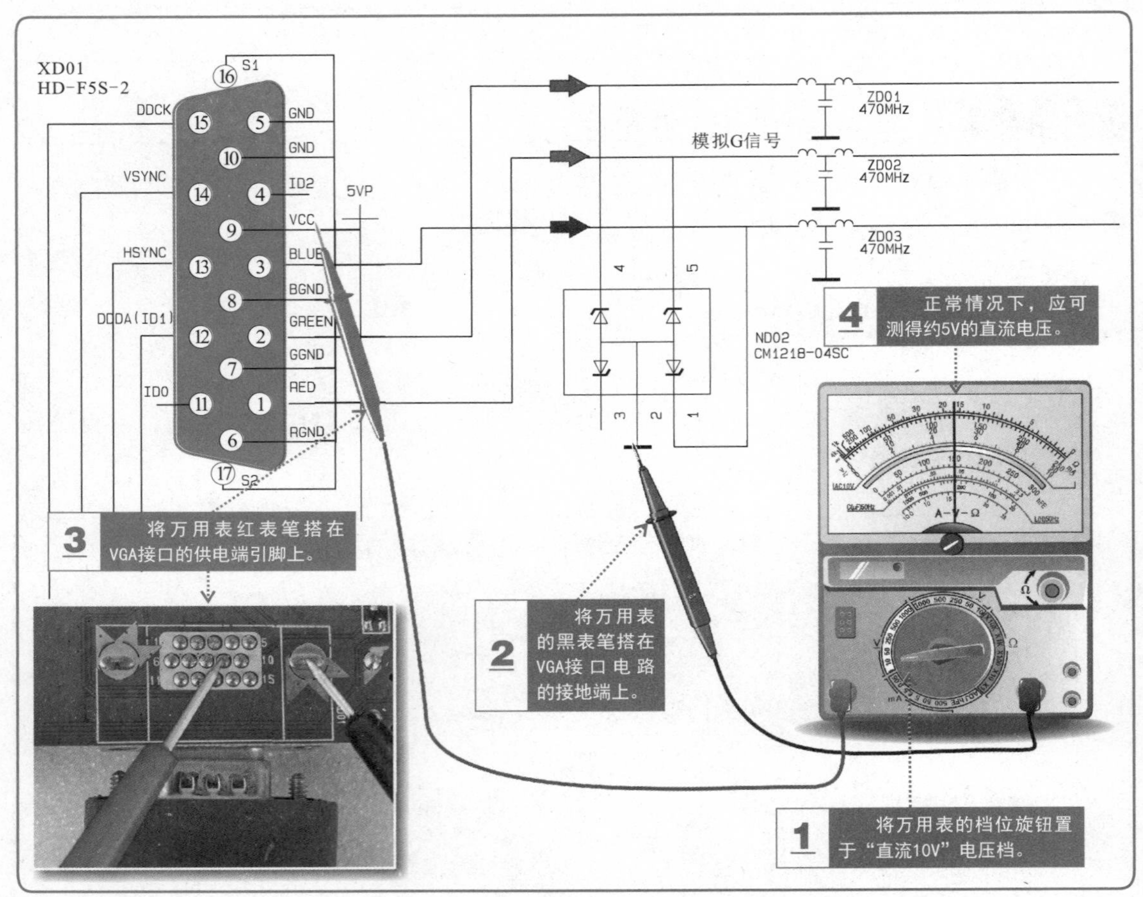

3. 接口传送的数据或信号波形的检测

若经初步检查，确认接口本身、工作条件均正常的前提下，可用示波器检测接口处的数据或信号波形，一个接口电路只要接口引脚处有信号，则说明该接口能够传送或接收到数据或信号。

不同类型的接口，其传送数据或信号的类型有所区别，这里我们将逐一对几种常见接口的数据或信号进行检测讲解。通过检修实践，掌握基本的检修方法，了解并熟记不同接口引脚处的数据或信号波形，从而提高维修技能。

特别提醒

对接口传送数据或信号进行检测时，首先要注意，需要使用当前检测的接口连接外部设备，并使液晶电视机工作在当前接口送入信号的状态下，否则即使接口电路正常，也无数据或信号传输。例如，检测AV接口时，需要先将液晶电视机的AV接口通过AV信号线与DVD影碟机等设备的接口连接，并使DVD影碟机处于光盘的播放状态，在AV接口部分有信号输入状态下，才能对AV接口进行检测。

AV接口电路是与外部音/视频设备相连的接口电路，当使用AV接口时，若液晶电视机输出音频、视频不正常或无音频、视频输出，则可能是AV接口电路有故障。

检查AV接口，若表面正常且供电电压也正常，此时需要对AV接口输出的音频、视频信号进行检测。检测时可使用VCD或DVD影碟机作为信号源，播放标准测试光盘为液晶电视机输入标准的测试信号，也可播放普通声音信号。

【以DVD影碟机作为信号源为液晶电视机注入音频、视频信号的方法】

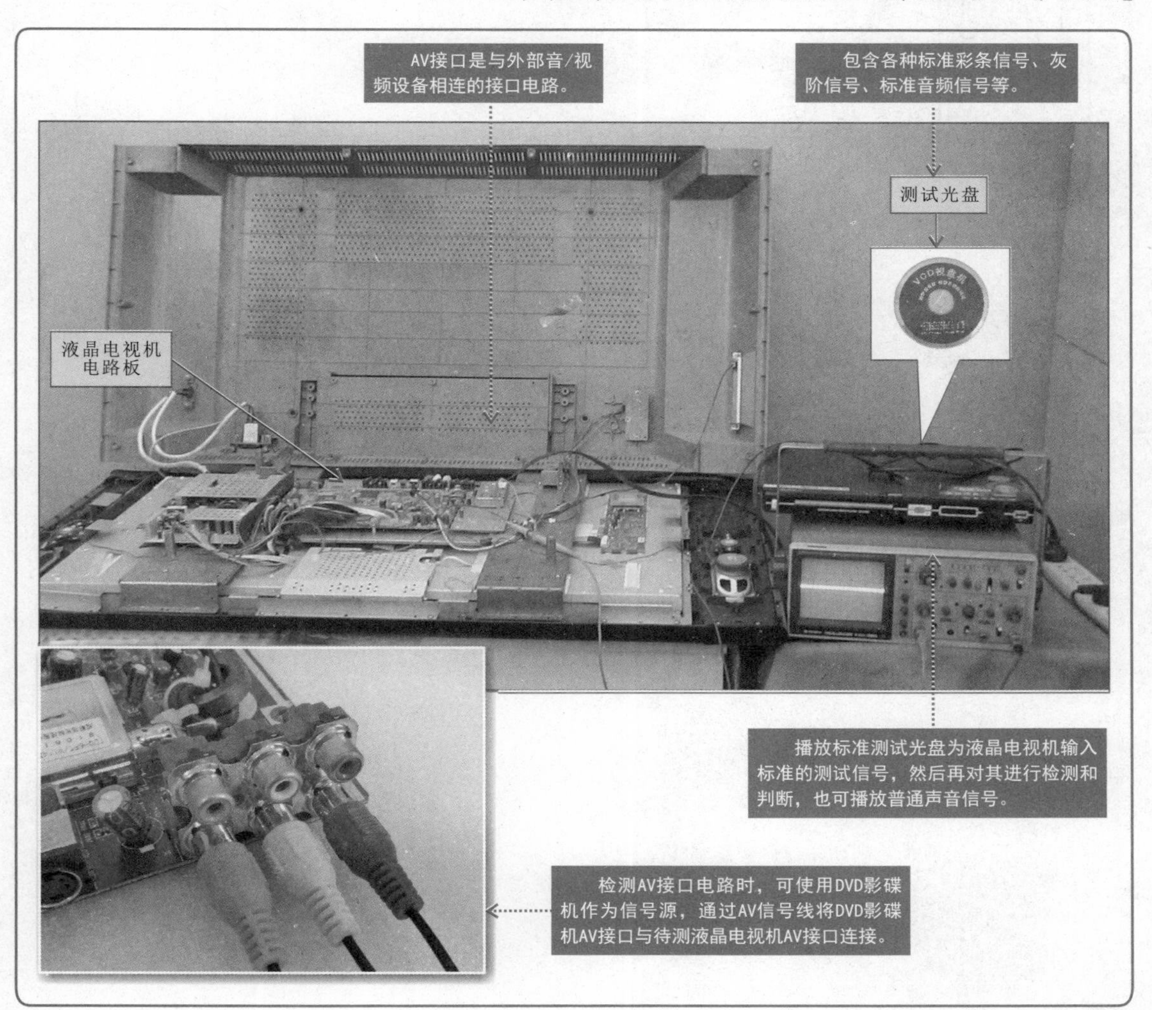

为液晶电视机注入标准的音频、视频信号后，便可对AV接口输入的音频、视频信号进行检测。若AV接口无信号波形输出，则说明AV接口可能损坏。

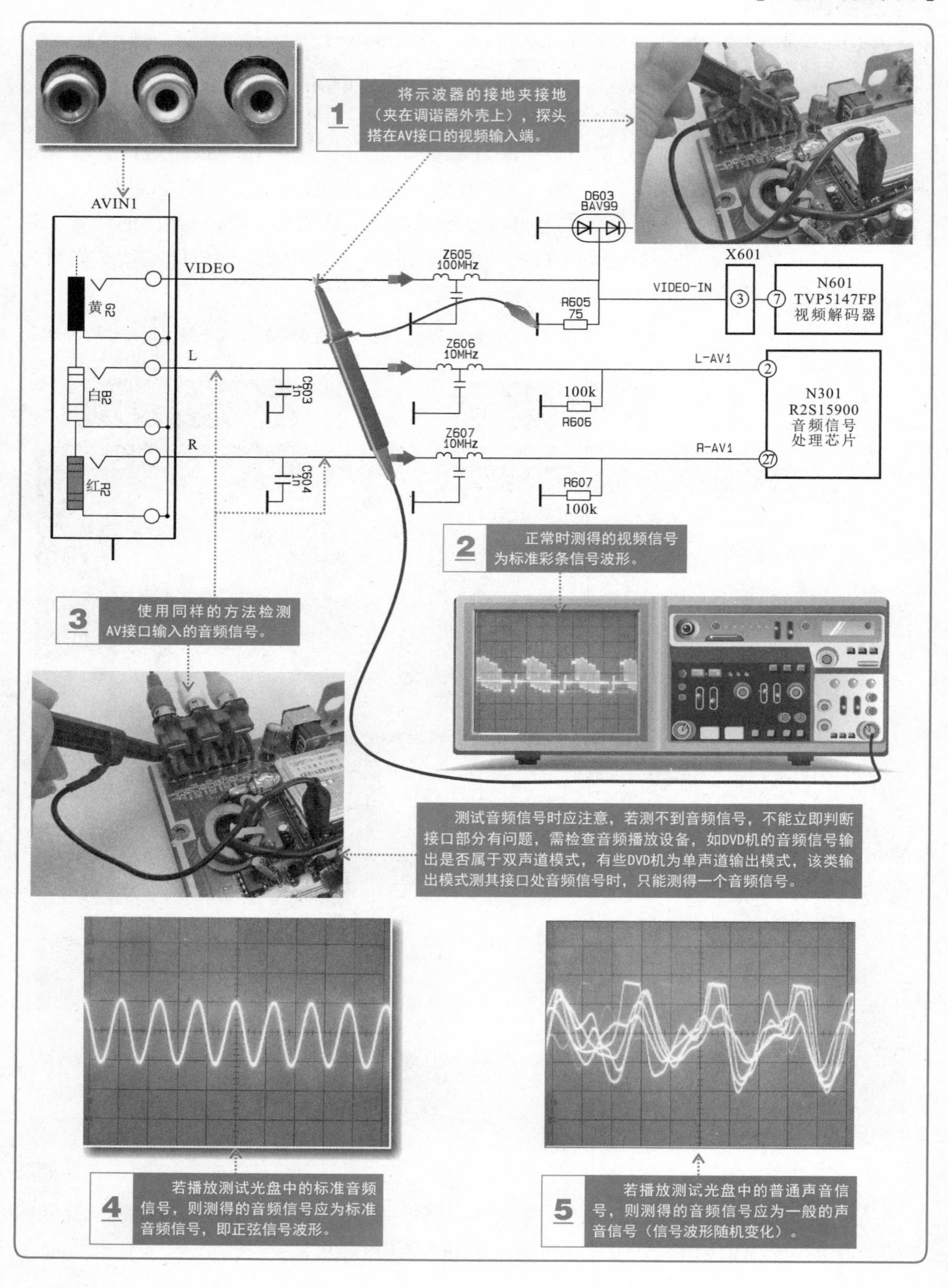
1
将示波器的接地夹接地（夹在调谐器外壳上），探头搭在AV接口的视频输入端。
AVIN1
VIDEO
黄 G2
L
白 B2
R
红 R2
C603 1n
C604 1n
Z605 100MHz
Z606 10MHz
Z607 10MHz
D603 BAV99
R605 75
100k
R606
R607
100k
X601
VIDEO-IN
N601 TVP5147FP 视频解码器
L-AV1
R-AV1
N301 R2S15900 音频信号处理芯片
2
正常时测得的视频信号为标准彩条信号波形。
3
使用同样的方法检测AV接口输入的音频信号。
测试音频信号时应注意，若测不到音频信号，不能立即判断接口部分有问题，需检查音频播放设备，如DVD机的音频信号输出是否属于双声道模式，有些DVD机为单声道输出模式，该类输出模式测其接口处音频信号时，只能测得一个音频信号。
4
若播放测试光盘中的标准音频信号，则测得的音频信号应为标准音频信号，即正弦信号波形。
5
若播放测试光盘中的普通声音信号，则测得的音频信号应为一般的声音信号（信号波形随机变化）。

当使用S端子接口输入信号时，若液晶电视机屏幕亮度和色度较低或无显示，则可能是S端子接口电路有故障。

检查S端子接口，若表面正常且供电电压也正常，此时需要对S端子接口输入的亮度信号和色度信号进行检测。检测时，应先使用带有S端子接口的视频设备（如录像机等）作为信号源，为液晶电视机注入亮度、色度信号。

为液晶电视机注入亮度、色度信号后，便可对S端子接口输入的亮度、色度信号进行检测了。若S端子接口无信号波形输出，则说明S端子接口可能损坏。

【S端子接口信号的检测方法】

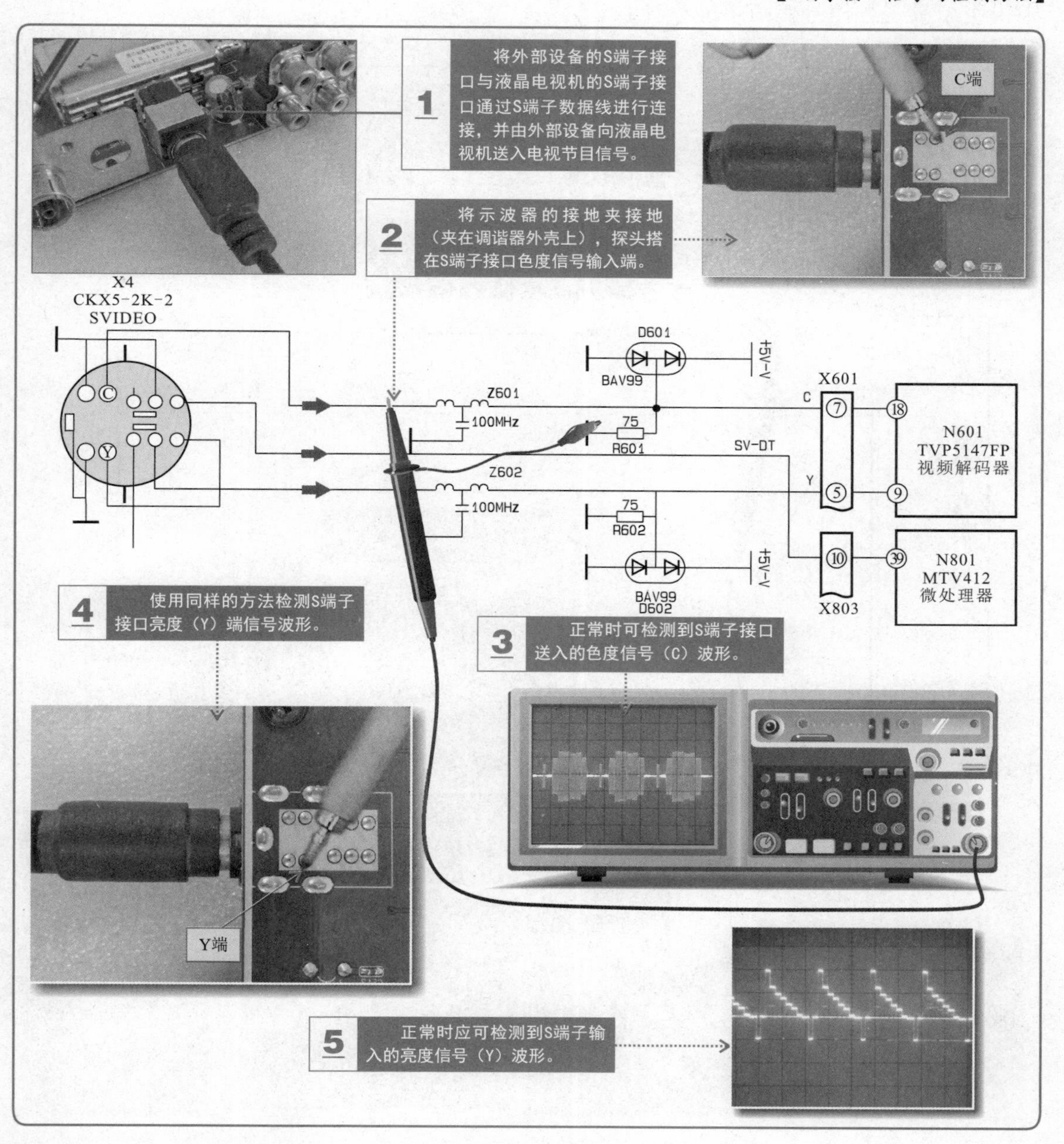

当使用分量视频信号接口输入信号时，若液晶电视机屏幕无显示或花屏，则可能是分量视频信号接口电路有故障。

检查分量视频信号接口，若表面正常且供电电压也正常，此时需要对分量视频信号接口输入的一个亮度Y（绿色）信号和两个色差Pb（蓝色）、Pr（红色）信号进行检测。检测时，应先使用带有分量视频接口的DVD机作为信号源，通过分量视频接口为液晶电视机输入信号。

为液晶电视机注入信号后，便可对分量视频信号接口输入的亮度Y（绿色）信号和色差Pb（蓝色）、Pr（红色）信号进行检测了。若分量视频信号接口无信号波形输出，则说明分量视频信号接口可能损坏。

【分量视频信号的检测方法】

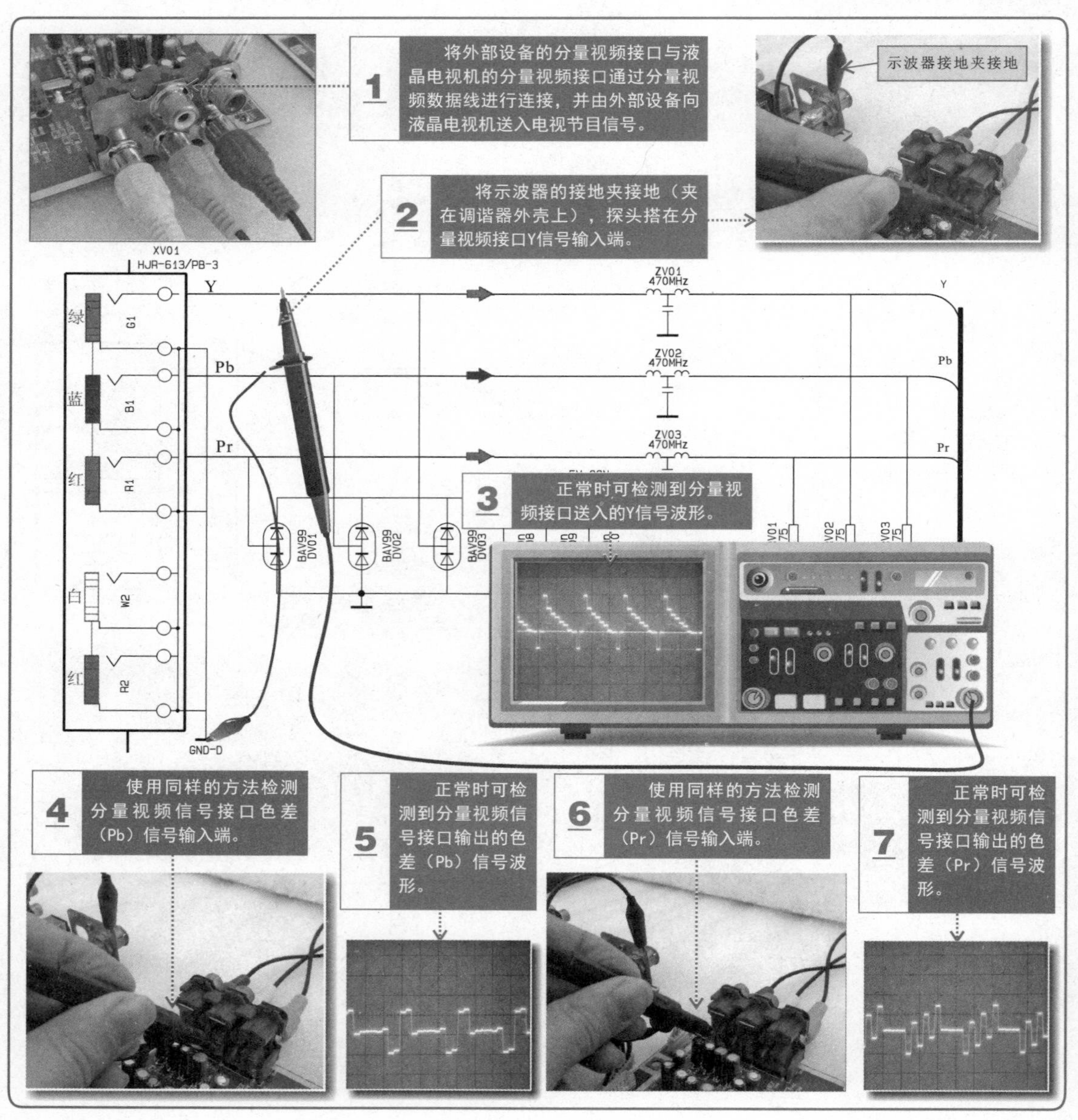

当使用VGA接口及PC音频输入接口输入信号时，若液晶电视机屏幕上出现白屏、花屏甚至无图像等现象，则可能是VGA接口有故障。

检查VGA接口，若表面正常且供电电压也正常，此时需要对VGA接口输入的R、G、B信号及行、场同步信号进行检测。检测时，可先将液晶电视机与计算机主机进行连接，即经VGA接口为液晶电视机输入视频信号。

为液晶电视机注入信号后，便可对VGA接口输入的R、G、B信号及行、场同步信号进行检测了。若VGA接口无信号波形输出，则说明VGA接口可能损坏。

【VGA接口信号的检测方法】

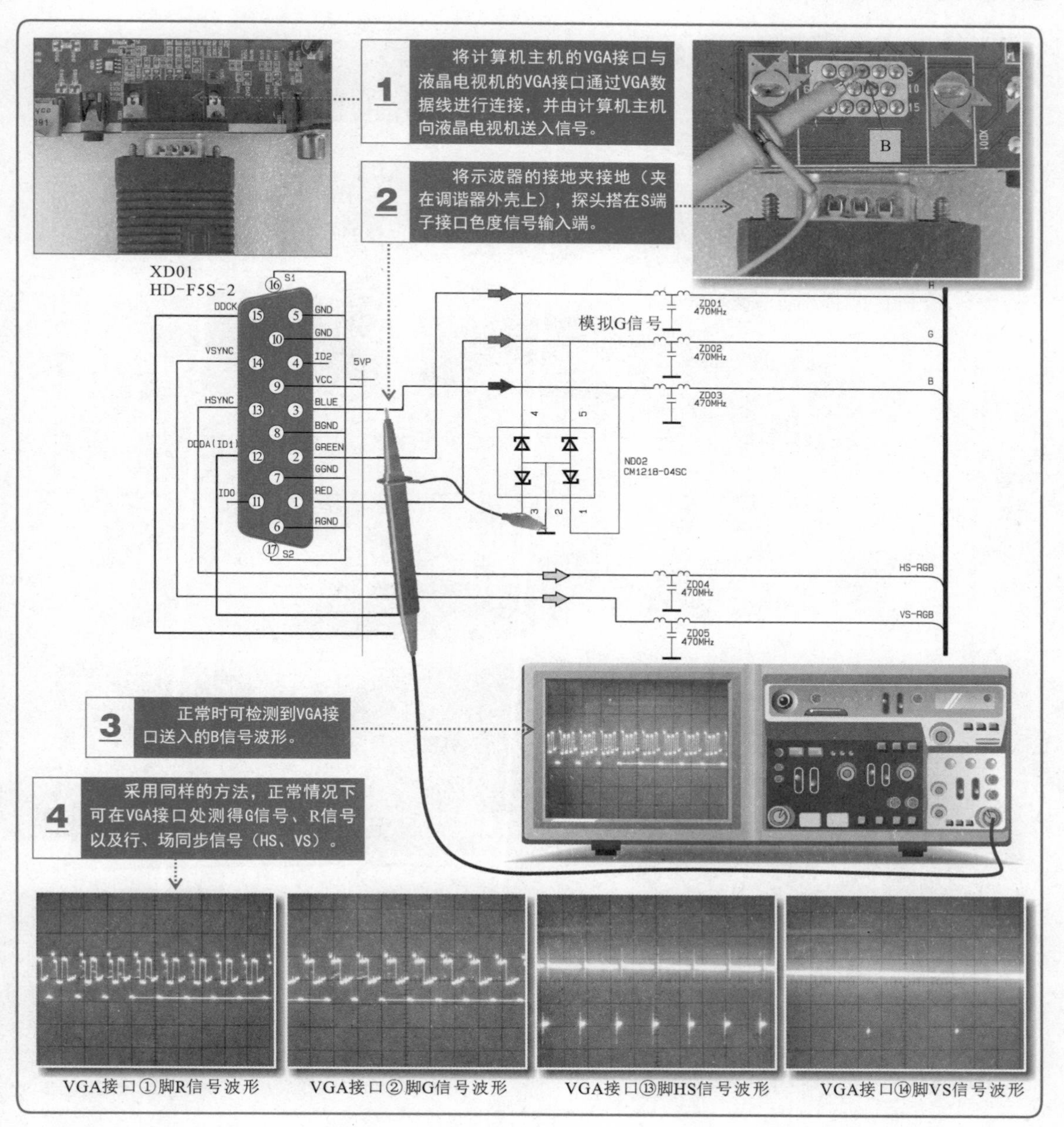

VGA接口①脚R信号波形　VGA接口②脚G信号波形　VGA接口⑬脚HS信号波形　VGA接口⑭脚VS信号波形

当使用PC音频输入接口输入信号时，若液晶电视机出现声音异常、无声音，则可能是PC音频输入接口有故障。

检查PC音频输入接口，若表面正常且供电电压也正常，此时需要对PC音频输入接口输入的左右声道音频信号进行检测。检测时，可先将液晶电视机与计算机主机进行连接，即经PC音频输入接口为液晶电视机输入音频信号。

为液晶电视机注入信号后，便可对PC音频输入接口输入的左右声道音频信号进行检测了。若PC音频输入接口无信号波形输出，则说明PC音频输入接口可能损坏。

【PC音频输入接口信号的检测方法】

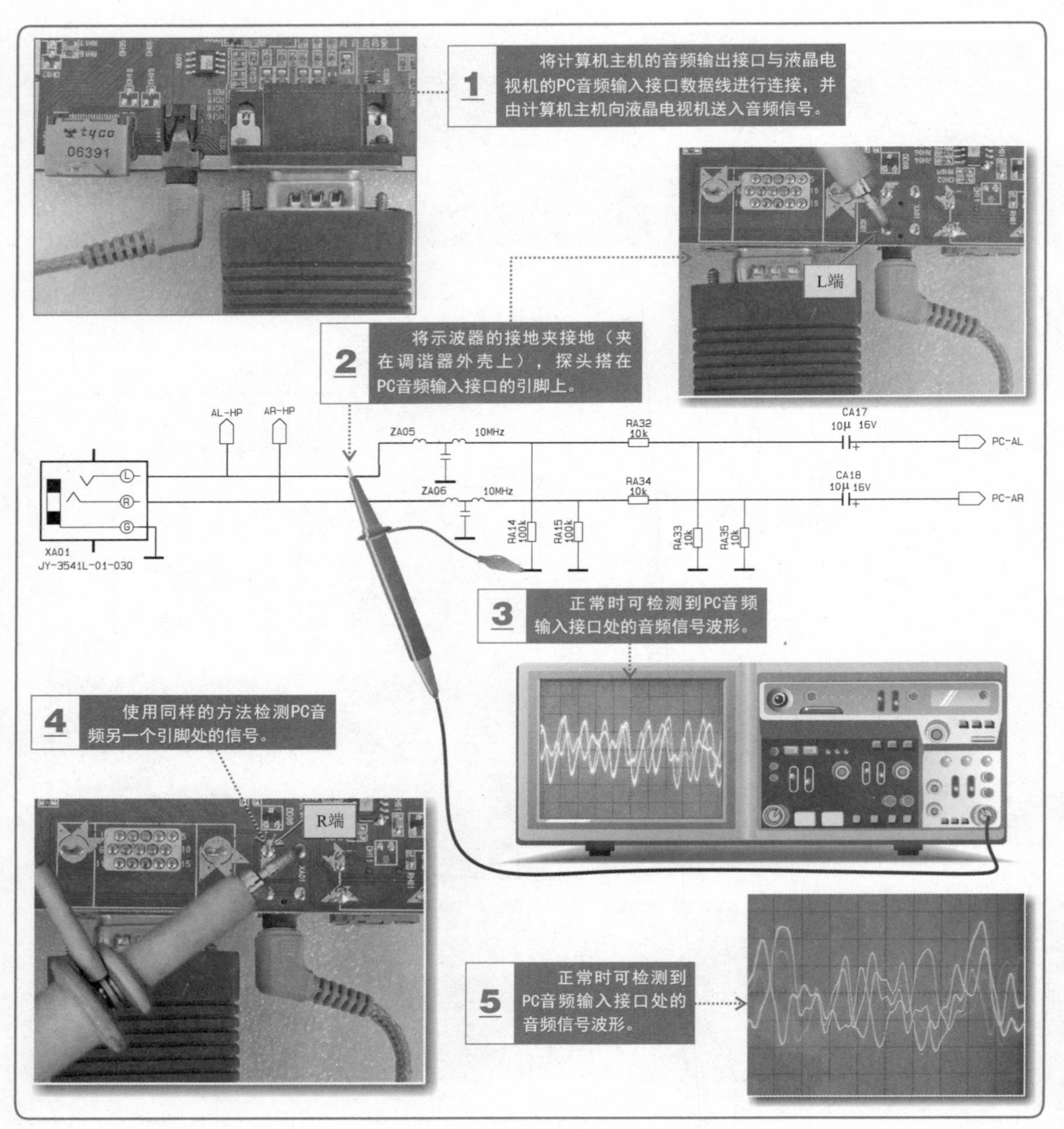

使用HDMI接口输入信号时，若液晶电视机屏幕无显示或花屏，则可能是HDMI接口有故障。

检查HDMI接口，若表面正常且供电电压也正常，此时需要对HDMI接口输入的视频数据信号和数据时钟信号进行检测。检测时，可先使用带有HDMI接口的数字机顶盒作为信号源，通过HDMI接口为液晶电视机输入数字高清信号。

为液晶电视机注入信号后，便可对HDMI接口输入的视频数据信号和数据时钟信号进行检测了。若HDMI接口无信号波形输出，则说明HDMI接口可能损坏。

【HDMI接口信号的检测方法】

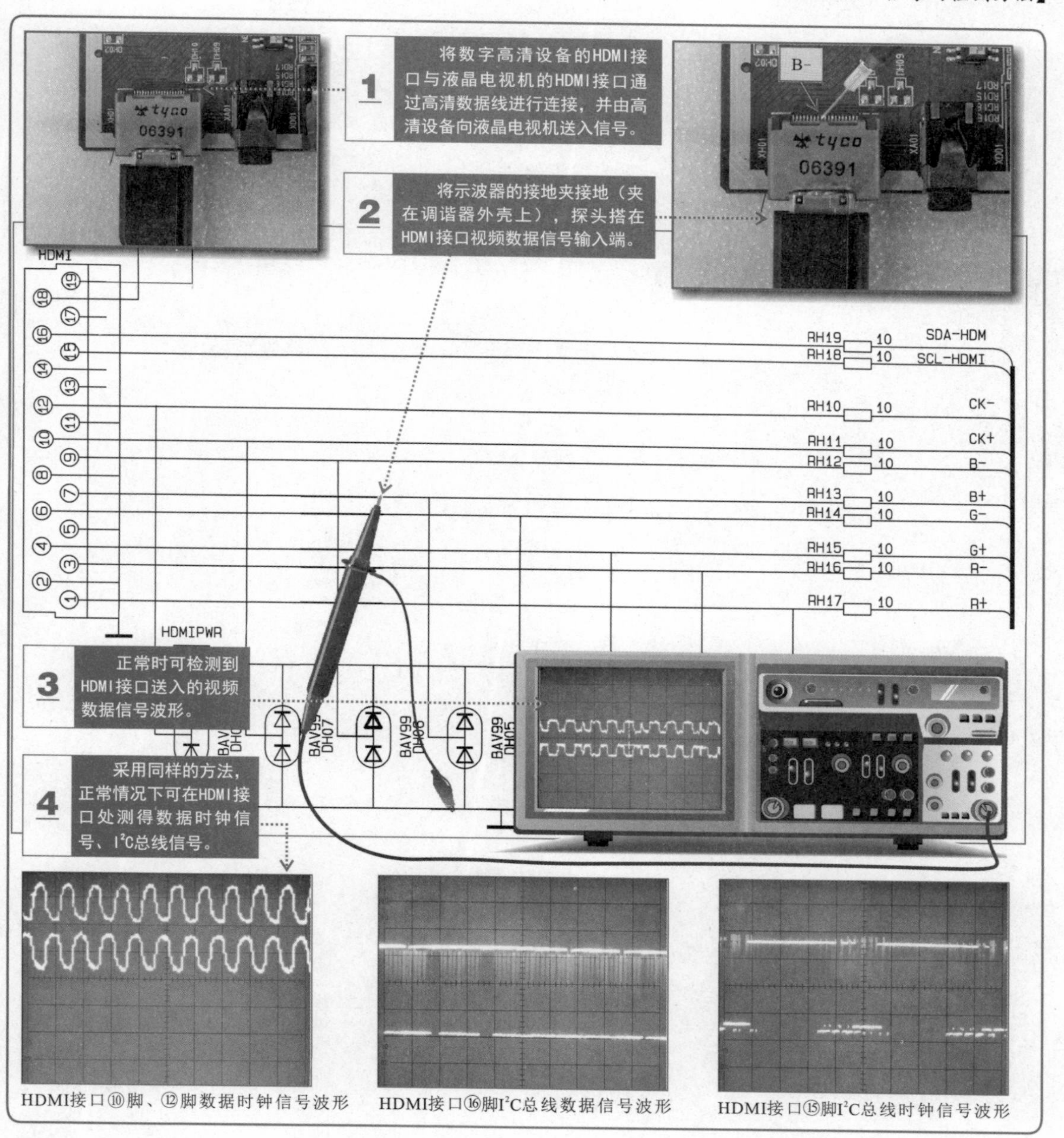

HDMI接口⑩脚、⑫脚数据时钟信号波形

HDMI接口⑯脚I²C总线数据信号波形

HDMI接口⑮脚I²C总线时钟信号波形